태어난
김에

수학
공부

대수

IN GRAPHICS: ALGEBRA

ⓒ UniPress Books 2024

All rights reserved.

Korean translation ⓒ 2025 by Will Books Publishing Co.
Korean translation rights arranged with UniPress Books Limited
through EYA Co.,Ltd.

이 책의 한국어판 저작권은 EYA Co., Ltd.를 통해 UniPress Books Limited와
독점 계약한 (주)윌북이 소유합니다.
저작권법에 의하여 한국 내에서 보호를 받는 저작물이므로
무단 전재 및 복제를 금합니다.

태어난 김에

그림으로
과학하기

한번 보면 결코 잊을 수 없는
필수 수학 개념

수학 공부
대수

케이티 스텍클스
지음

고호관
옮김

월북

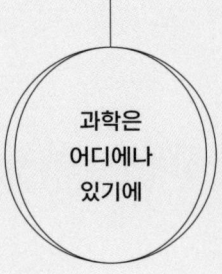

과학은
어디에나
있기에

나는 책을 좋아하는 어린이였다. 어머니는 내가 글자를 깨친 뒤에는 항상 책을 읽고 있었다고 했다. 내 최초의 기억도 어느 순간 책에 파묻혀 있던 것과, 너무 빨리 읽어버리는 아들 때문에 헌책방에서 가장 글자 수가 많은 전집을 고르시며 한숨을 쉬던 어머니였다. 책을 좋아한 데는 별다른 이유는 없었다. 세상에 대한 호기심이 많았고, 책은 다른 세계를 엿볼 수 있는 유일한 창이었기 때문이다. 덕분에 초등학교 고학년까지 집 책장에 꽂혀 있는 모든 활자를 읽었다. 가끔 부모님의 말씀이 어떤 책에서 나왔는지 지적하는 얄미운 어린이였던 것도 같다.

활자를 좋아했다고 활자만 읽은 것은 아니었다. 솔직히 유년 시절에는 만화나 그림책이 더 좋았다. (몰래 보는 재미도 있었다.) 그림책은 한 번 읽는 걸로 끝나지 않고 두고두고 펼쳐 보는 매력이 있었다. 그래서인지 당시 접한 그림책 속 주인공의 표정이나 사소한 농담을 지금까지도 기억할 수 있다.

그중에서도 나는 유독 과학책을 좋아했다. 다른 세상을 보고 싶어 책을 선택했기에, 기왕이면 조금 더 낯선 세상을 알려주는 책이 좋았다. 게다가 과학책을 이해할 때는 정말 머리가 '다른 방식'으로 돌아가는 느낌이었다. 과학책들은 세상에 내가 알지 못하는 영역이 많으며, 무한히 창조적인 세계가 있다는 사실을 알려주었다. 그 대표적인 것이 대수학, 기하학, 해부학이다. 대수는 논리로 쌓아 올린 수의 세상이었다. 기하는 '점과 선'에 논리를 더해서 창조된 세계였다. 해부는 그 자체로 다른 우주였다.

'그림으로 과학하기' 시리즈는 어린 시절 나에게 건네주고 싶은 그림책이다. 밖으로 드러나지 않는 몸 안의 세계는 얼마나 많은 비밀을 숨기고 있는지 놀랍지 않은가! 의대생도 해부를 배우면서 본격적으로 의학에 첫발을 내딛고, 그때 그림책의 결정적인 가호를 받는다. 대수와 기하 또한 수와 도형으로 새로운 세계를 어떻게 쌓아왔는지 엿볼 수 있는 환상적인 학문이다. '그림으로 과학하기'가 담고 있는 지식은 어린이부터 대학생까지 누구나 보고 즐길 수 있을 만큼 스펙트럼이 넓다. 과학과 수학 교양을 쌓고자 하는 독자들을 만족시키는 것은 물론이다. 페이지를 덮으면 생각할 거리를 던지는 시대의 교양이자 세상을 확장시키는 도구라고 할 수 있다. 그 도구가 이렇게 친절하고 다정하다니. 어린 시절로 돌아가 이 책을 건네며 이렇게 말해주고 싶다. 여기 네가 흥미로워할 모든 것이 다 있다고.

남궁인 (이화여대부속목동병원 응급의학과 교수, 『몸, 내 안의 우주』 저자)

차례

서문	8

1 수 — 10
범자연수	11
자릿값	12
분수	14
무리수	16
수직선과 무한	18
복소수	22
진법	24
✓ 다시 보기	26

2 산술 — 28
산술연산	29
결합연산	33
연산의 순서	35
산술의 시각화	36
✓ 다시 보기	38

3 수의 패턴 — 40
소수	41
다른 유형의 수	45
수열	48
피보나치 수	51
수 격자표	54
다각수	56
지름길 계산	59
✓ 다시 보기	62

4 표기법과 도표 — 64
수를 표현하기	65
대수식	67
수학 기호	70
추상적인 개념의 시각화	72
그래프 이론	74
✓ 다시 보기	78

5 알고리즘과 함수 — 80
함수란 무엇인가?	81
함수의 유형	83
다항함수	85
함수 해석	87
알고리즘	89
✓ 다시 보기	92

6 그래프와 데이터 — 94
함수는 어떻게 생겼을까?	95
현실 세계 속의 함수	97
데이터 시각화	101
확률	103
통계	106
✓ 다시 보기	110

7 논리와 증명 — 112
증명이란 무엇인가?	113
수리 논리학	115
증명의 유형	117
시각적 증명	121

집합론	123
✓ 다시 보기	126

8 수학의 역사 — 128
수학의 기원	129
숫자의 변천	131
글로 쓴 수학	135
역사적인 수학자	138
✓ 다시 보기	140

9 모형화 — 142
수학 모형이란 무엇인가?	143
실제 시스템의 모형화	145
페르미 추정	149
벡터와 벡터장	150
포물선 운동	153
금융 수학	154
✓ 다시 보기	156

10 동역학 — 158
동혁학계	159
고정점과 궤도	161
동역학 시각화	163
프랙털과 동역학	165
✓ 다시 보기	168

11 이산수학 — 170
이산수학이란 무엇인가?	171
조합론	172
최적화 문제	174
채우기 문제	175
계산 복잡도	176
✓ 다시 보기	178

12 추상 구조 — 180
선형대수학	181
순열	182
군	184
모듈러 산술	186
✓ 다시 보기	188

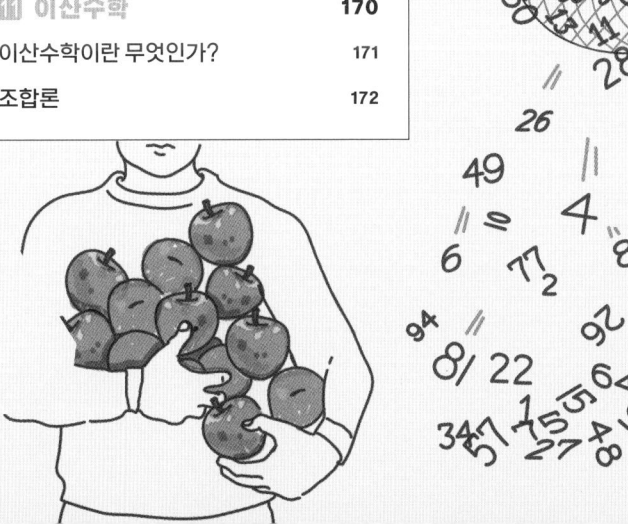

대수학은 수학의 주요 분야입니다. 수학의 여러 주제와 개념을 뒷받침하는 분야이며, 우리가 수치 정보와 기하학적 도형, 수학적 관계, 추상적 구조를 설명할 수 있게 해줍니다. 대수학은 대상 사이의 관계를 나타내는 기법을 다루며, 기호와 추론 체계를 정의하는 데도 폭넓게 쓰일 수 있습니다.

많은 사람에게 대수학은 숫자와 함께, 혹은 숫자 대신에 문자를 사용하는 수학에 불과합니다. 하지만 이 방법이 가진 힘 덕분에 대수학은 수학을 이해하는 데 중요한 도구가 되었습니다. 모든 대수학의 바탕이 되는 원리는 **복잡한 개념을 더욱 간단하게 표현한다는 것**입니다. 미지의 변수가 있는 식이든 두 대상의 관계나 시간의 흐름에 따른 어떤 대상의 변화를 설명하는 규칙이든 원리를 설명하는 간단한 개념의 바탕이 되는 복잡한 구조이든 마찬가지입니다.

이 책에서 우리는 대수학을 사용하는 데 필요한 기초적인 도구(수와 연산)를 정의하는 일부터 시작해 이런 도구를 얼마나 엄밀하게 정의할 수 있는지를 탐구해볼 겁니다. 그러고 나서는 수에서 패턴을 찾는 일처럼 수학적인 사고력에 불을 붙이는 핵심 개념과 대수학 언어를 사용해 이를 표현하는 방법으로 넘어갈 것입니다. 또한, 다양한 기호와 표기법을 이용해 수학을 표현하는 방법과 몇 가지 유용한 도표를 이용해 수학적인 개념을 나타내는 방법도 자세히 알아볼 것입니다. 고대 그리스와 다른 지역들부터 수학적 개념이 발전해 온 과정을 살펴보고, 수학적 표현이 현실

$$\frac{1}{1} \quad \frac{2}{1} \quad \frac{3}{1} \quad \frac{4}{1} \quad \frac{5}{1} \quad \frac{6}{1} \quad \frac{7}{1} \quad \frac{8}{1} \quad \frac{9}{1}$$

$$\frac{1}{2} \quad \frac{2}{2} \quad \frac{3}{2} \quad \frac{4}{2} \quad \frac{5}{2} \quad \frac{6}{2} \quad \frac{7}{2} \quad \frac{8}{2} \quad \frac{9}{2}$$

$$\frac{1}{3} \quad \frac{2}{3} \quad \frac{3}{3} \quad \frac{4}{3} \quad \frac{5}{3} \quad \frac{6}{3} \quad \frac{7}{3} \quad \frac{8}{3} \quad \frac{9}{3}$$

$$\frac{1}{4} \quad \frac{2}{4} \quad \frac{3}{4} \quad \frac{4}{4} \quad \frac{5}{4} \quad \frac{6}{4} \quad \frac{7}{4} \quad \frac{8}{4} \quad \frac{9}{4}$$

세계를 이해하고 설명하거나 심지어는 미래를 예측하는 데 어떻게 쓰이는지에 관해서도 생각해볼 수 있습니다.
수학 개념을 다룬 책이라면 당연히 논리에 관한 이야기가 있어야겠지요. 대수학 표기법이 개념과 논리 명제 표현에 어떻게 쓰이는지 살펴볼 예정입니다. 또한, 개개의 수학 세계에 우리 자신에게 제약을 부여하면 (수직선 대신 별개의 대상으로 수를 생각하는 등) 어떤 흥미로운 문제가 생길 수 있는지, 그렇게 간단하게 생각하지 않았을 수많은 실제 상황을 모형으로 만들 수 있다는 사실도 알 수 있습니다. 마지막으로 우리는 대수학이 추상적으로 변하면 무슨 일이 벌어지는지, 상상 속에서 얼마나 매혹적인 이론 구조를 만들 수 있는지를 살펴볼 것입니다. 이것은 현실 세계를 이해하는 데도 상당히 유용하지요. 『태어난 김에 수학 공부: 대수』에 오신 것을 환영합니다!

1장

수

수는 수학적 사고의 핵심입니다. 수많은 수학 개념을 뒷받침하며
하나의 주제로서도 수학과 떼려야 뗄 수 없는 관계입니다.
어린 시절에 누구나 배우는 기초적인 수 세기부터 소수와 분수,
원주율 π 같은 신기한 수에 이르기까지,
수를 가지고 우리는 우주를 묘사하고 이해할 수 있습니다.
우리가 사용하는 표준 십진법과 다른 수 체계는 수를 유용하게
활용할 수 있는 폭넓은 가능성을 열어젖힙니다. 예를 들어 허수를
이용하면 과거에는 풀 수 없었던 방정식의 해를 구할 수 있지요.

범자연수

수는 거의 모든 수학적 사고의 바탕입니다. 수학 개념 대부분은 어떤 형식으로든 수 세기 또는 측정과 관련이 있기에 어렸을 때부터 수 세기를 배웁니다. 수를 세는 데 사용하는 기초적인 수인 정수는 수학에서 매우 중요합니다. 그 정수를 조합해 온갖 종류의 수를 만들 수 있습니다.

정수를 이용한 세기

우리는 범자연수whole numbers를 이용해 물체의 수를 셀 수 있습니다. 양이 몇 마리인지 세든 손가락이 몇 개인지 세든 우리는 수 세기를 물체의 집합을 똑같은 범자연수의 집합에 대응시키는 행위로 여깁니다. 우리는 중괄호{ }를 이용해 물체(또는 수)의 집합을 나타냅니다(수학에서 말하는 집합에 관해서는 123쪽 참고). 아래 그림에서 위쪽은 양 다섯 마리의 집합을 나타내고, 아래쪽은 1에서 5까지의 집합을 나타냅니다. 두 집합의 크기는 같으므로 우리는 양의 수가 집합에서 가장 큰 수인 5와 같다고 말할 수 있습니다.

수직선

범자연수는 수직선 위에 커지는 순서대로 놓입니다. 수직선 위에서 각 수의 위치는 작은 선으로 표시합니다(수직선에 관해서는 18쪽 참고).

범자연수 사이의 간격이 일정하다는 사실은 어느 두 범자연수 사이의 크기가 똑같다는 사실을 뜻합니다.
더 나아가 우리가 두 범자연수 사이의 거리를 더 작게 나눌 수 있다는 사실도 보여줍니다. 이에 관해서는 나중에 다시 살펴보겠습니다(21쪽 참고).

자연수

자연수 집합(기호 N을 사용해 표현)은 양의 정수 집합으로, 0을 포함하지 않습니다. N={1, 2, 3, 4, 5, …}라고 나타내며, '…'은 5보다 큰 자연수가 계속 이어진다는 뜻입니다.

정수

수직선 위에서 반대 방향(왼쪽)으로 가면, 음수가 나옵니다. 각각의 양수에 대응하는 음수가 하나씩 있습니다.

정수 집합(기호 Z을 사용해 표현)은 모든 양의 정수와 음의 정수, 그리고 0을 포함합니다.

자릿값

한 자릿수 이상의 수를 쓸 때 우리는 **자릿값**이라는 체계를 사용합니다. 수 안에서 숫자의 위치가 값을 결정하는 것이지요. 우리는 또한 **십진법**을 사용합니다. 10의 배수로 수를 나타낸다는 뜻입니다. 그건 아마도 사람이 열 손가락을 이용해 수를 세었기 때문일 겁니다.

자릿값

우리는 수를 쓸 때 한 숫자를 한 칸에 씁니다.

수 안에서 숫자의 위치는 중요합니다. 만약 숫자의 순서가 바뀌면, 수가 달라질 수 있습니다.

한 칸에는 0~9 중 아무 숫자나 쓸 수 있습니다. '1128'이라고 쓰면 그 수는 1000 하나와 100 하나, 10 두 개, 1 여덟 개를 더한 값이 됩니다. 근본적으로 우리는 이런 식으로 수를 나누어 생각합니다. 소리 내어 읽는 것도 이렇게 할 정도지요.

1 1 2 8
천 백 십 일

십진법

수는 **십진법 체계**를 이용해 쓸 수 있습니다. 어떤 칸이 바로 오른쪽에 있는 칸의 10배라는 뜻입니다.

각 칸의 값은 10의 배수로 커집니다. 또, 우리는 $1=10^0$, $10=10^1$, $100=10^2$, $1000=10^3$이라고 쓸 수도 있습니다. 이것은 우리가 수를 쓸 때 기본 단위가 됩니다.

왼쪽으로 갈수록 10배씩 커지기 때문에 왼쪽에 계속 숫자를 붙이면 원하는 만큼 더 큰 수를 만들 수 있습니다.

이 블록 역시 1128이라는 수를 나타냅니다. 1000개짜리 하나와 100개짜리 하나, 10개짜리 둘, 1개짜리 여덟 개가 있어 블록이 모두 1128개가 되기 때문입니다.

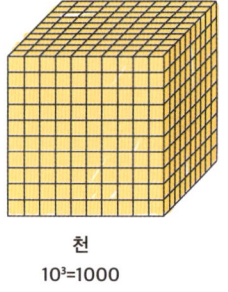
천
$10^3=1000$

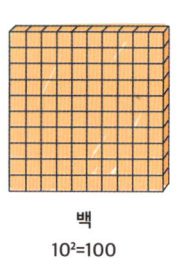
백
$10^2=100$

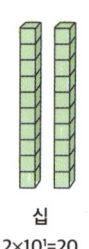
십
$2\times10^1=20$

일
$8\times10^0=8$

예를 들어 3은 어디에 있는지에 따라 값이 달라집니다. 1을 나타내는 칸에 있을 때는 3을 뜻하지만, 100을 나타내는 칸에 있을 때는 300이 됩니다.

3000mm: 자동차의 길이

300mm: 종이의 폭

30000mm: 대왕고래의 길이

30mm: 딸기의 폭

3mm: 못의 머리 폭

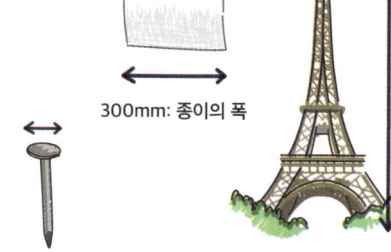
300000mm: 에펠탑의 높이

소수 쓰기

정수 사이에 있는 수를 쓰고자 할 때도 자릿값 체계를 사용하면 됩니다. **소수점**은 수의 정수 부분(점 왼쪽)과 더 작은 부분(점 오른쪽)을 나누는 데 사용하는 점입니다.

십진법으로 수를 쓸 때 100의 자리에서 오른쪽으로 한 칸 이동하면 10의 자리, 한 칸 더 가면 1의 자리가 됩니다. 이렇게 오른쪽으로 갈수록 10분의 1로 줄어듭니다. 소수점 오른쪽에서도 마찬가지로, **10분의 1**, **100분의 1**, **1000분의 1**처럼 계속 작아집니다. 이렇게 필요한 만큼 **소수 자리**(소수점 오른쪽에 있는 자릿수)를 사용하면 우리는 정확하게 수를 쓸 수 있습니다.

정수는 소수점 오른쪽에 무한히 많은 0이 있다고 생각하면 됩니다. 일반적으로 이처럼 추가되는 0은 쓰지 않습니다. 유한한 소수 자리를 가진 숫자조차도 무한한 상상의 0의 문자열이 뒤에 있습니다.

3.14159

1/10의 자리
1/100의 자리
1/1000의 자리

이론적으로, 어떤 숫자 앞에도 왼쪽으로 무한한 상상의 0의 집합이 존재합니다.

0000000000000005.00000000000000000

소수점

유효 숫자

왼쪽에서 오른쪽으로 가면서 숫자 중 첫 번째 유효 숫자(또는 유효 자릿수)는 첫 번째 0이 아닌 숫자입니다. 우리에게 의미가 있는 첫 번째 숫자입니다. 1932와 같은 수를 반올림해 **두 자리 유효 숫자**만 남긴다면 1900이 되겠지요. 저장하고자 하는 정보의 양을 줄이고 싶을 때 유용한 방법입니다. 0.000153과 432000, 1.23은 모두 중요한 숫자 세 개만 남긴 근삿값입니다.

만약 우주에서 행성 사이의 거리를 잰다면 1000킬로미터 단위까지만 정확한 측정값을 구할 수 있을지도 모릅니다. 그러면 1000자리 아래의 수는 저장할 필요가 없어 용량을 줄일 수 있지요.

한편 우주왕복선에 아주 중요한 부품을 만든다면 매우 정확하게 측정해야 합니다. 이때는 더욱 정확한 값을 구하기 위해 더 많은 자리의 수를 저장해야 합니다.

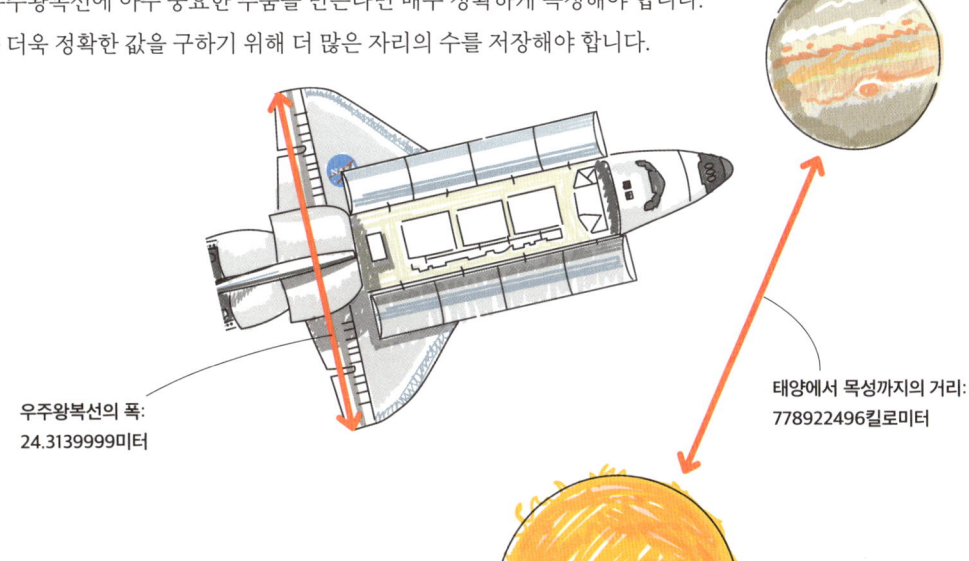

우주왕복선의 폭:
24.3139999미터

태양에서 목성까지의 거리:
778922496킬로미터

분수

소수점뿐만 아니라 **분수**를 이용해서도 정수가 아닌 수를 표현할 수 있습니다. 두 수의 관계인 **비율**로 나타내는 것이지요.
어떤 수가 다른 수와 비교해 얼마나 더 큰지를 나타내는 개념입니다.
이렇게 분수로 나타낼 수 있는 수를 **유리수**라고 부릅니다.

분수와 소수

분수는 **분자**와 **분모**라고 불리는 두 수로 이루어집니다. 분모 위에 분자를 쓰고, 그 사이를 가로선이라고 하는 **수평선**을 그어 나눕니다.

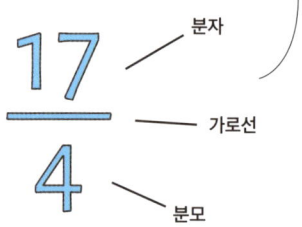

분수가 나타내는 값은 분자를 분모로 나눈 결과이며, 각 분수는 그 결괏값에 해당하는 소수로 나타낼 수 있습니다. 어떤 분수는 소수점 아래로 몇 자리에서 끝이 나는데(그 뒤로는 모두 0), 그런 소수를 **유한소수**라고 합니다. 십진법에서는 분모가 4(2×2)나 16(2×2×2×2), 50(2×5×5)처럼 10의 소인수(2와 5)의 곱으로만 이루어져 있는 경우에만 유한소수가 됩니다.

$$\frac{17}{4} = 4.25$$

$$\frac{1}{16} = 0.0625$$

$$\frac{12}{50} = 0.24$$

순환소수

분모가 2와 5 외의 다른 소인수를 가지고 있으면 소수점 아래로 똑같은 수 또는 똑같은 수열이 반복됩니다. 이런 수를 **순환소수**라고 부릅니다.

순환소수는 처음부터 같은 숫자가 반복될 수도 있고, 처음에는 반복되지 않는 숫자가 나오다가 반복이 시작될 수도 있습니다.

소수점 아래 자리에서 흥미로운 패턴을 발견할 수도 있습니다. 예를 들어 분모가 7인 분수($\frac{1}{7}, \frac{2}{7}, \frac{3}{7}$ 등)의 소수점 아래 자리는 모두 똑같은 숫자 여섯 개가 똑같은 순서로 반복됩니다. 다만 각 수마다 시작하는 숫자가 다릅니다.

$$\frac{1}{9} = 0.11111111... = 0.\dot{1}$$

한 숫자가 계속해서 반복된다면, 그 숫자 위에 점을 찍어 나타낸다.

$$\frac{1}{2200} = 0.000454545... = 0.000\overline{45}$$

둘 이상의 숫자가 계속해서 반복된다면, 반복되는 숫자 위에 선을 그어 나타낸다.

$$\frac{1}{52} = 0.01\overline{923076} = 0.01\dot{9}2307\dot{6}$$

혹은 반복되는 패턴의 양 끝에 점을 하나씩 찍어 나타낼 수도 있다.

$$\frac{1}{7} = 0.\overline{142857}$$

$$\frac{2}{7} = 0.\overline{285714}$$

...

반복되는 숫자의 개수 알아내기

반복되는 구간의 길이와 반복이 시작되기 전 구간의 길이는 분모를 이용해 계산할 수 있습니다.

십진법에서 첫 구간(반복되지 않는 부분)의 길이는 **분모를 2 또는 5로 나눌 수 있는 최대 횟수로** 구할 수 있습니다. 예를 들어 52를 2로 두 번 나누면 13이 됩니다. 따라서 반복 구간 앞에 두 자리가 있습니다. 2200은 2로 세 번 또는 5로 두 번 나눌 수 있습니다. 둘 중에서 세 번이 더 많으므로 반복 구간 앞에는 세 자리가 있습니다.

반복되는 숫자의 개수를 알아내는 방법

- 분모를 2 또는 5로 가능한 모두 나눈 뒤에 남은 값을 살펴봅니다.

- 이 수에 다른 수를 곱해서 **10의 제곱수보다 1이 작은 수가 나오는 최솟값을** 찾습니다. 그때 10의 지수가 반복되는 숫자의 개수와 똑같습니다.

예를 들어, $\frac{1}{2200}$이라면 먼저 2200을 2와 5로 나눕니다. $2200=2\times2\times2\times5\times5\times11$이므로 11이 남습니다. $11\times9=99$로, 99는 $100=10^2$보다 1이 작습니다. 따라서 반복되는 숫자는 2개입니다.

$\frac{1}{52}$이라면 $52=2\times2\times13$이므로 2와 5로 나누면 13이 남습니다. 조건에 맞는 13의 가장 작은 곱은 $13\times76,923=999999$로, $1000000=10^6$보다 1이 작습니다. 따라서 반복되는 숫자는 6개입니다.

비율과 비례

우리는 **비례**를 나타내기 위해 분수와 비율을 사용하기도 합니다. 예를 들어, 세계 인구의 약 $\frac{1}{10}$은 왼손잡이입니다. 만약 어떤 물체의 집합을 여러 사람이 나눠 가진다면, 분수로 각자의 몫을 나타낼 수 있습니다.

비율은 두 수 사이의 관계이므로 우리는 비율을 사용해 사각형과 같은 도형을 묘사할 수 있습니다. 예를 들어, 직사각형을 가리키며 '4:3'이라고 쓰면, 그건 변의 비가 4:3인 직사각형이라는 뜻이 됩니다. 직사각형의 폭이 4라고 하면, 높이는 자연히 3이 되겠지요. $\frac{4}{3}=1.333\cdots$이므로 직사각형의 폭이 높이의 1.333배라는 뜻입니다.

옛날 TV 화면의 비는 4:3이었습니다. 오늘날의 TV는 16/9 또는 16:9 화면을 사용합니다. 새 TV에서 옛날 영화를 보거나 반대로 하면 양옆이나 위아래에 검은 빈 공간이 생깁니다. 영상이 전체 화면을 채우지 못하기 때문입니다.

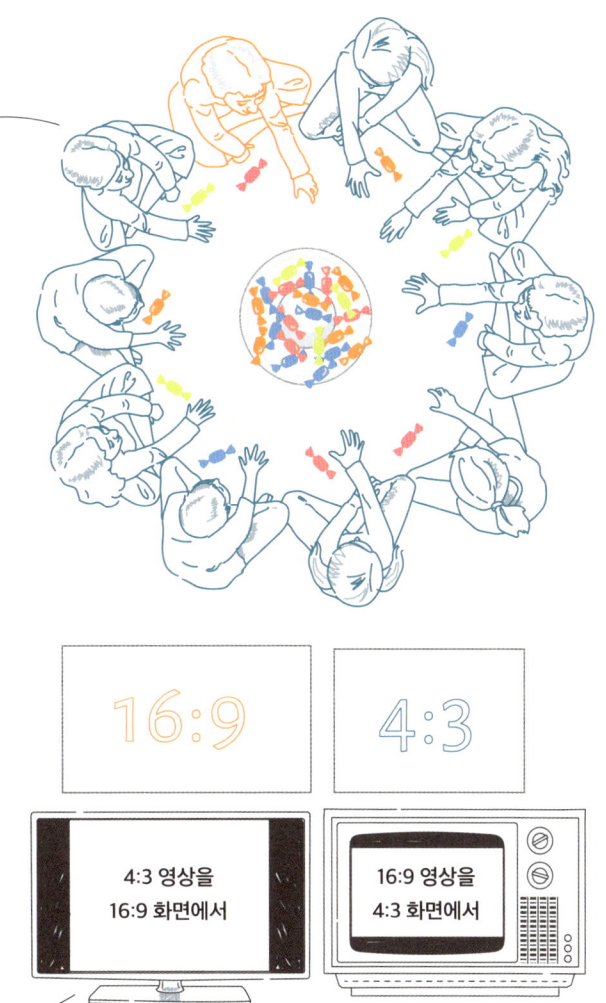

무리수

많은 수는 분수로 나타낼 수 있지만, 어떤 수는 그렇지 않습니다. **무리수**라고 부르는 이런 수는 소수점 아래 자리가 반복되지 않으면서 무한히 이어집니다. 무리수 집합에는 수학에서 우리가 흔히 사용하는 아주 중요한 수가 있습니다. 우리는 무리수를 두 자연수 a와 b의 비율 $\frac{a}{b}$로 나타낼 수 없는 수로 정의합니다.

무리수

많은 정수의 제곱근은 무리수입니다. 만약 어떤 수가 완전제곱수(4 또는 81처럼)라면 제곱근은 정수(유리수)가 됩니다. 완전제곱수가 아니라면(2 또는 3처럼) 제곱근은 무리수가 되며, 분수로 나타낼 수 없습니다. 이 숫자들을 무리수라고 합니다.

약 1.41421…인 2의 양의 제곱근은 고대 그리스에서도 알고 있었습니다. 메타폰티온의 히파소스는 $\sqrt{2}$가 무리수라는 사실을 처음 증명했다고 전해지고 있습니다.

$\sqrt{2}$가 무리수임을 증명하는 방법에는 여러 가지가 있습니다. 그중 하나는 **귀류법**(귀류법에 관해서는 118쪽 참고)이라는 기법을 이용한 방법입니다.

2뿐만 아니라 완전제곱수가 아닌 모든 수의 제곱근은 무리수입니다. 소수점 아래가 반복되는 구간 없이 무한히 이어집니다. 만약 두 변의 길이가 1인 직각삼각형을 그리면 빗변의 길이는 $\sqrt{2}$가 됩니다.

일단 $\sqrt{2}$가 유리수이며 분수로 쓸 수 있다고 가정합니다. $\sqrt{2}=\frac{p}{q}$이며, p와 q는 **서로소**입니다(1을 제외한 공약수를 갖지 않습니다).
양변을 제곱하면 $2=\frac{p^2}{q^2}$가 됩니다.
양변에 q^2를 곱하면 $2q^2=p^2$이 됩니다.

이제 양변의 소인수를 생각해봅시다. 좌변의 **소인수**는 홀수 개입니다. 제곱이 된 q가 두 개에 2가 하나 있습니다. 한편, 우변의 소인수는 짝수 개입니다. 소인수 p가 두 번 들어 있습니다. 어떤 수든 소인수 분해를 하는 방법은 단 하나뿐입니다(41쪽 참고). 따라서 좌변과 우변은 같을 수 없습니다. 따라서 $\sqrt{2}$는 분수로 쓸 수 없습니다.

$\sqrt{2} \stackrel{?}{=} \dfrac{p}{q}$ → 양변을 제곱

$2 = \dfrac{p^2}{q^2}$ → 양변에 q^2을 곱함

$2q^2 = p^2$

소인수 홀수 개 $\neq$ 소인수 짝수 개 **!**

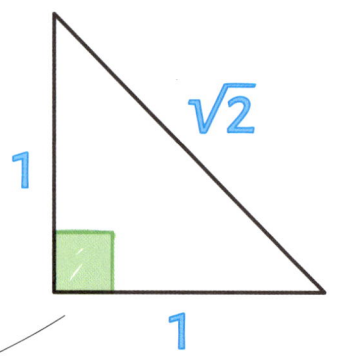

π (파이)

또 다른 무리수로는 원주율인 π가 있습니다.
π는 원의 둘레와 지름의 비율로 정의합니다.

$$\pi = \frac{원의\ 둘레}{원의\ 지름}$$

어떤 원이든, π는 약 3.14159…입니다.
소수점 아래는 끝없이 이어지며 절대 반복되지
않습니다. π가 무리수라는 증거는 1760년대
요한 하인리히 람베르트가 처음 발표했습니다.
π는 수학 전체에서 중요한 수이고, 정수론,
기하학, 물리학에서 쓰이고 있습니다.

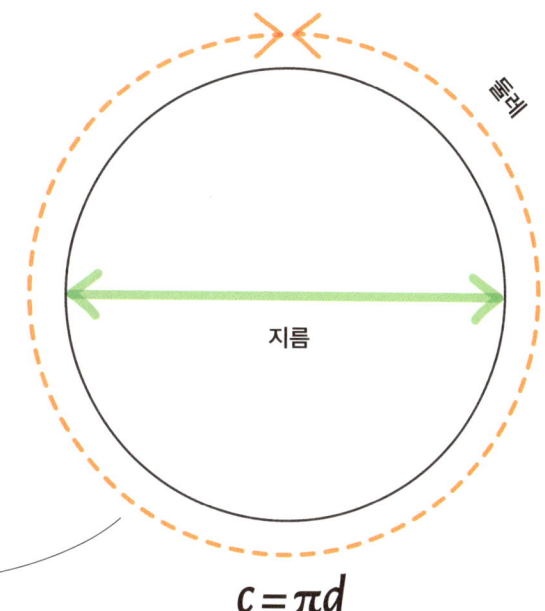

상수

또 다른 유명한 무리수는 약 2.71828인
e입니다. e는 삼각법과 로그에 쓰이며,
복리이자 계산과도 관련이 있습니다. $y = e^x$의
그래프를 그리면 $(0,1)$과 $(1, e)$를 지나갑니다.
그리고 곡선의 기울기는 기울기를 측정하는
높이와 같다는 성질이 있습니다.

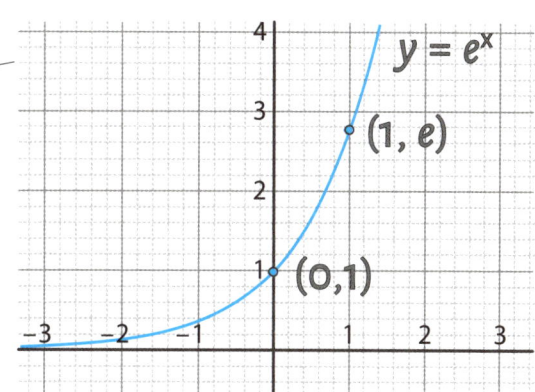

모든 무리수는 두 분류 중 하나에
속합니다.

- **대수적 수**는 다항방정식의 해가
  되는 수입니다. $\sqrt{2}$ 가 $x^2 = 2$의
  해가 되는 것처럼요.

- **초월수**는 이와 같은 방정식의
  해가 아닙니다.

초월수에는 π나 e가 있으며, 그
외에도 무한히 많습니다. 하지만
초월수는 여전히 수수께끼입니다.
예를 들어, $π + e$가 초월수인지
아닌지는 아직도 모릅니다.

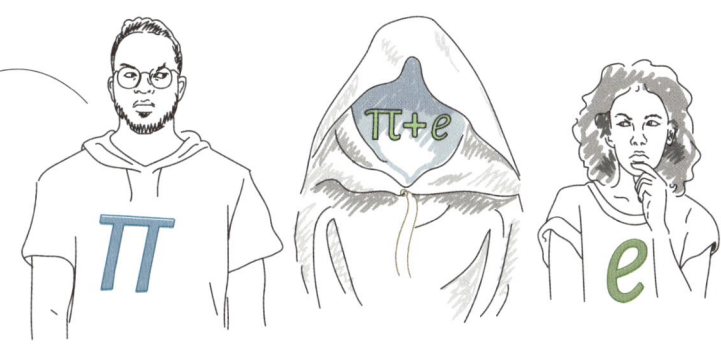

수직선과 무한

11쪽에서 보았듯이 정수는 수직선 위에 일정한 간격으로 놓여 있습니다. 이 사이에는 온갖 종류의 수가 **연속체**라고 불리는 공간을 형성하고 있습니다. 점들이 이루는 무한한 선, 여기에는 몇 가지 놀라운 성질이 있습니다.

가산집합

정수의 집합 같은 무한집합을 생각할 때는 세기라는 관점에서 생각하는 게 유용합니다. 사실 무한도 서로 크기가 다를 수 있으며, 얼마나 다른지를 표현하기 위해 우리는 **가산**과 **비가산**이라는 단어를 사용합니다.

자연수의 집합은 **가산무한집합**입니다. 수가 무한히 많다는 뜻입니다. 아무리 큰 수를 생각해도 언제나 그보다 1 더 큰 수가 있지요. 1924년 다비트 힐베르트가 무한에 관해 강의하며 예로 든 '힐베르트의 호텔'은 좋은 비유입니다.

방이 무한히 많은 호텔이 있다고 상상해보세요. 방에는 1부터 시작해 자연수로 된 번호가 붙어 있습니다. 현재 이 호텔의 방은 모두 차 있습니다. 그런데 무한의 성질은 희한하기 때문에 방이 다 차 있다고 해서 손님을 더 받지 못하는 건 아닙니다!

손님이 추가로 도착했다고 해보지요. 호텔 지배인은 1번 방의 손님에게 2번 방으로 옮겨달라고, 2번 방의 손님에게는 3번 방으로, 이런 식으로 계속 방을 옮겨달라고 요청합니다. n번 방의 손님은 $n+1$번 방으로 옮기는 것이지요. 그러면 1번 방이 비어서 손님을 받을 수 있습니다. 아무도 쫓겨나지 않았습니다!

이제 손님 100명을 태운 버스가 도착한다고 상상해보세요. 여전히 우리는 똑같은 방법을 사용해 손님을 모두 받을 수 있습니다. 이번에는 n번 방의 손님에게 $n+100$번 방으로 옮겨달라고 요청하는 겁니다. 그러면 1~100번 방을 사용할 수 있습니다.

조금 더 까다롭게 해볼까요? 무한히 많은 사람을 태운 무한히 많은 버스가 도착합니다. 그래도 영리한 호텔 지배인에게는 어려운 문제가 아닙니다. 지배인은 1번 방의 손님에게 2번 방으로, 2번 방의 손님에게는 4번 방으로 옮겨달라고 요청합니다. n번 방의 손님은 $2n$번 방으로 옮기는 겁니다. 이제 호텔에 묵고 있던 모든 사람은 짝수번 방에 묵게 됩니다. 따라서 무한히 많은 홀수번 방을 이용할 수 있습니다.

무한히 많은 손님이 탄 무한히 긴 버스가 무한한 수만큼 와도 힐베르트의 호텔은 문제가 없습니다! 이런 방법이 가능한 이유는 도착하는 손님의 수를 셀 수 있기 때문입니다. 유한집합이든 무한집합이든 우리는 도착하는 사람을 순서대로 한 명씩 한 정수와 짝지을 수 있습니다.

힐베르트의 호텔은 무한을 이해하는 데 널리 애용되는 비유입니다. 어떻게 방을 옮겨야 하는지만 설명할 수 있다면, 무한한 호텔에서 언제나 여유 공간을 찾을 수 있습니다.

힐베르트의 호텔은 수에 관한 반직관적인 사실도 몇 가지 보여줍니다. 예를 들어, 홀수 정수의 집합은 모든 정수의 집합과 크기가 같습니다. 느낌상으로는 절반이어야 할 것 같지만요.

유리수는 셀 수 있을까?

정수뿐만 아니라 수직선에서 정수 사이에 있는 수의 집합에 관해서도 셀 수 있는지 생각해볼 수 있습니다. 예를 들어, 모든 분수 혹은 두 수의 비율의 집합이 있지요. 이건 셀 수 있을까요?

만약 우리가 모든 분수의 목록을 적고자 한다면, 무한 격자를 이용하는 방법이 있습니다. 분자가 열의 번호와 똑같아지도록 1부터 씁니다. 오른쪽으로 갈수록 1씩 늘어납니다. 분모는 행의 번호와 똑같아지게 씁니다. 첫 행이 1이고, 아래로 갈수록 1씩 늘어납니다.

이 격자 안에는 사실 정수인 수가 많다는 사실을 눈치챘을 겁니다. 1행에 있는 모든 수는 $\frac{n}{1}$이므로 n입니다. 다른 곳에도 정수가 되는 쌍이 아주 많습니다. $\frac{4}{2}=2$처럼요. 분수는 여러 가지 다른 방식으로 쓸 수 있기 때문에 그 안에는 $\frac{1}{2}$뿐만 아니라 $\frac{2}{4}, \frac{3}{6}$처럼 똑같은 값을 나타내는 분수가 많습니다.

이런 식으로 가능한 모든 분자와 분모를 사용해 분수를 나열하면 확실히 모든 분수를 다 나타낼 수 있습니다. 겹치는 건 그냥 무시하면 됩니다. 이제 이 분수들을 순서대로 놓고 세기만 하면 됩니다. 힐베르트의 호텔 비유를 든다면 무한 호텔의 한 방에 분수를 하나씩 넣는 것이지요. 그건 대각선 쓸기 기법으로 할 수 있습니다. 왼쪽 맨 위부터 시작해 아래 그림처럼 끝에 닿을 때까지 대각선으로 다음 열 또는 아래 행으로 움직이면 됩니다.

만약 겹치는 분수를 제외하면서 이 순서대로 모든 분수의 목록을 작성한다면 모든 분수의 집합을 셀 수 있는 수와 짝지을 수 있습니다. 정수나 자연수와 마찬가지로요. 이 집합에는 가능한 모든 유리수가 들어 있습니다. 이건 유리수 역시 가산무한집합이라는 사실을 뜻합니다.

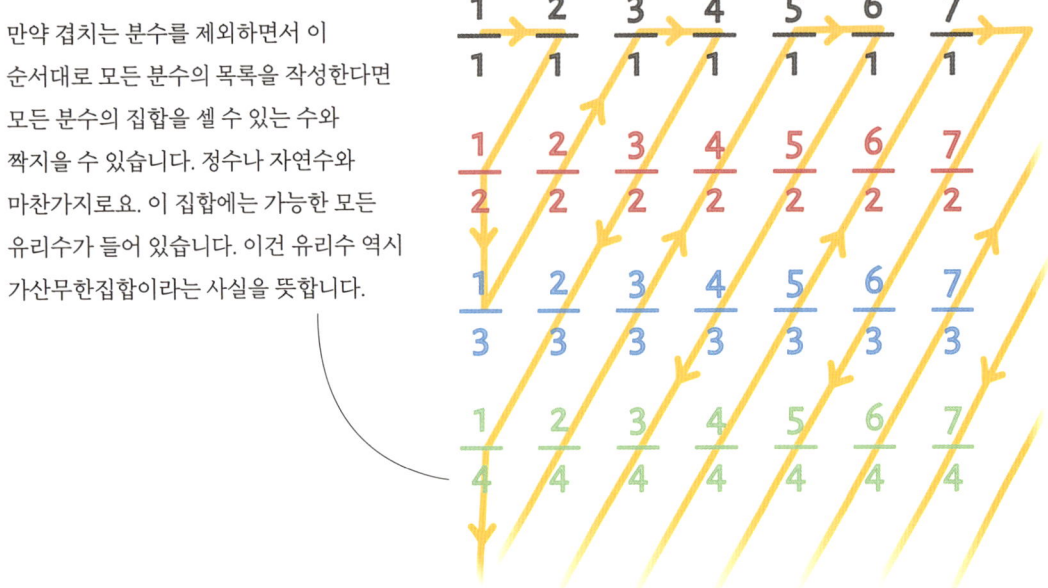

실수는 셀 수 있을까?

비가산집합의 사례를 만나고 싶다면, 한 단계 더 나아가야 합니다. 유리수와 무리수를 합치면 **실수**라고 불리는 집합이 됩니다. 양쪽으로 무한히 뻗어 있는 실수 수직선 위에 있지요. 실수는 정수와 정수 사이에 있는 모든 분수를 포함합니다.

분수 사이에는 소수점 아래가 반복되지 않으며 무한히 이어지는 수인 무리수가 있습니다. π나 e 같은 흥미로운 수도 여기에 포함됩니다. 소수점 아래가 반복되는 패턴 없이 아무렇게나 무한히 이어지기만 한다면 무리수에 포함됩니다.

실수의 집합은 비가산집합입니다. 1891년 수학자 게오르크 칸토어는 **대각선 논법**을 이용해 순서대로 나열한 어떤 가산 목록도 모든 실수를 다 셀 수 없다는 사실을 증명했습니다.

가산무한과 비가산무한 모두 **연속체**(점의 모임이라기보다는 직선)로 여겨집니다. 수직선의 어느 한 부분을 아무리 확대해서 본다고 해도 항상 그 안에서 더 많은 수를 찾을 수 있기 때문입니다. 0.5와 0.6처럼 수직선에서 가까이 붙어 있는 두 수를 떠올려 보세요. 두 수 사이에는 0.55라는 다른 수가 있습니다. 이런 식으로 계속 다른 수를 찾아본다면 갈수록 점점 더 많은 수를 찾게 될 겁니다.

사실 두 수 사이에는 무한히 많은 유리수가(그리고 역시 무한히 많은 무리수가) 있습니다. 우리는 유리수와 무리수가 실수 안에서 **조밀**하다고 말합니다. 또한 연속체이기 때문에 우리가 아무리 확대해서 보아도 빈 공간 없이 수로 가득 차 있습니다.

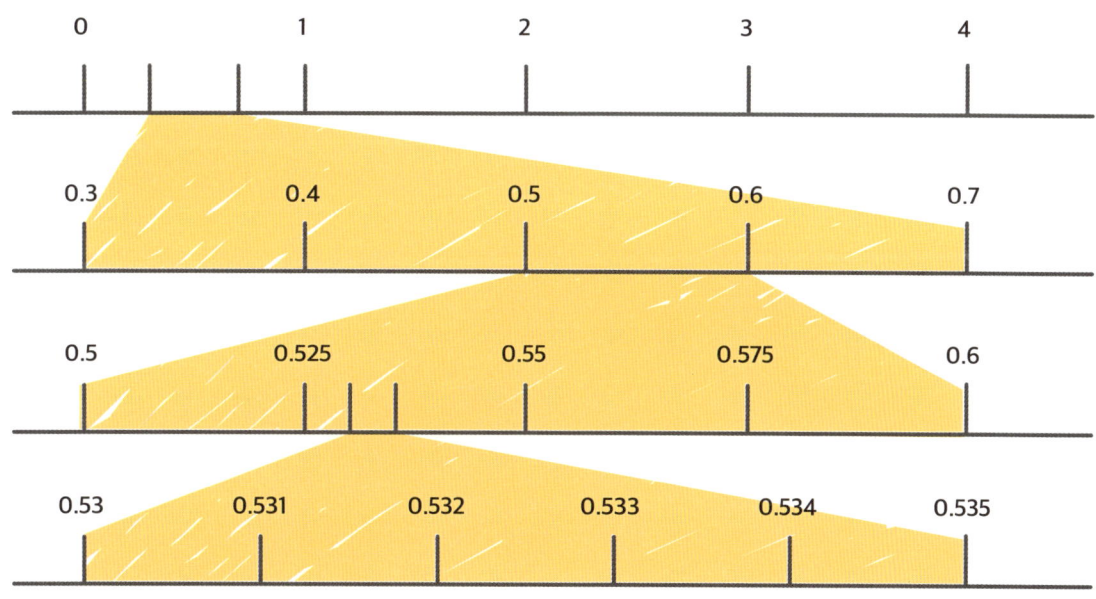

복소수

수학자들은 자연수, 유리수, 실수뿐만 아니라 단순한 1차원의 수직선을 벗어나 존재하는 수에 관해서도 생각합니다. 음수의 제곱근을 구할 때 나오는 수가 그중 하나입니다. 보통은 불가능하지만, 상상력을 발휘한다면 안 될 것도 없지요.

허수

어떤 수를 제곱하면 결과는 양수입니다. 2의 제곱은 4입니다. 음수끼리의 곱은 양수가 되니 -2의 제곱(-2 곱하기 -2) 역시 4입니다.

이것은 어떤 실수를 제곱해서 음수를 만드는 건 불가능하다는 뜻입니다. 만약 우리가 어떤 음수의 제곱근을 정의하려면 우리는 **허수**라는 개념을 이용할 수 있습니다. 이탈리아 수학자 지롤라모 카르다노가 1545년 자신의 책 『아르스 마그나』에서 처음 발표했지요. -1의 제곱근을 i라고 정의합니다.

이제 우리는 i를 이용해 어떤 음수의 제곱근도 정의할 수 있습니다. 예를 들어, -4는 4×(-1)이므로 각각의 제곱근을 따로 구해서 곱하면 됩니다.

$$\sqrt{-4} = \sqrt{(4 \times -1)}$$
$$= \sqrt{4} \times \sqrt{-1}$$
$$= 2 \times i$$
$$= 2i$$

이것은 지금까지 계산할 수 없었던 $x^2+1=0$ 같은 방정식의 해를 구할 수 있다는 뜻입니다. 카르다노와 허수의 가능성을 처음 고려했던 수학자들은 이렇게 이전까지는 풀 수 없다고만 여겼던 방정식의 해를 구하려 노력하고 있었지요.

복소수

존재할 수 없는 수를 정의하는 꼼수를 쓴 덕분에 완전히 새로운 가능성이 열렸습니다. 우리는 각 실수에 i를 곱해 만든 허수의 수직선을 따로 생각해볼 수 있습니다.

통상적으로 이 두 번째의, **허수 수직선**이 **실수 수직선**과 0에서 수직으로 교차하며 놓여 있다고 생각합니다. 그러면 2차원의 수 평면이 생깁니다. 이를 **복소평면**이라고 합니다. 왼쪽에서 오른쪽으로 이어지는 수평선은 실수축이며, 수직선은 허수축이 됩니다.

복소평면 위의 수는 실수 부분과 허수 부분의 합으로 나타냅니다. $a+bi$는 수평 위치 a, 수직 위치 b에 있는 점을 말합니다.

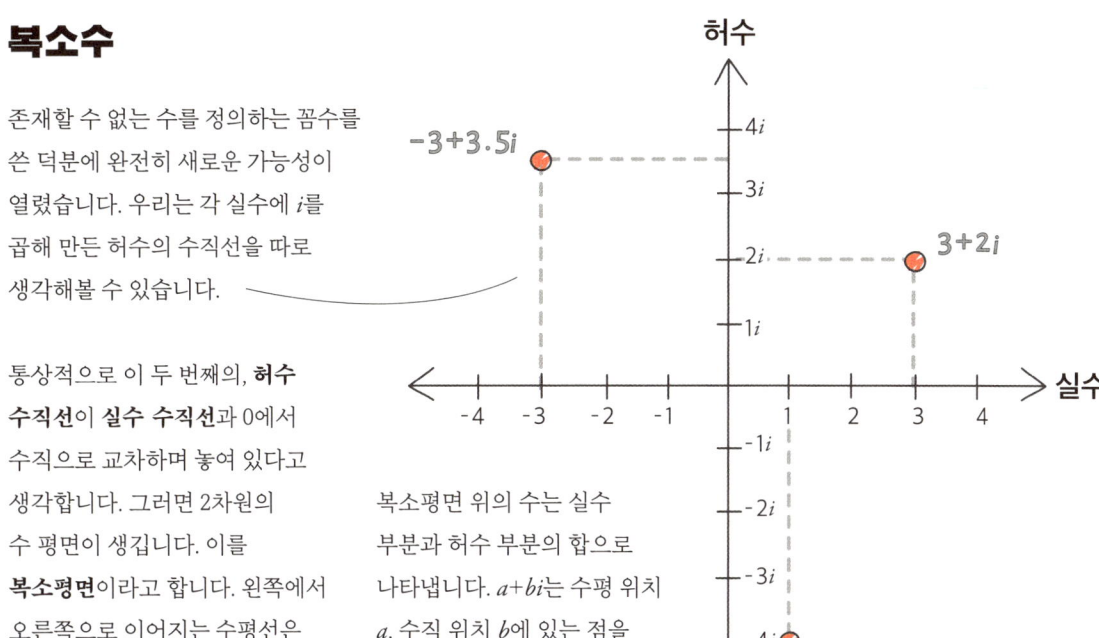

덧셈, 곱셈, 제곱 등 실수로 할 수 있는 모든 계산은 복소수로도 할 수 있습니다. 복소수는 수학과 과학의 다양한 분야에서 유용하지요.

과거에 풀 수 없었던 방정식을 풀 수 있게 해줄 뿐 아니라 삼각법, 물리학, 전자기학, 음향 처리, 컴퓨터 그래픽, 양자물리학 등에서 쓰이고 있습니다. 비행기 날개 주변에서 공기가 어떻게 움직이는지를 연구하는 데도 복소수를 사용합니다. '복'잡한 현상을 연구하는 데 '복'소수를 쓰는 셈이지요!

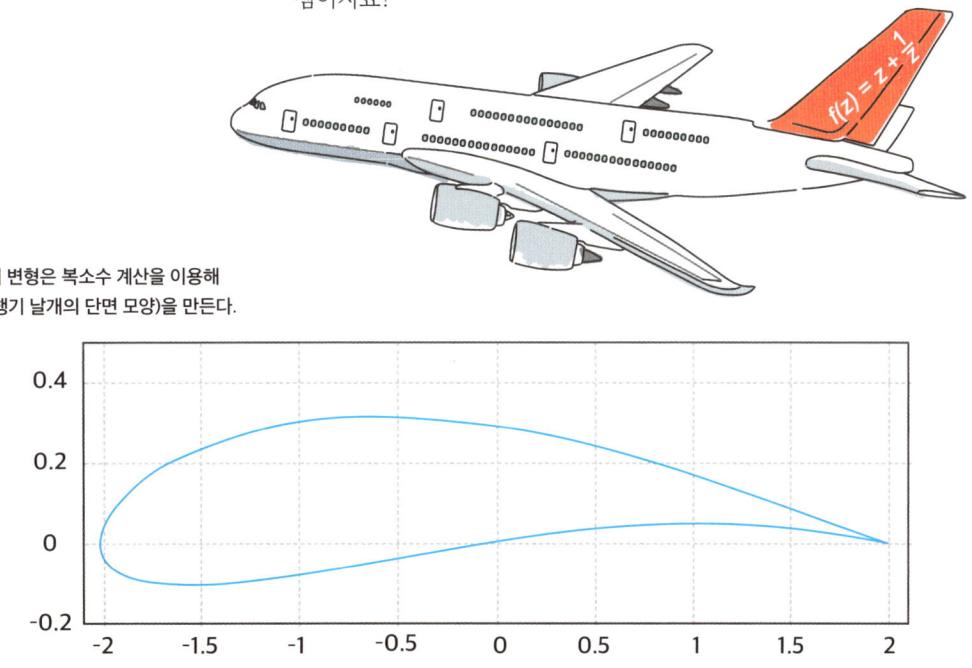

주콥스키 변형은 복소수 계산을 이용해 익형(비행기 날개의 단면 모양)을 만든다.

진법

지금까지 우리가 다룬 수의 많은 성질은 수를 쓰는 방법과 관련이 있습니다. 바로 십진법이지요. 하지만 십진법이 수를 쓰는 유일한 방법은 아닙니다. 다른 진법에도 흥미로운 성질이 있습니다.

십진법의 **기수**는 10입니다. 이것은 각 열이 10배의 거듭제곱(1, 10, 100 등)을 나타내며, 수를 나타내기 위해 쓸 수 있는 기호가 10개(0, 1, 2, 3, …, 9)라는 뜻입니다. 우리는 10 대신에 다른 수를 쓸 수 있습니다. 그에 따라 거듭제곱과 기호도 다르게 사용할 수 있습니다.

이진법

이진법에서 각 열은 2의 거듭제곱(1, 2, 4, 8, 16…처럼 앞 열의 두 배가 됩니다)을 나타냅니다. 숫자는 0과 1만 사용합니다. 2의 거듭제곱을 더하면 모든 수를 나타낼 수 있습니다. 이 형식에 따라 각 수를 고유하고 명확한 숫자로 쓸 수 있습니다.

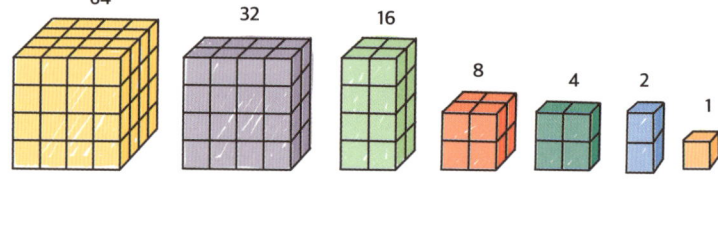

이진법은 십진법보다 각 열의 값이 작아서 같은 수를 쓸 때 십진법보다 더 많은 숫자가 필요합니다. 그러나 각 열에 들어갈 수 있는 숫자가 두 개뿐이라는 사실은 우리가 이 정보를 훨씬 더 간단한 부호로 나타낼 수 있다는 의미입니다. 열 가지 숫자를 모두 저장하거나 이해할 필요가 없지요.

두 숫자만 이용해도 우리는 모든 수를 다 쓸 수 있습니다.

0과 1은 전선의 높은 전압과 낮은 전압 또는 켜진 불과 꺼진 불 또는 전파와 같은 신호로도 나타낼 수 있습니다. 이 때문에 이진법은 기술 분야와 컴퓨터에 폭넓게 쓰입니다.

십육진법

흔히 쓰이는 또 다른 진법으로는 **십육진법**이 있습니다. 10 대신에 16의 거듭제곱을 사용하며, 16개의 숫자를 사용합니다. 하지만 우리가 숫자로 사용하는 기호는 10개(0~9)뿐이라 나머지는 문자로 대신합니다. A=10, B=11, C=12, D=13, E=14, F=15지요. 예를 들어, 75라는 수는 16이 네 개, 1이 11개로 이루어져 있으므로 4B가 됩니다.

기수가 크기 때문에 십육진법은 이진법이나 십진법보다 훨씬 더 간결하게 수를 쓸 수 있습니다. 십육진법이 컴퓨터 프로그래밍에 쓰이는 데는 16이 2의 거듭제곱이어서 서로 쉽게 변환할 수 있다는 이유도 있습니다. 이진법의 각 네 자리는 십육진법의 한 자리와 대응됩니다. 따라서 한꺼번에 변환할 수 있습니다.

십진법	이진법	십육진법
16	00010000	10
9	00001001	9
25	00011001	19
7	00000111	7
192	11000000	C0
199	11000111	C7
7732	0001111000110100	1E34
1729	011011000001	6C1

십진법	이진법	십육진법
0	0000	0
1	0001	1
2	0010	2
3	0011	3
4	0100	4
5	0101	5
6	0110	6
7	0111	7
8	1000	8
9	1001	9
10	1010	A
11	1011	B
12	1100	C
13	1101	D
14	1110	E
15	1111	F

간결하기 때문에 십육진법은 정보를 저장하는 데 흔히 쓰입니다. 예를 들어, 색 정보는 컴퓨터 화면에 각각 빨간색, 녹색, 파란색 빛을 얼마나 표시해야 하는지를 나타내는 0과 255 사이의 값을 이용해 저장할 수 있습니다. 어떤 사진이나 영상의 각 픽셀과 웹페이지나 앱의 모든 요소에는 RGB(빨간색, 녹색, 파란색) 값으로 나타낸 구체적인 색 정보가 있다는 뜻입니다.

세 수는 각각 십육진법 수 두 자리를 이용해 기록할 수 있습니다. 이 여섯 자리 숫자가 **헥스 코드**가 됩니다. 보통 맨 앞에 #을 먼저 써서 나타내며, 최대 1600만 가지의 색을 나타낼 수 있습니다. 십육진법 대신 이진법으로 나타내면 한 자리가 네 자리로 늘어나기 때문에 픽셀 하나에 24자리나 필요하게 되지요. 따라서 십육진법이 훨씬 더 효율적입니다.

✓ 다시 보기

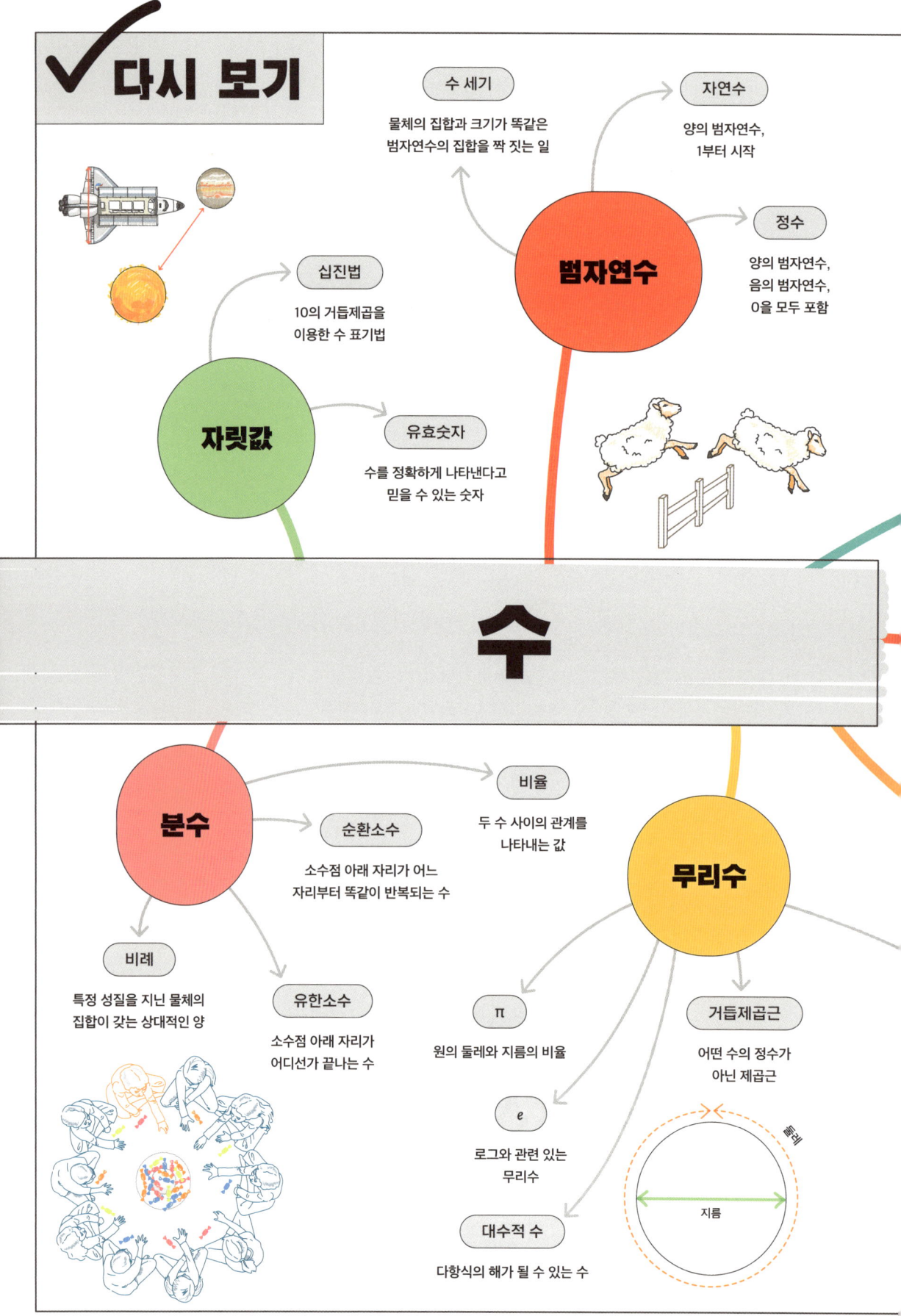

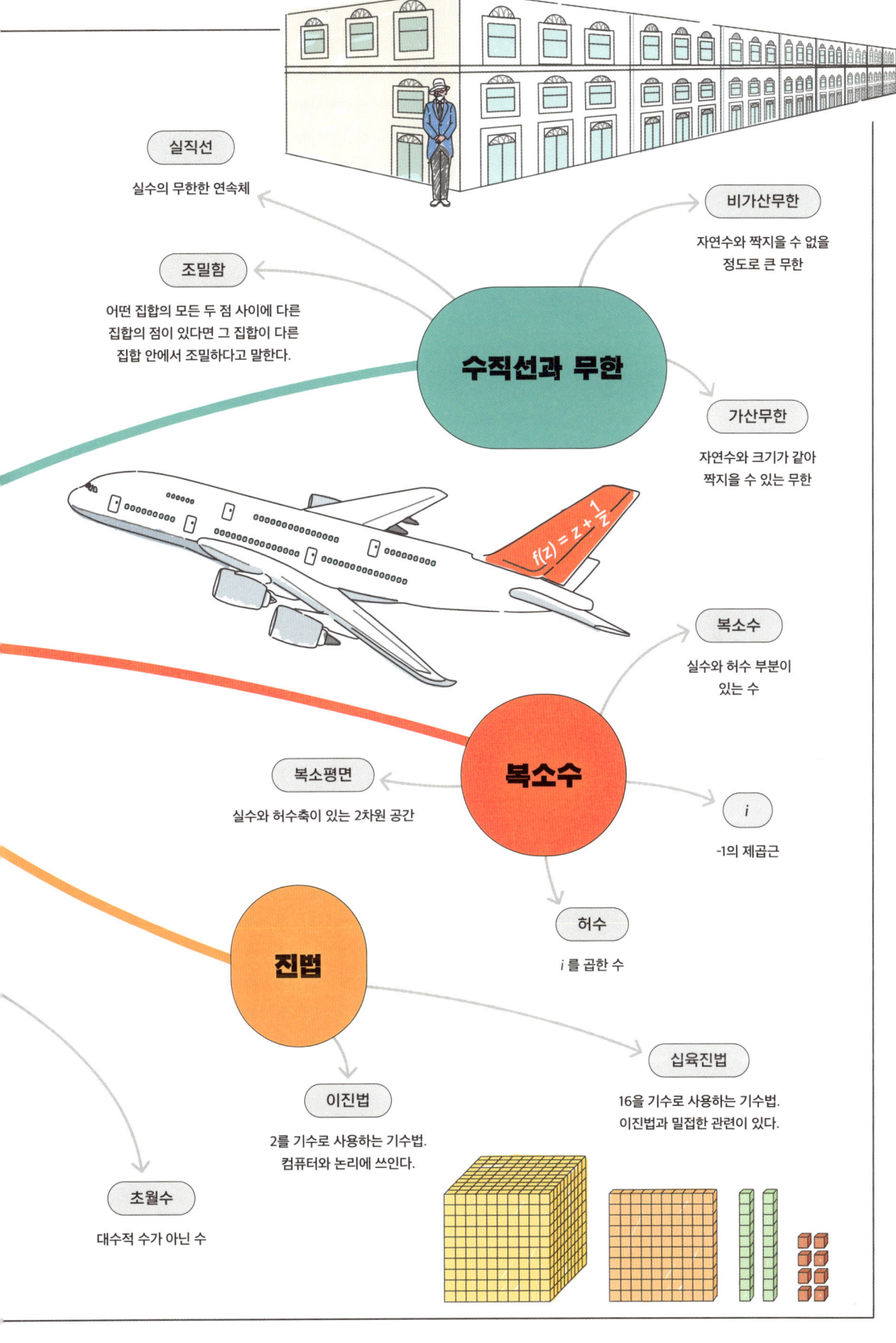

2장

산술

수를 정의했다면 다음 단계로 수로 무엇을 할지 생각해봐야 합니다. 어떻게 하면 수를 조합해 다른 수를 만들 수 있을까요? 산술은 가게에서 거스름돈을 계산하는 일에서부터 높은 건물을 짓는 데 필요한 계산에 이르기까지 우리 주위에서 쉽게 찾아볼 수 있습니다. 덧셈과 곱셈이라는 도구를 서로 조합하면 우리에게 필요한 수를 만들어내는 데 쓸 수 있습니다.

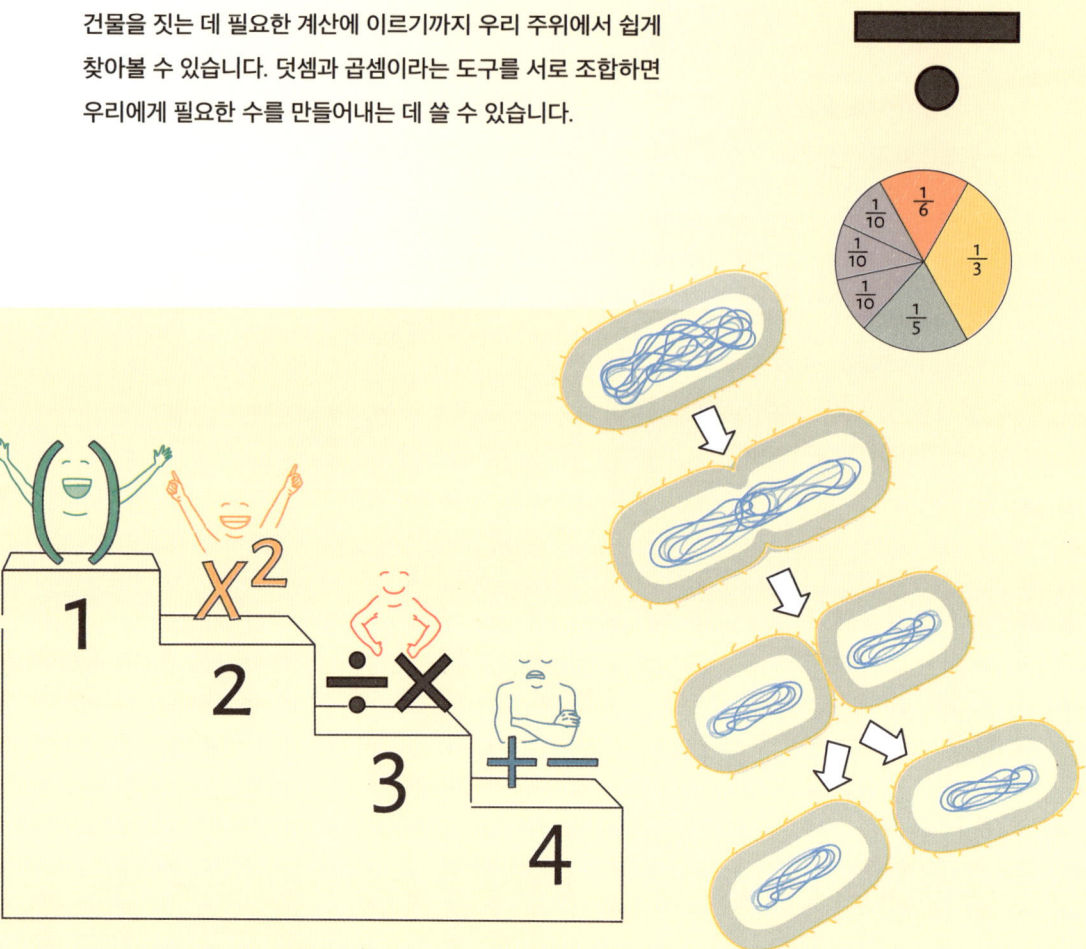

산술연산

기본 수학 연산은 덧셈, 뺄셈, 곱셈, 나눗셈의 네 가지입니다. 이 간단한 도구는 매우 강력합니다.
이 기본 연산을 자세히 살펴봄으로써 우리는 좀 더 근본적인 수준의 이해에 도달할 수 있습니다.

수학의 여러 기본 개념은 집합으로 생각하면 이해할 수 있습니다(집합에 관해서는 123쪽 참고). 앞서 살펴보았듯이 수 세기는 집합의 크기를 비교하는 것이라 할 수 있습니다. 우리는 비슷한 개념을 이용해 산술연산을 분해해볼 수 있습니다.

 **덧셈**

더하기표로 나타내는 덧셈은 다른 두 집합에 속한 물체를 모두 포함하는 집합의 크기를 구하는 것과 같습니다. 예를 들어, 단추 세 개가 있는 집합과 네 개가 있는 집합이 있다면, 둘을 합한 집합에는 단추가 일곱 개 있게 됩니다. 따라서 3+4=7입니다.

우리는 덧셈을 이용해 크기와 상관없이 여러 수의 총합을 계산할 수 있습니다. 이런 덧셈 계산에 관해서는 33쪽에서 더 자세히 다룹니다.

어떤 것에 0을 더하면 값이 변하지 않습니다. 그래서 0은 덧셈에 관해 특별한 수입니다. 이에 관한 더 자세한 이야기는 184쪽을 보세요.

덧셈은 **교환가능**합니다. 순서가 바뀌어도 결과가 같다는 뜻입니다. 2+4는 4+2와 같습니다.

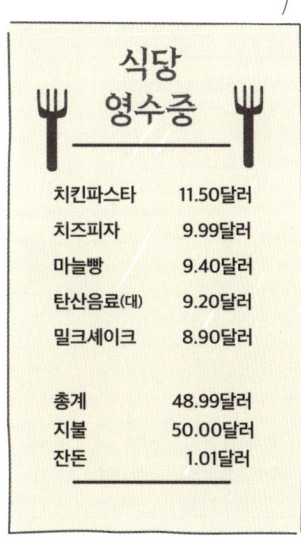

29

뺄셈

수평으로 그어놓은 선분처럼 생긴 빼기표로 나타내는 뺄셈은 덧셈의 반대입니다. 덧셈의 결과를 '되돌린다'라는 뜻입니다.
어떤 수에 다른 수를 더하고 다시 빼면 원래 수가 나옵니다.

10 + 6 = 16
16 - 6 = 10

집합으로 생각해봅시다. 뺄셈은 두 집합 사이의 차이를 찾아내는 것과 같습니다. 커다란 집합 하나와 그보다 작은 집합 하나가 있다면 우리는 큰 집합에서 작은 집합에 있는 물체만큼을 없애야 합니다. 뺄셈의 결과는 다 끝났을 때 큰 집합에 남아 있는 물체의 수가 됩니다.

뺄셈은 교환가능하지 않습니다. 한 수에서 다른 수를 빼야 하기 때문에 순서가 중요합니다. 여기서 빼는 수를 **감수**라고 하고, 빠지는 수를 **피감수**라고 합니다. 그 결과는 **차**라고 합니다.

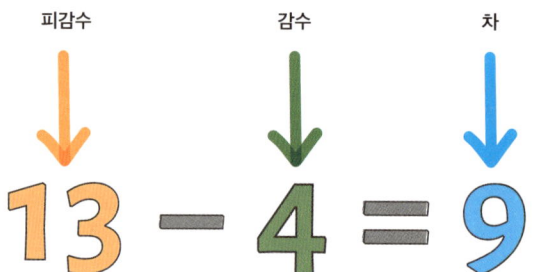

피감수   감수   차

13 - 4 = 9

작은 수에서 큰 수를 빼는 것도 가능합니다. 그때 결과는 음수가 됩니다. 수직선을 생각해보면 이해에 도움이 됩니다. 뺄셈은 선을 따라 거꾸로 세어나가는 것과 같습니다.

뺄셈은 두 값의 차이를 계산할 때 쓰입니다. 돈을 내고 거스름돈을 돌려받거나 무엇이 얼마나 늘어나거나 줄어들었는지를 알고 싶을 때처럼요.

더하기표와 빼기표는 덧셈과 뺄셈을 가리킬 때뿐 아니라 어떤 수가 양수인지 음수인지를 나타낼 때도 쓰입니다.

1 - 3 = -2

-4 -3 -2 -1 0 1 2 3 4

✖ 곱하기

곱하기표는 두 선을 대각선으로 교차하여 그려놓은 기호입니다. 곱셈은 덧셈의 반복으로 생각할 수 있습니다. 만약 어떤 수를 4로 곱하고 싶다면, 그 수를 네 번 더하면 됩니다.

집합으로 생각하면, 한 집합의 복제본을 다른 집합의 각 원소만큼 더하는 것과 같습니다. 그러면 두 변이 두 집합의 크기와 같은 직사각형이 생깁니다. 이 직사각형은 회전할 수 있습니다. 곱셈 역시 교환가능하다는 뜻입니다.

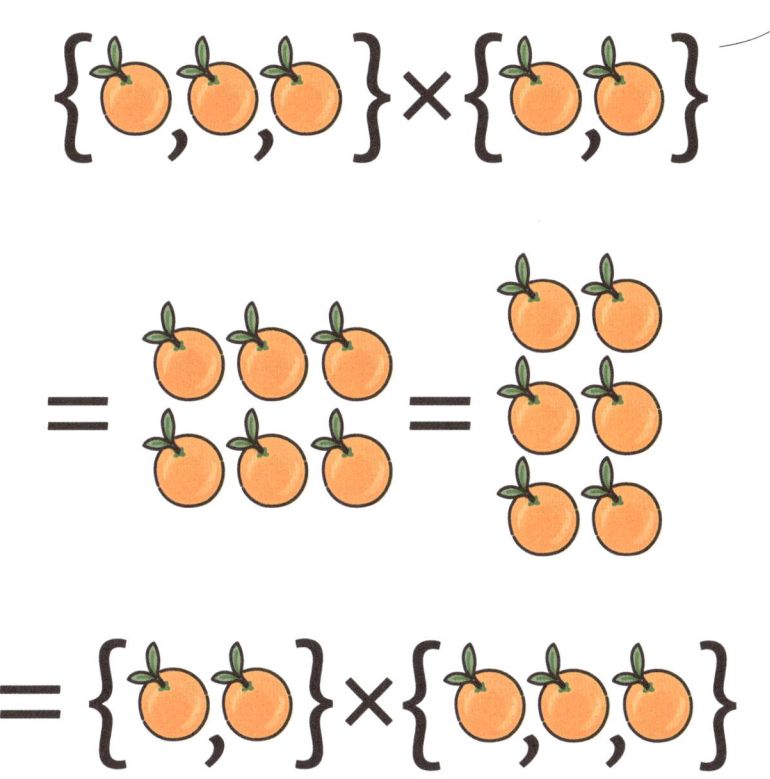

곱셈은 크기가 똑같은 집합이 여러 개 있을 때 총합을 구하는 데 사용할 수 있습니다. 넓이를 구할 때도 쓸 수 있고요. 예를 들어, 2cm×3cm인 직사각형의 넓이는 6제곱센티미터입니다. 넓이가 1제곱센티미터인 정사각형을 하나씩 세어서 확인할 수 있습니다.

÷ 나눗셈

나눗셈 기호인 **나누기표**는 수평선 위와 아래에 점이 하나씩 있는 모양으로, 분수를 나타냅니다. 나눗셈은 곱셈의 반대이며, 큰 수를 똑같은 부분으로 나누거나 그렇게 나누어서 특정 크기의 일부분이 몇 개나 생기는지 알아내는 데 쓰입니다.
예를 들어, 8÷4=2는 다음 중 하나를 뜻할 수 있습니다.

- 사과 여덟 개를 네 사람이 나눈다면, 한 사람은 사과 두 개를 갖는다.

- 사과 여덟 개가 있을 때 한 사람에게 네 개씩 나누어준다면, 두 사람에게 사과를 줄 수 있다.

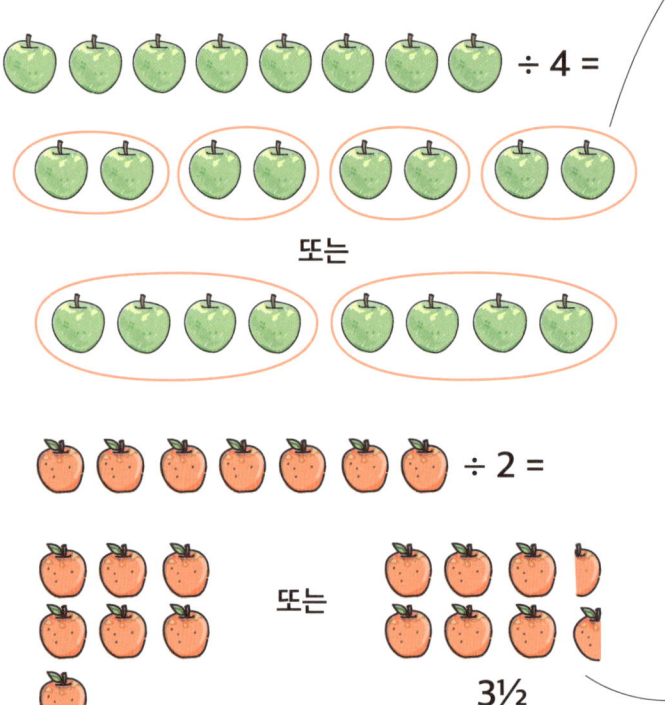

3과 나머지 1

덧셈, 곱셈, 뺄셈과 달리 두 정수를 나누면 항상 정수가 나오지는 않습니다. 목적에 따라서 우리는 정수로 떨어지는 일부를 계산한 뒤 나머지를 구하기도 하고, 분수나 소수점으로 나타내기도 합니다.

예를 들어, 7을 2로 나눌 때 우리는 두 부분에 각각 3이 있고 나머지가 1이라고 할 수 있습니다. 아니면, $3\frac{1}{2}$이나 3.5라는 정확한 값을 수할 수 있습니다.

자원과 시간을 분배하는 데 나눗셈을 씁니다. 예를 들어, 5일 동안 벽돌 100개로 벽을 세워야 한다고 하면, 하루에 20개씩 벽돌을 쌓을 수 있습니다.

보통 분수로 나타내는 게 쉽기 때문에 나누기표는 잘 쓰지 않습니다. 그리고 수평선 위와 아래에 점이 하나씩 있는 나누기표 자체가 분수를 의미하기도 하고요. 노르웨이와 덴마크에서는 나누기표를 뺄셈 기호로 사용합니다(나누기는 콜론으로 나타냅니다).

> 이런 연산은 수뿐만 아니라 수와 변수가 결합한 대수학적 표현에도 쓰일 수 있습니다.

결합연산

기본 산술연산에 통달했다면 연산을 조합해 쓰면 어떨지 생각해볼 수 있습니다.
덧셈과 곱셈은 함께 쓰이거나 반복되며 수를 다양한 방식으로 다룹니다.

결합 덧셈

앞서 정의했듯이 덧셈은 입력값(더하는 대상) 두 개를 받아 출력값 하나를 내놓습니다. 대상의 목록을 모두 더하고 합계를 알아내기 위해 덧셈을 이용한다면, 엄밀히 말해 우리는 각각의 대상에 대해 따로따로 덧셈 연산을 수행하며 합계에 도달할 때까지 연속으로 하나씩 더하는 셈입니다.

여러분은 이게 왜 가능한지 생각해보지 않았을지도 모르겠군요. 사실 덧셈은 교환 가능할 뿐만 아니라 **결합법칙**이라는 또 다른 유용한 성질도 갖고 있습니다. 만약 두 수를 더한 뒤 세 번째 수를 더한다 해도 순서를 바꿔서 연산을 수행했을 때와 똑같은 결과를 얻는다는 뜻입니다.

이건 언제나 마찬가지입니다. 덧셈 계산을 여러 가지 방식으로 나누어서 계산해도 결과는 똑같습니다. 곱셈 역시 이 결합성이라는 성질을 갖습니다.

이게 당연해 보일지 몰라도 다른 방식의 결합도 반드시 그런 건 아닙니다. 예를 들어, 케이크를 굽는다고 생각해보세요. 버터와 설탕을 먼저 섞어준 뒤 밀가루를 넣는 게 중요합니다. 결국에는 같은 그릇으로 들어간다고는 하지만 밀가루와 설탕을 먼저 섞거나 밀가루와 버터를 먼저 섞으면 제대로 된 케이크가 나오지 않습니다.

예를 들어, 2+3+4는 먼저 2+3을 해서 5를 구한 뒤 다시 4를 더하는 식으로 계산할 수 있습니다. 혹은 3+4를 먼저 해서 나온 7에 2를 더해도 됩니다. 두 방법 모두 답은 9가 됩니다.

$$(2+3)+4 = 2+(3+4)$$

> 두 값을 입력받아 한 값을 출력하는 연산을 **이항연산**이라고 부릅니다. 지금까지 우리가 살펴본 모든 산술연산(덧셈, 뺄셈, 곱셈, 나눗셈)은 이항연산의 사례입니다.

덧셈과 곱셈을 결합할 때는 또 다른 중요한 성질이 관여합니다. 바로 **분배법칙**입니다. 우리가 곱셈을 하기 전이나 이후에 덧셈을 수행할 수 있다는 뜻입니다. 예를 들어, (7+2)×6을 계산할 때 우리는 7+2를 먼저 하고 곱셈을 할 수 있습니다. 혹은 덧셈을 둘로 나눠서 각각을 곱한 뒤에 다시 더해서 결과를 얻을 수도 있습니다.

$$(7+2) \times 6 = 9 \times 6$$
$$= (7 \times 6) + (2 \times 6)$$

이런 성질은 수를 계산할 때뿐만 아니라 변수를 가지고 수식을 다룰 때 더욱 중요해집니다. 곱셈과 덧셈의 근본적인 성질로, 둘이 상호작용하는 방식이므로 우리는 어느 쪽으로 하든 항상 똑같은 결과를 얻을 수 있다는 것을 알 수 있습니다. 예를 들어, $(x+2) \times y$를 계산한다면, $x+2$를 먼저 계산하고 y를 곱하든 곱셈을 먼저 하고 $xy+2y$를 하든 같은 결과를 얻을 수 있습니다.

곱셈의 결합

곱셈을 반복하는 것을 거듭제곱이라고 합니다. 어떤 수를 계속 곱하는 것입니다. 예를 들어, 4를 세 번 곱하는 계산을 할 수 있습니다. 이 계산을 $4 \times 4 \times 4 = 4^3$처럼 씁니다(이 과정을 연장하는 방법에 관해서는 66쪽 참고).

이런 계산은 매우 빨리 커지는 결괏값을 내놓습니다. 어떤 것이 현재 크기와 비교해 일정한 비율로 계속 커지는 상황을 모형화하는 데 쓰일 수 있습니다. 예를 들어, 세균은 둘로 나뉘는 방식으로 번식합니다. 분열할 때마다 세균의 수가 두 배로 늘어난다는 뜻이지요. 따라서 다섯 번 분열한 뒤에 세균의 수는 원래 수의 $2^5=32$배가 됩니다. 다섯 번 더 분열하면 원래 수의 $2^{10}=1024$배가 됩니다.

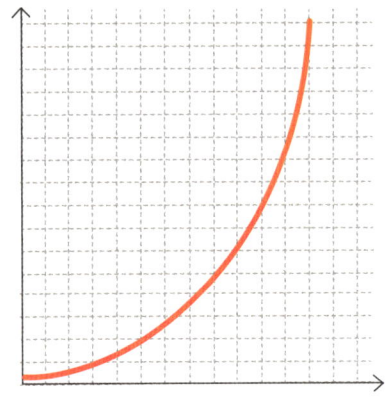
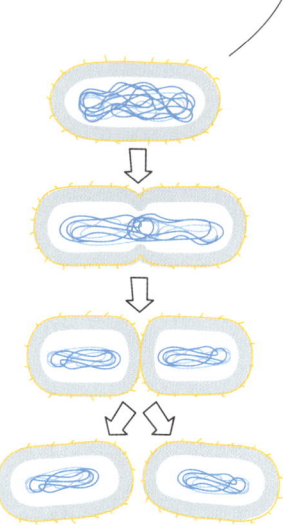

연산의 순서

덧셈과 곱셈 같은 연산을 결합할 때는 수식의 의미를 분명히 해야 합니다. 어떤 계산은 다른 방식으로 해석할 수 있어 헷갈리게 되니까요. 하지만 헷갈리지 않게 하는 방법이 있습니다.

2+4×5의 답을 구한다고 상상해보세요. 왼쪽부터 오른쪽으로 계산하면 2+4=6이고, 6×5=30이 됩니다. 하지만 4×5를 먼저 계산하고 2를 더하면 22를 얻습니다.

- **괄호** 혹은 **소괄호**는 가장 중요한 연산을 가리킵니다. 복잡한 계산을 풀어내기 위해 **연산 순서** 혹은 **연산자 순위**라는 개념을 이용합니다. 어떤 연산이 다른 연산보다 더 중요하다는 뜻입니다. 헷갈리는 경우에는 그런 연산이 우선순위임을 기억하세요.

그 뒤에는 다음과 같은 순서로 계산합니다.
- **거듭제곱(승)**
- **나눗셈**과 **곱셈**
- **덧셈**과 **뺄셈**

2+4×5를 풀 때는 덧셈보다 곱셈을 먼저 해야 합니다. 따라서 답은 2+(4×5)=2+20=22입니다.

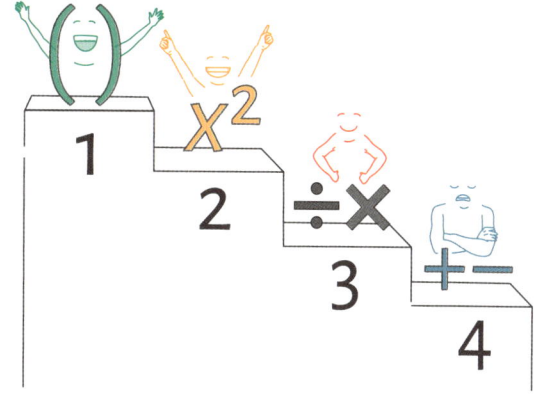

나눗셈과 곱셈은 우선순위가 같습니다. 하지만 어떻게 적용하는지에 따라 다른 결과를 얻을 수 있습니다.

$$(10 \div 5) \times 2 = 4$$

$$10 \div (5 \times 2) = 1$$

곱셈과 나눗셈을 할 때 우리는 보통 왼쪽에서 오른쪽으로 계산합니다. 왼쪽에 있는 계산을 먼저 하지요. 따라서 이 문제의 답은 1이 아니라 4가 됩니다. 덧셈, 뺄셈과 비슷한 방식입니다.

이런 관행은 대수 계산 방식을 반영하고 있습니다. $2x^2+4$라고 쓴다면, 그건 'x를 제곱하고, 그 결과에 2를 곱한 뒤 4를 더한다'라는 뜻입니다.

$$2x^2 + 4 = (2 \times (x^2)) + 4$$

하지만 괄호의 우선순위가 가장 높은 데는 이유가 있습니다. 일반적으로 계산을 헷갈리지 않고 명확하게 하는 가장 좋은 방법은 괄호입니다. 여러분의 뜻이 2+4를 먼저 하는 것이라면, (2+4)×5라고 쓰세요. 그러면 모두가 이해할 수 있습니다!

산술의 시각화

그림으로 나타낼 때 수를 이해하고 다루는 게 더 쉬워지는 일이 많습니다. 수 자체에서 결합 연산에 이르기까지 수천 개의 숫자만큼 가치가 있는 그림을 그리는 몇 가지 방법이 있습니다.

인수의 시각화

우리는 모든 수를 소인수의 곱으로 나타낼 수 있다는 사실을 알아보았습니다(41쪽 참고). 그리고 어떤 수를 그 수의 인수로 나누면 제각기 독특한 구조가 됩니다. 만약 이 구조를 보고 싶다면 각 수만큼 점을 그리고 인수분해를 보여줄 수 있도록 몇 개씩 모아서 배열할 수 있습니다.

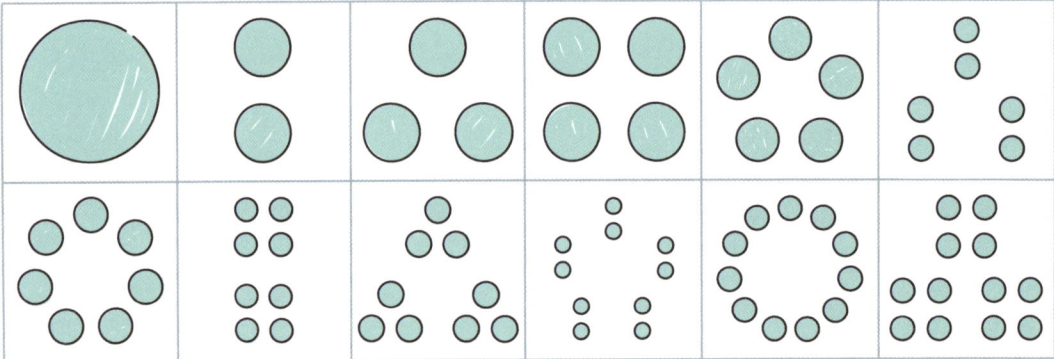

위 그림에서 소수는 원을 그리고 있습니다. 그리고 2를 인수로 갖는 수는 점이 두 개씩 짝지어져 있습니다. 3의 배수인 수는 점이 삼각형으로 배열되어 있고, 그 뒤로도 마찬가지입니다. 수학자 브렌트 요기가 개발한 이 **인수 도표**는 12=3×4이며 10=2×5라는 사실을 보기 쉽게 해줍니다. 이런 패턴은 더 큰 수에서도 계속 이어지며 아름다운 도표를 만듭니다.

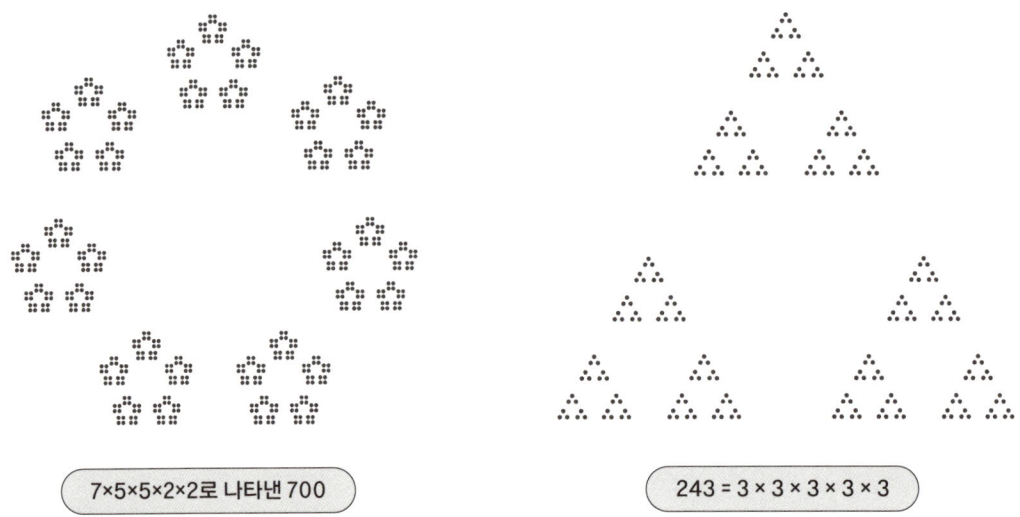

7×5×5×2×2로 나타낸 700

243 = 3 × 3 × 3 × 3 × 3

곱셈의 시각화

곱셈을 시각화하는 한 가지 유용한 방법은 직사각형입니다. 직사각형의 두 변의 길이를 곱하면 넓이가 되지요. 넓이가 1인 정사각형으로 직사각형을 채운다면 우리는 정사각형의 수를 세어 곱셈의 결과를 알아낼 수 있습니다.

한쪽은 정사각형이 두 개, 다른 쪽은 세 개로 이루어져 있는 이 직사각형은 정사각형 여섯 개로 이루어져 있으며, 2×3=6입니다.

분수의 시각화

전체의 일부라는 의미로 분수를 사용할 때는 특히 다양한 방식으로 분수를 시각화할 수 있습니다. 예를 들어, 수평으로 그린 막대를 똑같은 길이로 나누어 놓은 **분수 막대**는 분수의 크기를 비교하고 그에 해당하는 분수를 찾는 데 쓰일 수 있습니다.

예를 들어, 이 도표는 $3 \times \frac{1}{9} = \frac{1}{3}$이며, $\frac{2}{7}$가 $\frac{1}{3}$보다 작다는 사실을 시각적으로 확인하고 이해할 수 있게 해줍니다.

또한, 원을 나누어 분수를 나타낼 수도 있습니다. 각 부분은 원 전체에서 차지하는 비율을 나타냅니다. 각각의 값을 합하면 전체가 되는 경우에 쉽게 이해할 수 있게 해줍니다.

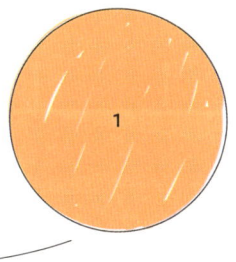 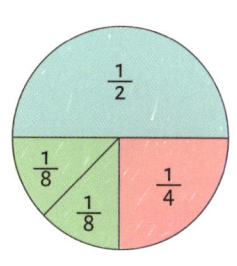 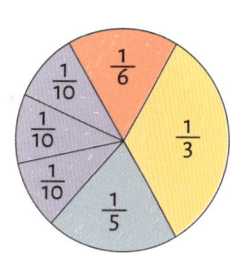

다시 보기

산술

산술연산

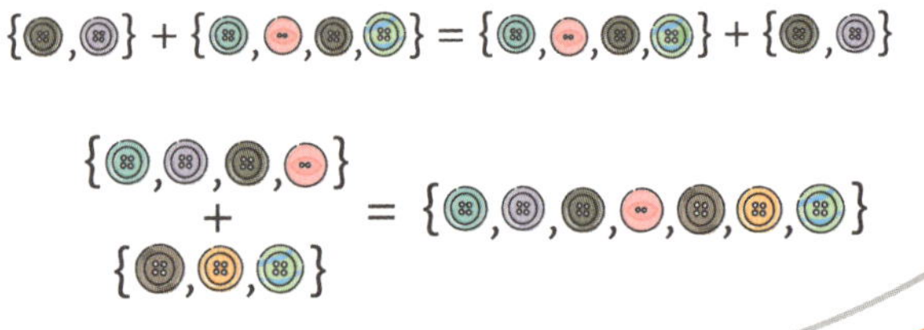

덧셈

두 값을 합한다.

감수

빼는 수

곱하기표 ×

곱셈을 나타내는 기호

나누기표 ÷

나눗셈을 나타내는 기호

$13 - 4 = 9$

피감수

다른 수가 빠지는 원래 수

산술의 시각화

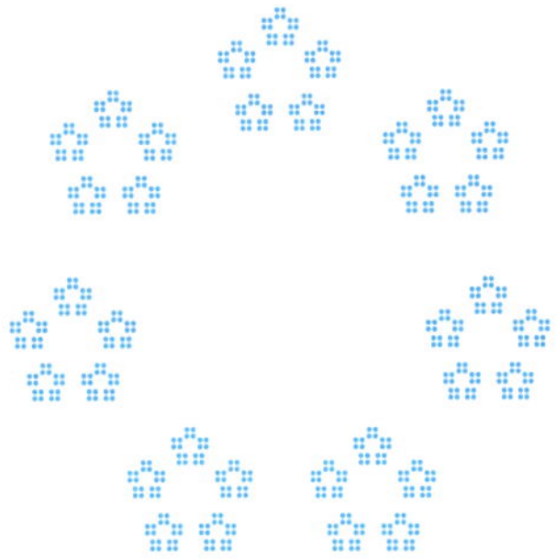

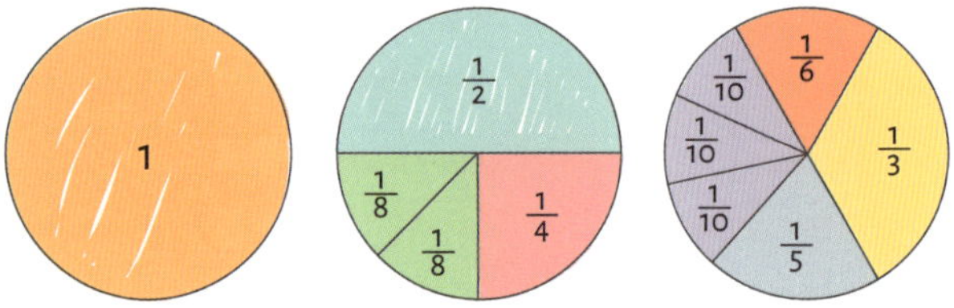
1
1/2
1/8
1/8
1/4
1/10
1/10
1/10
1/6
1/3
1/5

인수 도표

어떤 수가 소수의 곱으로 나뉘는 방식을 시각적으로 보여주는 방법

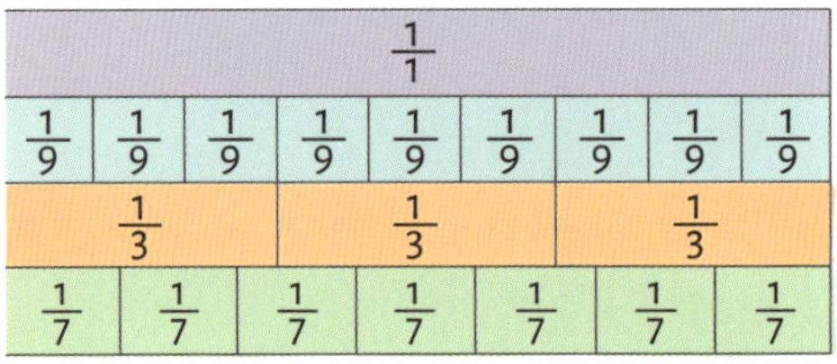
1/1
1/9 1/9 1/9 1/9 1/9 1/9 1/9 1/9 1/9
1/3 1/3 1/3
1/7 1/7 1/7 1/7 1/7 1/7 1/7

분수 막대

막대를 이용해 분수의 크기를 시각적으로 비교하는 방법

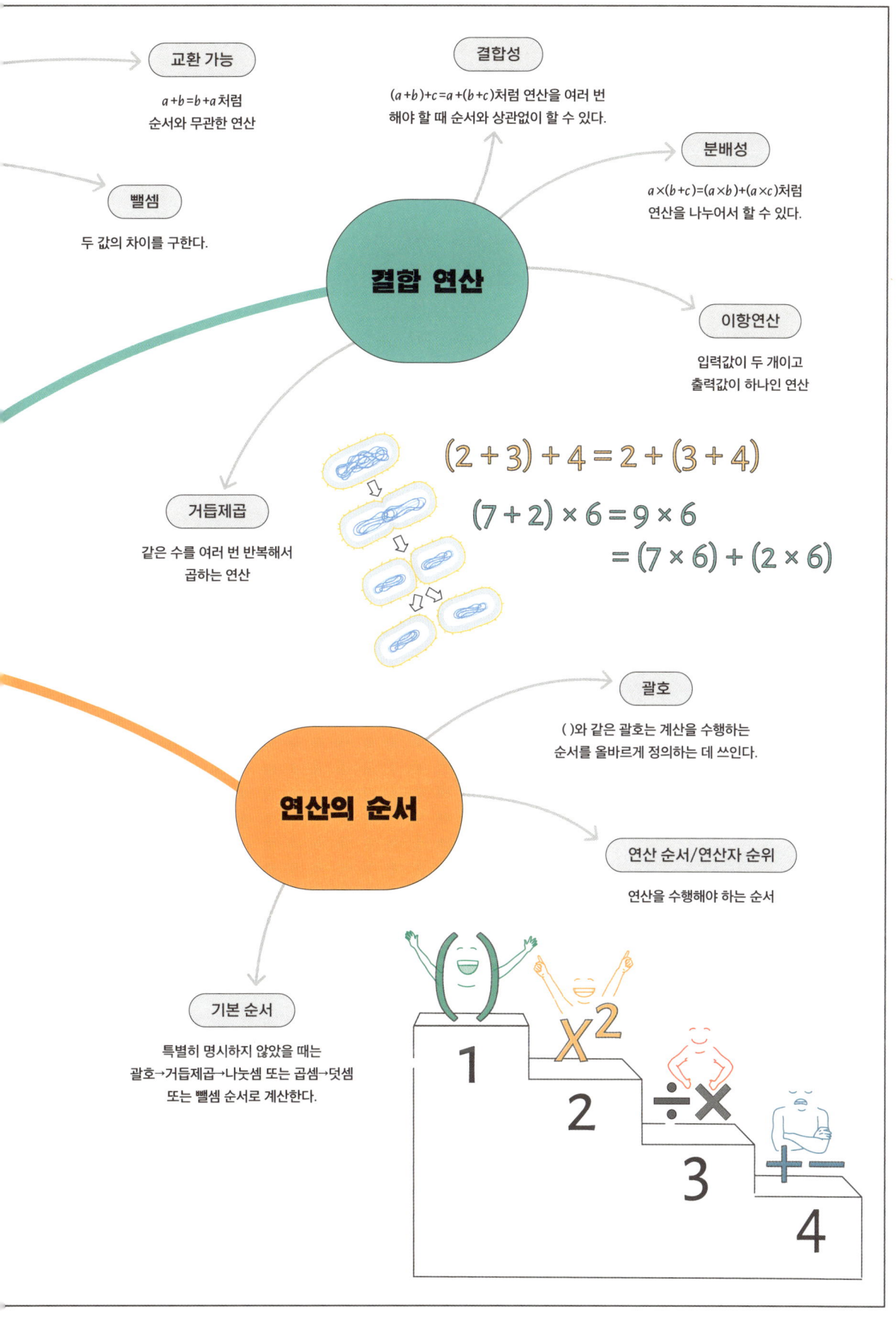

3장

수의 패턴

수를 공부할 때 가장 매혹적인 점은 그 안에서
찾을 수 있는 패턴입니다.
특정 패턴에 맞는 수를 찾든 우리가 수를 이용해
설명할 수 있는 현실 세계에서 패턴을 찾든 다음
수를 예측할 수 있다는 건 강력한 도구가 됩니다.

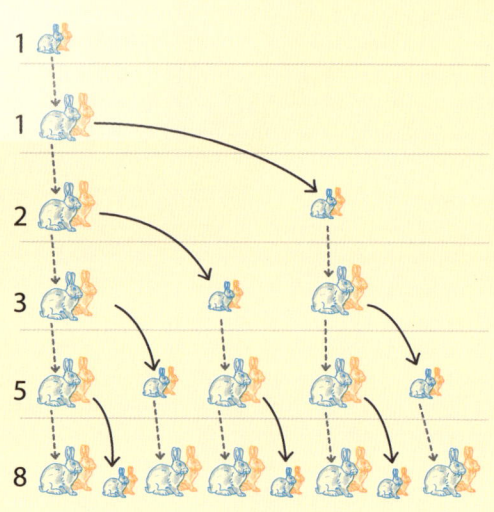

소수

소수는 수학에서 엄청나게 중요한 개념입니다. 소수는 나눌 수 없는 특별한 자연수입니다. 소수를 이용해 다른 수를 만들 수 있지요. 소수는 수학과 컴퓨터과학, 암호학, 인터넷 보안에 중요하게 쓰이고 있습니다.

소수란 무엇일까?

소수는 다른 어떤 수로도 나누어떨어지지 않는 수입니다. 모든 수는 자기 자신으로 나누어떨어질 수 있으며, 또 모든 수는 사실상 1로 나누어떨어집니다. 이 둘은 소수를 나누어떨어지게 하는 유일한 수입니다. 따라서 2는 소수이고, 3도 소수지만, 4는 소수가 아닙니다. 4는 2로 나누어떨어지기 때문입니다. 소수가 아닌 수를 **합성수**라고 부릅니다.

더 이상 나눌 수 없다는 특징 때문에 소수는 나머지 수를 만드는 재료가 됩니다.

산술의 기본 정리

산술의 기본 정리는 모든 수를 고유한 **소인수**의 곱으로 나타낼 수 있다는 것을 뜻합니다.

보통 1이 소수가 아니라고 말합니다. 그렇지 않으면 어떤 수를 소인수 분해한 결과가 고유하지 않기 때문입니다. 1을 수도 없이 넣을 수 있기 때문이지요!

28 = 2 × 2 × 7

33 = 3 × 11

117 = 3 × 3 × 13

소수 찾기

소수의 정의는 비록 간단하지만, 어느 한 소수 다음에 나오는 소수가 무엇일지는 알아내는 공식 같은 건 아직 없습니다. 그래서 소수를 예측하는 건 악명 높을 정도로 어렵습니다. 다만 수직선에서 오른쪽으로 갈수록 소수가 점점 더 드물어지고 소수 사이의 간격이 넓어진다는 사실만큼은 알고 있습니다.
소수의 분포를 기술하는 **소수 정리**는 1896년에 증명되었습니다.

에라토스테네스의 체

소수를 찾는 한 가지 방법은 '에라토스테네스의 체'입니다. 이 방법은 기원전 200년경에 살았던 그리스 천문학자 키레네의 에라토스테네스까지 거슬러 올라갑니다. 이 방법을 사용하면 선택한 수보다 작은 소수를 찾을 수 있습니다.

모든 수의 목록을 가지고 시작합니다. 2에 동그라미를 쳐 표시하고, 2로 나누어떨어지는 수를 모두 지웁니다.

다시 처음으로 돌아가 3(지워지지 않은 다음 수)에 동그라미를 치고, 3으로 나누어떨어지는 수를 모두 지웁니다.

3의 배수를 끝내면, 지워지지 않은 다음 수(5)를 고르고, 똑같은 과정을 반복합니다.

자기 자신보다 작은 약수가 있는 수를 모두 지울 때까지 계속합니다.

걸러내지 않고 남은 수는 모두 소수입니다(1은 소수가 아니라는 점을 명심하세요).

나눗셈 시도법

어떤 수가 소수인지를 알아내야 한다면, **나눗셈 시도법**이라는 방법을 사용할 수 있습니다. 에라토스테네스의 체처럼 그 수를 2부터 시작하는 각각의 소수로 나누어보는 방법입니다. 만약 그 수가 어떤 소수로 나누어떨어진다면, 그 수는 소수가 아니라는 사실을 알 수 있습니다. 알아보고자 하는 수의 제곱근보다 작은 소수만 확인하면 됩니다. 그보다 크면 나눗셈의 결과가 이미 시도해본 수 중 하나와 같기 때문입니다.

이 방법은 확실하지만, 시간이 오래 걸린다는 단점이 있습니다. 확인하려는 수가 매우 크다면, 소수인지 아닌지를 알아내기 위해 수많은 계산을 해야 합니다. 컴퓨터로 계산한다고 해도 방법이 효율적이지 않아 매우 느리게 진행됩니다. 다행히 어떤 수가 소수인지를 확인하는 더 효율적인 방법이 몇 가지 있습니다. 이들을 **소수판별법**이라고 합니다.

윌슨의 정리

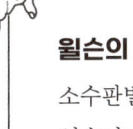

소수판별법의 한 사례로 오늘날 **윌슨의 정리**라고 부르는 방법이 있습니다. 1000년경에 살았던 이슬람 수학자 이븐 알하이삼이 처음으로 소개했습니다. 만약 어떤 수 p가 소수라면, 1부터 $p-1$까지 모두 곱한 값(팩토리얼에 관해서는 71쪽 참고)은 p의 배수보다 1이 작습니다. 즉, 만약 어떤 수 n에 대하여 $1×2×3×⋯×(p-1)=np-1$이라면, p는 소수입니다. 예를 들어, 7은 소수입니다. 그리고 $1×2×3×4×5×6=720=103×7-1$입니다.

현대에는 컴퓨터를 이용하여 소수를 좀 더 효율적으로 찾습니다. 어떤 수를 확인하느냐에 따라 계산을 적게 하고 소수인지 확인하는 방법이 있습니다.

확률판별법으로 소수를 찾는 방법도 있습니다. 이 방법은 어떤 수가 소수인지를 확실히 알아내지는 못해도 소수일 가능성이 매우 높다는 사실을 알려줍니다. 용도에 따라 이 정도로 충분할 때도 많습니다.

소수는 몇 개나 있을까?

소수의 패턴을 제대로 이해하고 있지는 못하지만, 소수가 끝없이 이어진다는 사실은 알고 있습니다. 이른바 **유클리드의 정리**라 불리는 이것은 기원전 300년경 유클리드의 '원론'에서 증명되었습니다. 이 증명은 **귀류법**(118쪽 참고)을 사용했습니다. 소수가 유한하다고 가정한 뒤 그게 거짓임을 보이는 것입니다.

대략적으로 설명하자면, 먼저 알고 있는 소수의 목록을 작성합니다. 소수가 유한하다고 가정했으니 가능한 일입니다. 그런 후 그 소수를 모두 곱하고 그 결과에 1을 더합니다.

만약 앞서 작성한 소수의 목록이 모든 소수를 담고 있다면, 새로 만들어낸 수는 소수가 될 수 없습니다. 원래 목록에는 없었기 때문입니다. 새로운 수가 이는 원래 목록에 있던 소수 중 하나로 나누어떨어진다는 뜻입니다. 하지만 목록에 있는 어느 소수로 나누어도 항상 나머지가 1이 됩니다. 어떤 소수로도 정확히 나누어떨어지지 않는 것이지요.

이는 원래의 소수 목록이 완전하지 않았다는 증거입니다. 새로운 수에는 분명히 소인수가 있어야 하지만, 목록에는 없으니까요. 소수의 수가 아무리 늘어나도 똑같은 논리를 적용할 수 있습니다. 따라서 소수는 영원히 이어집니다.

다른 유형의 수

정수에는 여러 가지 흥미로운 성질이 있습니다. 앞서 소수와 소수가 아닌 수에 관해 알아보았지만,
성질에 따라 수를 분류하는 재미있는 방법은 많습니다.

제곱수

어떤 수를 자기 자신으로 곱하면 제곱수를 얻습니다. 때로는 **완전제곱수**라고 부르기도 합니다. 같은 수를 곱했기 때문에 그만큼의 물체를 정사각형으로 늘어놓을 수도 있습니다.

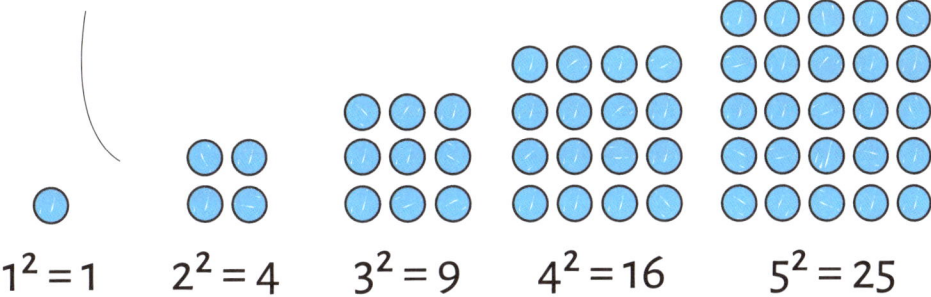

$1^2 = 1$ $2^2 = 4$ $3^2 = 9$ $4^2 = 16$ $5^2 = 25$

제곱수는 흥미로운 패턴을 따릅니다. 1의 자릿수를 보세요. 이미 몇 가지 패턴을 볼 수 있습니다. 제곱수는 항상 1이나 4, 5, 6, 9, 0으로 끝납니다. 2나 3, 7, 8로 끝나는 제곱수는 없습니다. 만약 어떤 수가 1로 끝난다면, 그 수의 제곱수 역시 1로 끝납니다. 각각의 1의 자릿수에 따라 제곱수의 끝자리는 집합 패턴을 따릅니다.

만약 어떤 수가 0으로 끝나면, 제곱수는 짝수 개의 0으로 끝납니다.

$10^2 = 100$

$60^2 = 3600$

$200^2 = 40000$

홀수의 제곱수는 언제나 홀수입니다. 그리고 나중에 113쪽에서 증명하겠지만, 짝수의 제곱수는 언제나 짝수입니다. 음수 곱하기 음수는 양수이므로 제곱수는 언제나 양수입니다.

제곱수에 관한 흥미로운 성질을 더 알고 싶다면 121쪽을 보세요.

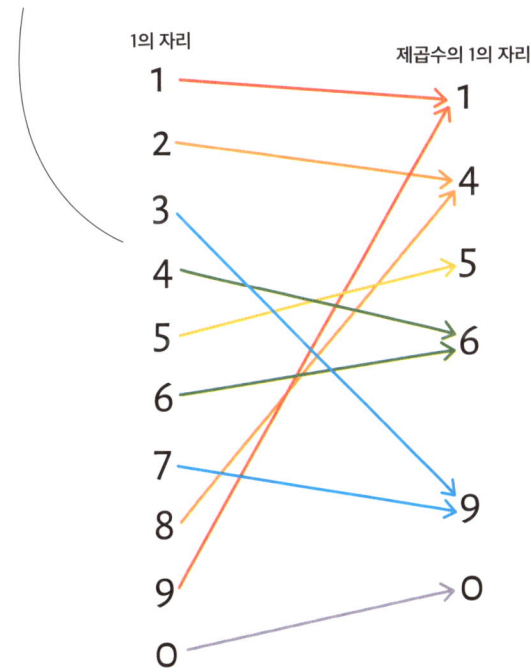

세제곱수

제곱수에서 한 단계 더 나아가면 세제곱수가 있습니다. 3승, 즉 자기 자신으로 두 번을 곱하면 **완전세제곱수**를 얻습니다. 그만큼의 물체를 정육면체로 배열해서 나타낼 수 있는 수지요.

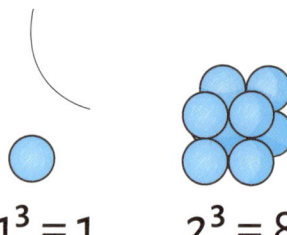

$1^3 = 1$ 　　 $2^3 = 8$ 　　 $3^3 = 27$ 　　 $4^3 = 64$

세제곱수는 어떤 수로도 끝날 수 있습니다. 하지만 1의 자릿수는 세제곱하는 원래 수의 1의 자릿수에 따라 정해집니다. 패턴은 간단합니다. 1의 자릿수는 그대로이거나 다른 수로 바뀝니다.

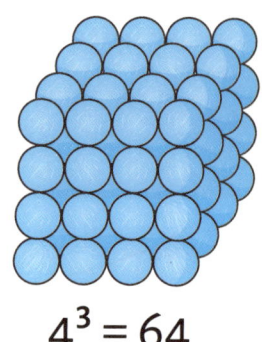

음수의 세제곱수는 음수이고, 양수의 세제곱수는 양수입니다.

$$2^3 = 2 \times 2 \times 2 = 8$$

$$(-3)^3 = -3 \times -3 \times -3 = -27$$

자릿수근은 각 자리의 수를 모두 더하고 결괏값이 한 자리의 수가 나올 때까지 그 과정을 반복해서 얻는 값입니다. 세제곱수의 경우 자릿수근은 언제나 1 또는 8 또는 9가 나옵니다.

이를 이용하면 124 같은 수가 완전세제곱수인지를 쉽게 확인해볼 수 있습니다.

그러나 어떤 수의 자릿수근이 1 또는 8 또는 9라고 해서 그 수가 반드시 세제곱수인 것은 아닙니다. 예를 들어, 28은 자릿수근이 1이지만 세제곱수가 아닙니다(예: 28⇒2+8=10⇒1+0=1).

$$729 \Rightarrow 7+2+9=18 \Rightarrow 1+8=9$$
$$64 \Rightarrow 6+4=10 \Rightarrow 1+0=1$$
$$124 \Rightarrow 1+2+4=7$$

다른 유형의 수

수학자들이 연구하는 정수의 다른 유형도 많습니다. 예를 들어, **완전수**는 자기 자신을 제외한 약수를 모두 더하면 자기 자신이 되는 수를 말합니다. 6은 약수가 1, 2, 3이고, 이를 모두 더하면 6이 되므로 완전수입니다. 12나 30 같은 **과잉수**는 약수의 합이 자기 자신보다 큰 수이고, 14 같은 **부족수**는 약수의 합이 원래 수보다 작은 수입니다.

수	자신을 제외한 양의 약수	양의 약수의 합	유형
6	1, 2, 3	6	완전수
28	1, 2, 4, 7, 14	28	완전수
12	1, 2, 3, 4, 6	16	과잉수(16>12)
30	1, 2, 3, 5, 6, 10, 15	42	과잉수(42>30)
14	1, 2, 7	10	부족수(10<14)
7	1	1	부족수(1<7)

행복수는 각 자리의 수를 제곱해서 더하는 과정을 반복하다 보면 마지막에 1이 나오는 수를 말합니다.

$13 \Rightarrow 1^2 + 3^2 = 1 + 9 = 10 \Rightarrow 1^2 + 0^2 = 1$ ☺

$7 \Rightarrow 7^2 = 49 \Rightarrow 4^2 + 9^2 = 16 + 81 = 97 \Rightarrow 9^2 + 7^2 = 81 + 49 = 130 \Rightarrow 1^2 + 3^2 + 0^2 = 1 + 9 + 0 = 10 \Rightarrow 1^2 + 0^2 = 1$ ☺

약수와 자릿수에 따라 여러 가지 수의 유형을 정의할 수 있습니다. 예를 들어, **하샤드 수**는 각 자릿수의 합으로 원래의 수가 나누어떨어지는 수입니다. 한 자리 수는 하샤드 수이고, 100보다 작은 10의 배수도 하샤드 수입니다. 12(3으로 나누어떨어짐)와 195(15로 나누어떨어짐)도 하샤드 수입니다.

이 책 다른 곳에서 우리는 **다각수**(56쪽 참고)와 **피보나치 수**(51쪽 참고)를 만나보게 될 거예요.

어떤 수의 각 자릿수를 제곱하고 더하는 과정을 반복해도 절대 1이 되지 않는다면, 그 수는 불행수다.

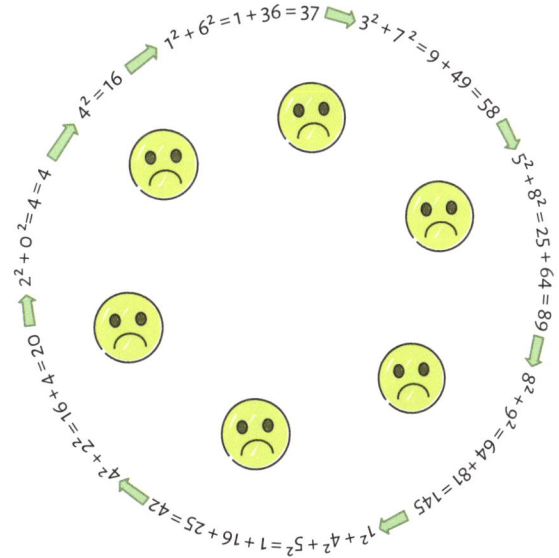

수열

여러 가지 유용하고 흥미로운 정수의 유형은 **수열**의 일부이기도 합니다.
수열은 한 가지 성질을 공유하거나 규칙에 따라 순서대로 나열할 수 있는 수를 말합니다.
수열은 몇 가지 방법으로 나타낼 수 있으며, 어떤 수열은 다양한 방법으로 나타낼 수 있습니다.

수열은 **항**이라고 부르는 개별적인 수로 이루어져 있습니다. 수열을 나타내는 한 가지 방법은 수열의 n번째 항을 식으로 쓰는 것입니다. 첫 번째 항은 $n=1$일 때이고, 두 번째는 $n=2$일 때, 그 뒤로 계속 이어지는 방식입니다. 그리고 식에 이 수를 대입하는 것이지요. 예를 들어, 우리는 n번째 항이 $50 \times n$이 되는 수열 $50n$을 정의할 수 있습니다. 그러면 수열은 50, 100, 150, 200…이 됩니다.

n번째 항의 모습으로 우리는 수열을 정의할 수 있습니다. 제곱수의 수열은 n번째 항이 n^2이고, 세제곱수의 수열은 n번째 항이 n^3인 것처럼요. 이런 식으로 일정한 패턴을 따르는 수열은 n번째 항으로 표현할 수 있습니다.

어떤 수열에서 이웃한 항의 차가 일정하다면 그 수열을 **등차수열**이라고 부릅니다. 아까 예로 든 첫 번째 수열은 각 항이 앞의 항보다 50씩 큽니다. 우리는 n의 곱으로 등차수열을 표현할 수 있습니다. 때에 따라 어떤 수를 더하거나 빼 수열 전체를 움직일 수 있습니다.

수열	등차수열	n번 항
4, 8, 12, 16, 20…		$4n$
3, 7, 11, 15, 19…		$4n - 1$
4, 5, 6, 7, 8…		$n + 3$
8, 6, 4, 2, 0, −2		$-2n + 10$

어떤 수열에서 이웃한 항의 비가 일정하다면 그 수열은 **등비수열**입니다. 어떤 항을 앞의 항으로 나누었을 때 항상 똑같은 결과가 나옵니다. 등비수열은 n제곱을 이용해 나타낼 수 있습니다. 예를 들어, 각 항에 3을 곱한 값이 다음 항이라면, 3^n(3의 n제곱, 3을 n번 곱한 것)을 이용해 나타냅니다.

수열	등비수열	n번 항
3, 9, 27, 81, 243…		3^n
50, 500, 5000, 50000…		5×10^n
0.5, 0.25, 0.125, 0.0625…		0.5^n

제곱수와 세제곱수는 등차수열이나 등비수열이 아닙니다(45~46쪽 참고). 각 항의 차는 점점 커지고, 비율은 점점 작아집니다.

때로는 앞의 항을 이용해 n번째 항을 나타내는 식으로 수열을 정의하는 게 더 쉽습니다. 예를 들어, 다음과 같이 쓸 수 있습니다.

$S_1 = 1; S_n = 2 \times S_{n-1}$

이것은 수열의 첫 번째 항이 1이고, n번째 항은 $(n-1)$번째 항의 두 배라는 뜻입니다. 따라서 두 번째 항은 2가 되고, 세 번째 항은 4가 됩니다. 한 수열은 여러 가지 방식으로 표현할 수도 있습니다. 이 수열은 $S_n = 2^n$이라고 정의해도 똑같습니다.

앞의 항을 이용해 수열을 정의할 때(**재귀 수열**이라고 부릅니다)는 다음 항을 나타내는 식뿐만 아니라 첫 번째 항을 정의하는 것도 중요합니다. 재귀 수열의 다른 예는 51쪽을 참고하세요.

한계를 알자

이런 수열은 무한히 이어질 수 있습니다. 계속 다음 항을 만들 수 있으니까요. 수학자들은 항이 점점 커지면서 무한으로 뻗어나가는 수열을 연구합니다. 결코 무한에 도달하지는 못하겠지만, n이 아주 커질 때 수열이 어떻게 되는지를 유추해 **수열의 극한**이라고 부르는 값을 구하기도 합니다.

예를 들어, 수열 $\frac{1}{n}$은 n이 커지면서 점점 작아지는 분수로 이루어져 있습니다. n에 어떤 수를 넣어도 0이 되는 일은 없지만, 상상이 허락하는 만큼 0에 가까워질 수는 있습니다.

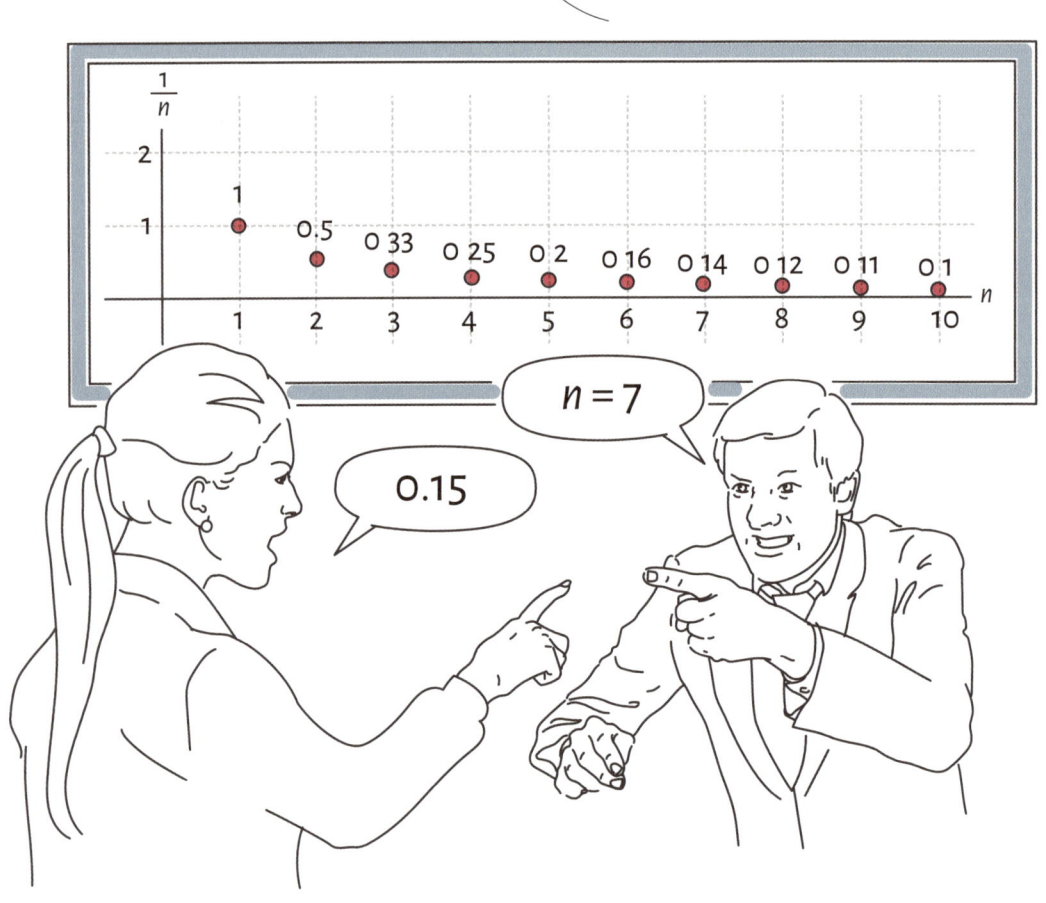

극한의 정의는 경쟁에 빗대어 생각해볼 수 있습니다. 상대방이 아무리 극한값과 가까운 수를 말해도 우리는 수열 안에서 그보다 극한값이 더 가까운 항을 찾을 수 있어야 합니다. 만약 언제나 이게 가능하다면, 우리는 그게 정말로 그 수열의 극한이라는 사실을 증명할 수 있습니다.

피보나치 수

재귀적으로(각 항이 앞의 항에 따라 달라지는 것) 정의할 수 있는 수열의 중요한 한 가지 사례는 피보나치수열입니다. 이 수열은 기원전 200년경 인도에서 발견되었지요. 1202년 이탈리아 수학자 레오나르도 드 피보나치가 자신의 책 『리베르 아바치』에서 이를 다루었고 그의 이름을 따 피보나치수열이라고 부릅니다.

피보나치수열의 첫 두 항은 1과 1입니다. 그리고 그다음 항부터는 앞선 두 항의 합입니다.

1, 1, 2, 3, 5, 8, 13, 21, 34, 55, 89, 144…

3 + 5 = 8

산스크리트 운율

피보나치수열은 산스크리트어로 쓰인 경전인 베다와 관련이 있습니다. 이 경전은 아주 특별한 음절 패턴을 이용해 쓰였습니다. 각 행은 길이가 한 박자인 **짧은 음절**과 두 박자인 **긴 음절**로 이루어져 있습니다. 사람들은 이 구조를 자세히 들여다보며 "길이가 네 박자인 행은 몇 가지 경우가 가능할까?"와 같은 의문에 답을 구하려 했습니다.

각 행의 가능한 음절 패턴의 수는 피보나치수열과 똑같습니다. 길이가 n인 선을 만드는 방법을 생각해본다면 똑같다는 사실을 이해할 수 있습니다. 먼저 길이가 $n-1$인 행을 고르고 뒤에 짧은 음절 하나를 붙입니다. 혹은 길이가 $n-2$인 행을 고른 뒤 긴 음절 하나를 붙입니다.

이것은 각 행의 가능한 패턴 수가 앞의 두 행의 패턴 수를 합한 것과 같다는 뜻입니다(길이가 0과 1인 두 행으로 시작해볼 수 있습니다. 이 두 행은 단 한 가지 방법으로만 나타낼 수 있습니다).

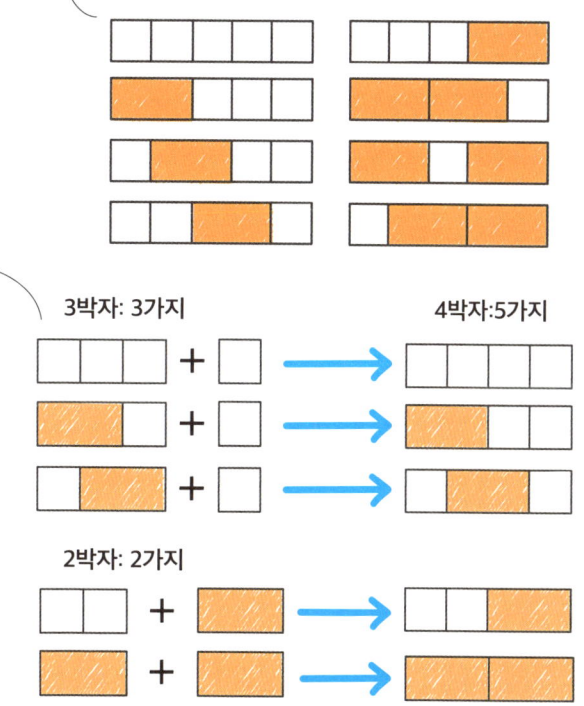

피보나치 토끼

피보나치는 전혀 다른 맥락에서 피보나치 수를 발견했습니다. 토끼의 번식 패턴을 조사하다가 말이지요. 피보나치는 토끼가 번식하는 모형을 상상했습니다. 각 세대마다 어른 토끼 한 쌍이 아기 토끼 한 쌍을 낳고, 전 세대에 아기였던 토끼는 다음 세대에 어른으로 자라는 식입니다.

그러면 각 세대의 총 토끼 수는 앞 세대의 토끼 쌍 수에 앞 세대에서 **어른**이었던(이건 두 세대 전의 토끼 쌍 수와 같습니다. 지금은 모두 어른이 되었으니까요.) 토끼 쌍이 낳은 아기 토끼 쌍의 수를 더한 게 됩니다.

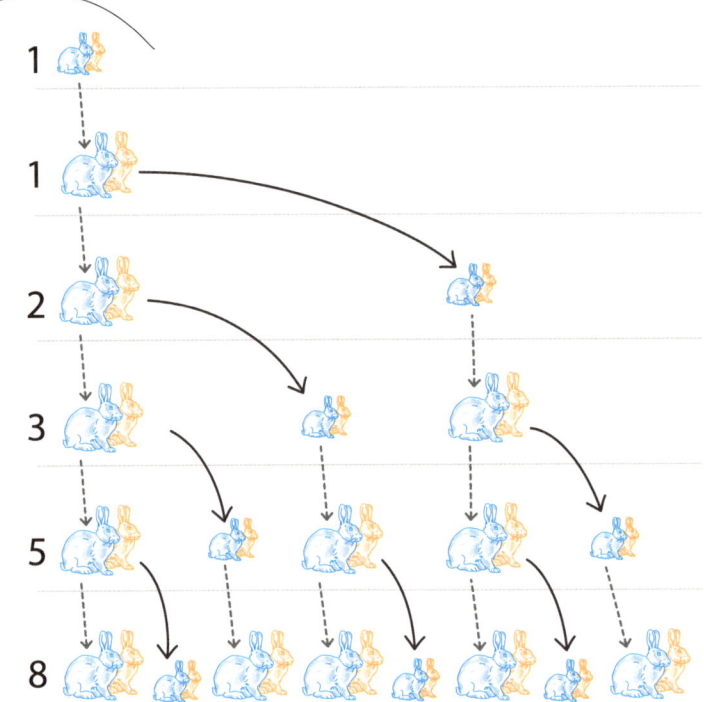

황금비율

피보나치수열은 등비수열이 아닙니다. 이웃한 항의 비율이 일정하지 않습니다. 하지만 이런 비율을 조사해보면 많은 수열의 경우 우리는 수열이 앞으로 어떻게 진행될지를 추측할 수 있습니다. 피보나치수열은 이웃한 항의 비율이 어떤 극한값으로 수렴합니다.

수열의 뒤쪽으로 갈수록 이 비율은 약 1.618이라는 특정 값에 점점 가까워집니다. 바로 **황금비율**이라고 불리는 수입니다. 황금비율의 정확한 값은 5의 양의 제곱근에 1을 더하고 전체를 2로 나눈 결과입니다.

$$\frac{\sqrt{5}+1}{2}$$

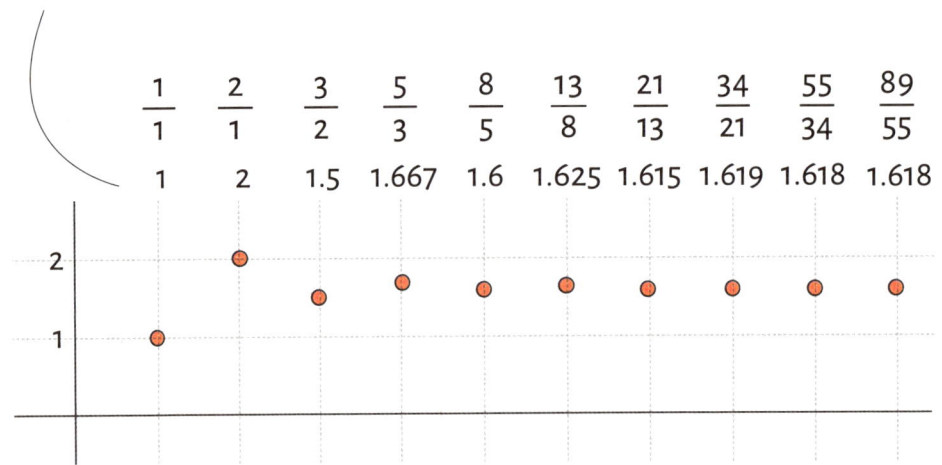

흔히 그리스 문자 피(ϕ, 파이라고도 읽습니다)로 나타내는 이 비율은 (켤레수인 $\frac{\sqrt{5}-1}{2}$과 함께) 아주 우아한 방정식의 해라는 점에서(67쪽 참고) 독특합니다. ϕ는 다음과 같은 관계가 성립하는 유일한 수입니다.

$$1 + \frac{1}{\varphi} = \varphi \qquad \varphi + 1 = \varphi^2$$

$$\varphi = \sqrt{1 + \sqrt{1 + \sqrt{1 + \cdots}}}$$

황금비율은 정다각형과 별 모양을 비롯한 여러 기하학적 도형과 씨앗의 배열이나 꽃잎과 씨앗 부분의 크기를 비롯한 자연에서 저절로 생겨난 많은 구조물에서도 찾을 수 있습니다. 그래서 해바라기나 솔방울, 심지어는 파인애플을 자세히 보면서 서로 다른 방향으로 돌아가는 나선의 수를 세어보면 언제나 피보나치수열을 찾을 수 있답니다!

수 격자표

때로 수를 격자 모양으로 배열하면 패턴을 더 쉽게 찾을 수 있습니다. 간혹 수가 행을 건너뛰며 직선을 그리기도 하고 더욱 흥미로운 패턴을 만들기도 합니다. 수를 줄 세우다 보면 재미있는 패턴이 튀어나오지요!

격자판에 숫자 채우기

수를 수평으로 늘어놓으면 열의 수를 몇 개로 하는지에 따라 패턴이 달라집니다. 예를 들어, 열이 10개인 격자를 만들면, 1의 자릿수가 똑같은 수끼리 일렬로 놓이는 모습을 볼 수 있습니다. 1과 11, 21이 모두 같은 열에 놓이는 것처럼요. 우리가 십진법을 이용해 수를 쓰기 때문입니다(12쪽 참고).

1	2	3	**4**	5	6	7	8	**9**	10
11	12	13	14	15	**16**	17	18	19	20
21	22	23	24	**25**	26	27	28	29	30
31	32	33	34	35	**36**	37	38	39	40
41	42	43	44	45	46	47	48	**49**	50
51	52	53	54	55	56	57	58	59	60
61	62	63	**64**	65	66	67	68	69	70
71	72	73	74	75	76	77	78	79	80
81	82	83	84	85	86	87	88	89	90
91	92	93	94	95	96	97	98	99	**100**

제곱수의 마지막 자릿수 값은 1 또는 4, 5, 6, 9, 0이어야 한다는 사실을 떠올려보세요(45쪽 참고). 제곱수에 표시가 되어 있는 이 격자표를 보면 제곱수가 모두 그런 수로 끝나는 열에 놓여 있다는 사실을 알 수 있습니다.

1	**2**	**3**	4	**5**	6	**7**	8	9	10
11	12	**13**	14	15	16	**17**	18	**19**	20
21	22	**23**	24	25	26	27	28	**29**	30
31	32	33	34	35	36	**37**	38	39	40
41	42	**43**	44	45	46	**47**	48	49	50
51	52	**53**	54	55	56	57	58	**59**	60
61	62	63	64	65	66	**67**	68	69	70
71	72	**73**	74	75	76	77	78	**79**	80
81	82	**83**	84	85	86	87	88	**89**	90
91	92	93	94	95	96	**97**	98	99	100

인수의 패턴도 볼 수 있습니다. 42쪽에서 살펴보았던 에라토스테네스의 체를 떠올려 보세요. 처음에는 작은 소수를 찾은 뒤 소수의 배수를 모두 제거해 나가면 소수만 남습니다. 이런 식으로 소수를 찾을 수 있지요.

열이 10개라면, 짝수 열에 있는 수는 모두 2로 나누어떨어집니다. 그리고 가운데 열과 맨 오른쪽 열에 있는 수는 모두 5로 나누어떨어집니다. 1행을 제외하고서는 그 열에 소수가 있을 수 없다는 뜻입니다.

이 열에 소수가 없는 건 2와 5가 10의 **소인수**이기 때문입니다. 만약 격자의 폭을 다르게(가령 9열로) 격자를 만들고 소수를 표시하면, 격자 폭의 인수에 해당하는 열이 비게 됩니다.

3은 9의 인수다. 따라서 3열과 3의 배수인 열(6과 9)에는 1행을 제외하고 소수가 없다.

이런 격자에서 나타나는 패턴은 186쪽에서 다시 만난 **모듈러 산술**과 연관이 있습니다.

2, 3, 4는 12의 인수다. 따라서 해당 열은 1행을 제외하고는 비어 있다. 2와 3의 배수인 8열과 9열, 10열도 마찬가지다.

13은 그 자체로 소수이므로 1행을 제외하고는 비어 있는 13열을 제외한 모든 열에 소수가 있다.

나선을 그리는 수

울람 나선이라고 불리는 다른 격자에서도 흥미로운 소수 패턴이 보입니다. 1963년 폴란드 수학자 스타니스와프 울람은 가운데서 시작해 정수를 나선으로 써나가면 소수가 아름다운 수직선, 수평선, 대각선을 그린다는 사실을 알아냈습니다. 아래 그림에서 볼 수 있듯이 나선을 크게 그릴수록 이 패턴은 더욱 뚜렷해집니다.

울람의 발견은 소수와 소수의 분포에 관한 심오한 수학적 결과와 관련이 있습니다. 짧은 소수의 수열을 만들어낼 수 있는 다항함수가 있는데, 울람 나선에서 나타나는 선에 대응되거든요. 이런 방법으로 모든 소수를 만들어낼 수 있는지에 관한 연구가 이어지고 있습니다.

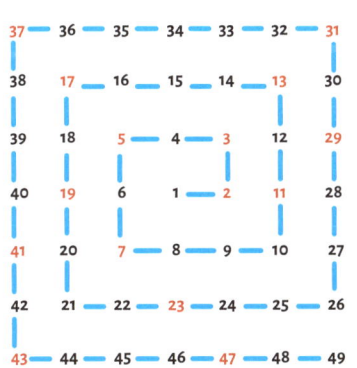

울람 나선

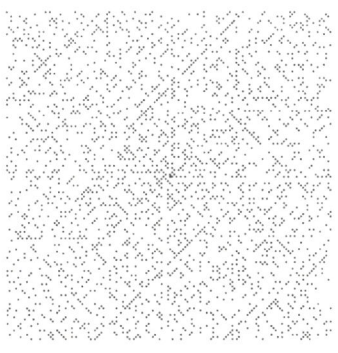

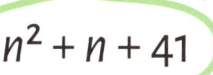

$$n^2 + n + 41$$

n이 0에서 39까지 이 식은 모두 소수가 된다.

다각수

앞서 우리는 제곱수와 세제곱수를 살펴보았고, 제곱수와 세제곱수를 어떻게 정사각형과 정육면체로 생각할 수 있는지 알아보았습니다. 하지만 도형의 이름을 따서 붙이는 수는 그게 전부가 아닙니다.

삼각수

삼각수는 삼각형 모양으로 배열할 수 있는 수입니다. 첫 번째 행에 한 개, 두 번째 행에 두 개, 세 번째 행에는 세 개와 같은 식으로 원하는 만큼 배열하면 만들 수 있습니다. 1, 3, 6, 10, 15, 21, 28 등이 삼각수입니다. 삼각수는 연속되는 수의 합으로 생각할 수 있습니다.

삼각수는 몇 가지 흥미로운 패턴을 보입니다. 삼각수의 마지막 자릿수는 항상 0 또는 1, 3, 5, 6, 8입니다. 모든 삼각수는 3의 배수거나 9의 배수보다 1이 큽니다.

삼각수는 유명한 '악수 문제' 같은 많은 문제의 해답으로 불쑥 나타나곤 합니다.

> 한 방에 n명이 있고 모두가 다른 모두와 악수를 나눈다면, 총 몇 번의 악수를 해야 할까?

두 사람이 있다면, 두 사람이 악수하는 방법은 한 가지뿐입니다. 이건 첫 번째 삼각수입니다. 만약 세 사람이 있다면, 한 사람은 다른 두 사람과 악수합니다. 세 사람이 각각 두 사람과 악수해야 하므로 이를 3×2=6으로 나타낼 수 있습니다. 그러나 그러면 같은 악수를 두 번씩 세는 것이므로 총 6÷2=3번 악수하게 됩니다. 이게 두 번째 삼각수입니다. 네 사람이 있다면, 여섯 번 악수해야 합니다. 세 번째 삼각수이지요. n명이 있다면, $(n-1)$번째 삼각수만큼 악수해야 합니다.

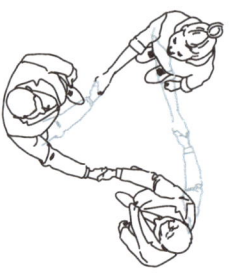
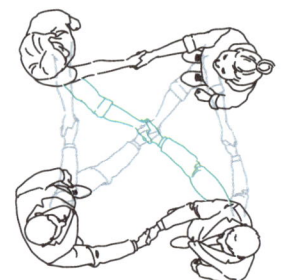

삼각수는 컴퓨터 네트워크를 만드는 데 필요한 케이블의 수나 모든 팀이 다른 모든 팀과 겨뤄야 하는 스포츠 대회에서 총 몇 경기를 치러야 하는지는 알려줍니다.

삼각수의 또 다른 멋진 등장은 게으른 요리사의 수열에서 볼 수 있습니다. 케이크나 피자 같은 둥근 음식을 똑바로 n번 자른다고 할 때 얻을 수 있는 조각의 최댓값은 n번째 삼각수에 1을 더한 수입니다.

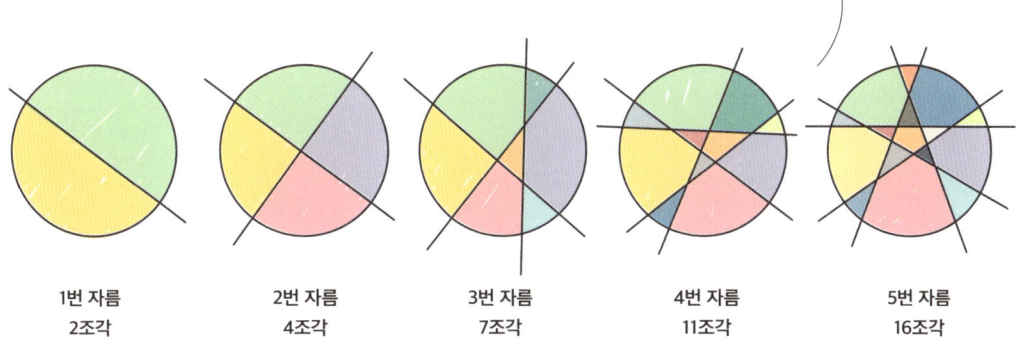

1번 자름
2조각

2번 자름
4조각

3번 자름
7조각

4번 자름
11조각

5번 자름
16조각

삼각수의 성질을 이해하기 위해 삼각형 모양을 이용하는 방법에 관해 더 알고 싶다면 121쪽을 보세요.

다각수

n번째 삼각수가 한 변의 길이가 n인 삼각형 안의 점 수를 나타낸다고 하면, n번째 사각수는 한 변의 길이가 n인 사각형 안의 점 수를 나타냅니다. 이런 식으로 도형의 변을 확장해 나가는 건 자연스러워 보입니다. 오각수는 오각형에 대응되며, 이와 비슷하게 다른 다각수도 정의할 수 있습니다. 각 다각수는 계산법이 (임의의 n에 대해 n번째 수를 도출하는 공식) 조금씩 다르며, 변의 수를 늘릴 때마다 각각의 정다각형에 대한 다각수 수열은 무한히 길어집니다.

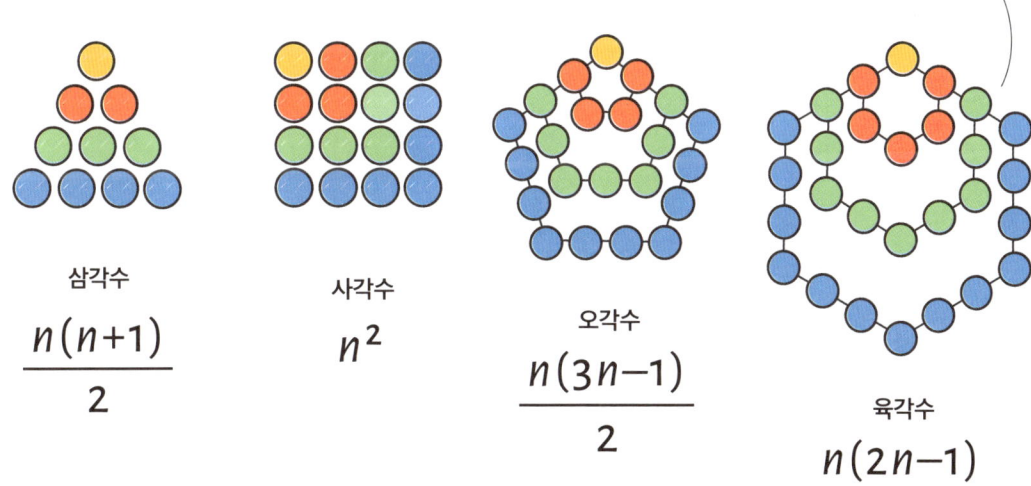

삼각수
$$\frac{n(n+1)}{2}$$

사각수
$$n^2$$

오각수
$$\frac{n(3n-1)}{2}$$

육각수
$$n(2n-1)$$

사면체수

우리는 이 개념을 2차원 이상의 공간으로 확장할 수 있습니다. 제곱수를 3차원으로 확장한 세제곱수에 관해서는 이미 살펴보았습니다. 사면체수는 삼각수의 3차원 확장으로, 특정 높이의 사면체(삼각형 모양의 네 면으로 이루어진 입체도형) 모양으로 쌓을 수 있는 공의 수를 나타냅니다.

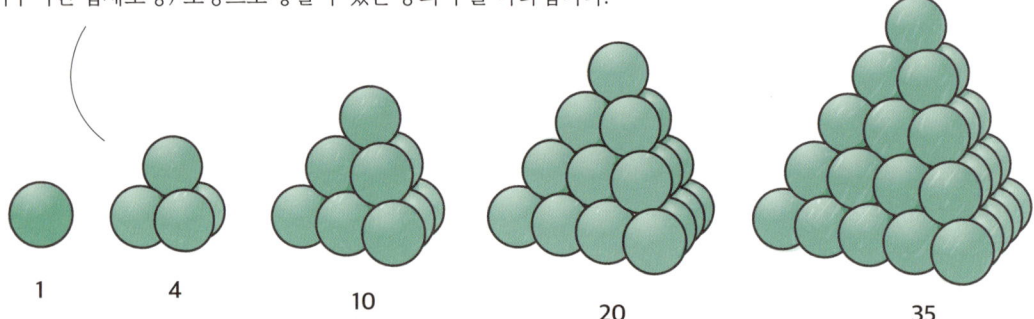

사면체수는 때때로 **대포알 수**라고 불리기도 합니다. 옛날에는 군함의 갑판 위에 둥근 대포알을 사면체 모양으로 쌓아두었기 때문입니다. 사면체수를 작은 것부터 몇 개 늘어놓자면, 1, 4, 10, 20, 35, 56, 84, 120, 165, 220 등이 있습니다. 각각의 사면체수는 삼각수의 합입니다. 각각의 층이 삼각형 모양이기 때문입니다.
〈크리스마스의 12일〉이라는 노래에서 화자의 진정한 사랑은 매일 점점 더 많은 선물을 보냅니다. 매일 전날 받은 선물 목록까지 읊어주지요. 즉, 매일 받는 선물의 수는 삼각수이고, 그때까지 받은 선물의 합계는 그에 해당하는 사면체수가 됩니다.

$$n \text{번째 사면체수} = \frac{n(n+1)(n+2)}{6}$$

지름길 계산

수와 수열에는 많은 패턴이 있습니다. **암산**을 할 때는 이런 패턴을 이용해 계산을 단순하게 할 수 있습니다. 좀 더 빨리 답을 구할 수 있지요.

산술 계산에는 다양한 방법이 있습니다. 예를 들어, 17+19를 풀 때 10의 자리와 1의 자리를 따로 더할 수 있습니다. 그러면 20+16이 됩니다. 혹은 19가 20보다 1이 작다는 사실에 착안해 17+20을 한 뒤 1을 뺄 수도 있습니다.

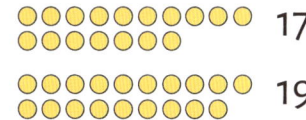

$$10 + 10 = 20$$
$$7 + 9 = 16$$
$$20 + 16 = 36$$

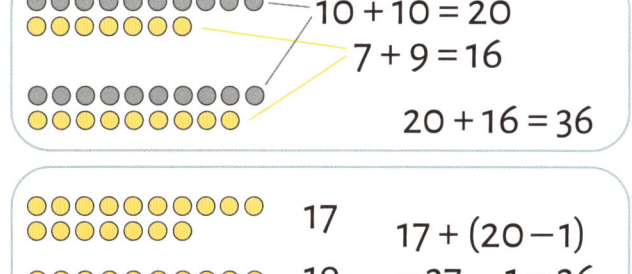

17
19 (20−1)

$$17 + (20 - 1)$$
$$= 37 - 1 = 36$$

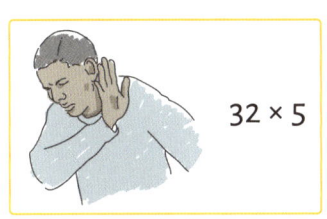

32 × 5

$$\frac{32 \times 10}{2}$$

여러 가지 방법으로 계산할 수 있다는 건 좋아하는 방식을 고를 수 있다는 뜻입니다. 사람마다 좀 더 쉽게 느끼는 방법이 있거든요. 5를 곱하는 게 싫다면, 10을 곱한 뒤 2로 나누어도 됩니다.

어떤 수가 다른 수로 나누어떨어지는지를 확인하는 방법도 있습니다. 이를 **배수판정법**이라고 부릅니다.

- 짝수로 끝나는 수는 2로 나누어떨어집니다.

8 16
242

- 각 자릿수를 모두 더한 값이 3의 배수면 3으로 나누어떨어집니다.

12 6
93 15
9
342

- 5나 0으로 끝나는 수는 5로 나누어떨어집니다.

5 100
255

- 각 자릿수를 모두 더한 값이 9의 배수면 9로 나누어떨어집니다.

9   9
81 243
27
999

백분율 변환

백분율을 계산하는 건 쉽지 않을 수도 있습니다. 특히 백분율이 어림수가 아닐 때 그렇지요. 예를 들어, 어떤 것의 50%나 25%를 계산하는 건 4%나 28%를 계산하는 것보다 쉽습니다. 백분율은 100에 대한 비율입니다. 어떤 수의 18%는 $\frac{18}{100}$을 곱한 값과 같습니다. 일반적으로 표현하면, B의 A%는 $\frac{A}{100} \times B$입니다. 하지만 여기에 멋진 방법이 있지요.

B의 A%는 A의 B%와 같습니다. 50의 18%는 18의 50%, 즉 9라는 뜻입니다. 항상 계산이 쉬워지는 건 아니지만, 알고 있으면 좋은 방법이지요!

$$\frac{A}{100} \times B = \frac{A \times B}{100} = A \times \frac{B}{100}$$

반으로 나누고 두 배로 불리기

어떤 두 수를 곱할 때 유용한 방법으로는 **반으로 나누고 두 배로 불리기**가 있습니다. 둘 중 한 수를 두 배로 늘리고 다른 한 수를 반으로 나누는 것이지요. 그 결과는 같습니다. 오른쪽 사례를 보세요.

$$168 \times 15$$
$$= 84 \times 30$$
$$= 42 \times 60$$
$$= 21 \times 120$$

결과는 똑같지만, 좀 더 친숙한 수로 계산할 수 있습니다. 계산이 좀 덜 어려워 보이는 효과가 있지요.

세제곱근

어떤 수의 **세제곱**은 그 수를 두 번 곱해서 얻을 수 있습니다. 예를 들어, $10^3 = 10 \times 10 \times 10$입니다. **세제곱근**은 그 반대로 찾아야 하는데요, 어떤 수의 세제곱근을 찾는 건 어려울 수 있습니다. 계산기를 쓰지 않는다면 말이지요. 하지만 46쪽에서 살펴보았듯이 세제곱수에는 깔끔한 패턴이 있습니다. 이를 이용하면 1000에서 100만 사이의 완전세제곱수의 세제곱근을 빨리 찾을 수 있습니다.

세제곱수가 10^3(1000)과 100^3(1000000) 사이에 있다면, 세제곱근은 두 자릿수가 분명합니다. 이 두 자릿수가 무엇인지 알아내기 위해 우리는 각 자릿수를 따로 생각합니다. 다음은 1~9의 세제곱수입니다. 이것만 알면 세제곱근을 찾을 수 있습니다.

1^3	2^3	3^3	4^3	5^3	6^3	7^3	8^3	9^3
1	8	27	64	125	216	343	512	729

첫 번째 자릿수를 찾으려면 원래 수의 **1000단위 수**를 보면 됩니다. 2^3=8이라면, 20^3=$2^3 \times 10^3$=8×1000=8000입니다. 마찬가지로 7^3=343이므로, 70^3=343000이 됩니다. 우리가 찾는 두 자릿수의 첫 번째 자릿수를 세제곱한 값은 위의 표에 있는 두 세제곱 수 사이에 있게 됩니다. 예를 들어, 75^3=421875이고, 1000단위 수인 421은 343과 512 사이에 있습니다.

따라서 세제곱근의 첫 번째 자릿수를 알아내려면 1000단위 수를 보고 표에서 어느 두 사이에 놓이는지 찾으면 됩니다. 예를 들어, 세제곱수가 205로 시작한다면, 205는 125와 216 사이에 있으므로 세제곱근은 50과 60 사이에 있습니다. 첫 번째 자릿수가 5라는 뜻이지요. 위의 표를 암기하고 있으면 첫 번째 자릿수를 알아낼 수 있다는 뜻입니다.

두 번째 자릿수를 찾을 때는 **세제곱수의 1의 자릿수 패턴**을 이용하면 됩니다. 만약 세제곱수의 마지막 자릿수가 1, 4, 5, 6, 9, 0라면, 우리는 세제곱근이 똑같은 수로 끝난다는 사실을 알 수 있습니다. 2나 3, 7, 8로 끝난다면, 정해진 패턴에 따라 바뀝니다.

끝자리 수 → 세제곱수의 끝자리 수
1 → 1
2 → 8
3 → 7
4 → 4
5 → 5
6 → 6
7 → 3
8 → 2
9 → 9
0 → 0

27<50<64이니까 첫 번째 자리는 3이야

1의 자리가 3이네 → 7하고 바꾸면 돼 → 1의 자리는 7이야

50653의 세제곱근은?

37!

✓ 다시 보기

소수
1과 자기 자신을 제외한 어떤 수로도 나누어떨어지지 않는 수

합성수
소수가 아닌 수

유클리드의 정리
소수는 무한히 많다는 정리

산술의 기본 정리
모든 수는 소수의 곱으로 고유하게 나타낼 수 있다.

확률판별법
어떤 수가 소수인지 확실히 알 수는 없지만 소수일 확률이 매우 높다는 사실까지는 알 수 있는 방법

소인수
어떤 수를 나누어떨어지게 하는 소수

소수

소수판별법
어떤 수가 소수인지 확인하는 방법

소수 정리
소수의 분포에 관한 이론

수의 패턴

암산
계산기 없이 머릿속으로 하는 계산

배수판정법
나눗셈을 하지 않고 어떤 수가 특정 인수로 나누어떨어지는지 알아내는 방법

세제곱근
세제곱했을 때 어떤 수가 나오는 수. 패턴을 이용하면 좀 더 쉽게 찾을 수 있다.

32 × 5

$\dfrac{32 \times 10}{2}$

지름길 계산

다각수

반으로 나누고 두 배로 불리기
곱셈을 좀 더 간단히 할 수 있는 방법

오각수
정오각형에 배열할 수 있는 점의 수

삼각수
정삼각형에 배열할 수 있는 점의 수

다각수
정다각형에 배열할 수 있는 점의 수

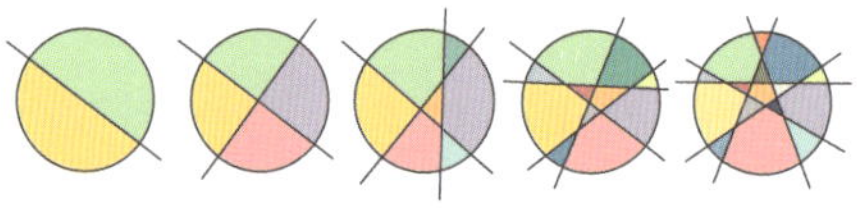

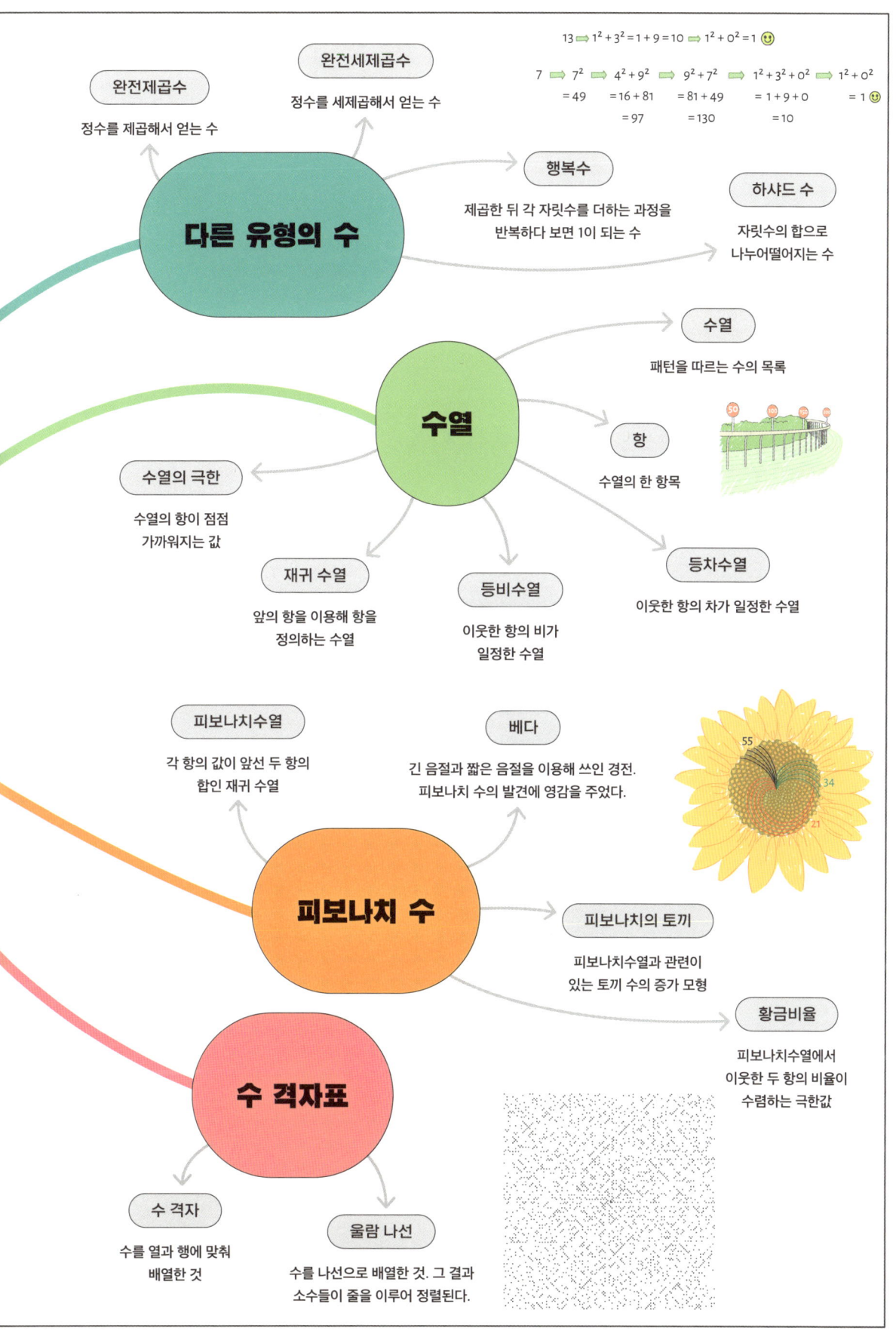

4장

표기법과 도표

수학의 여러 개념을 분명하고 명확하고, 읽기 쉬운 방법으로
나타낸다면 훨씬 더 이해하기 쉬워집니다.
수학 표기법과 도표는 이런 일을 가능하게 해줍니다.
다른 방식으로 수를 표현하거나 대수학 기호를 사용해
두 값 사이의 관계를 기술하거나
기호로 특정 함수를 나타내는 등 우리는 수학 개념을
분명하고 정확하게 표현하는 방법을 만들어냈습니다.
정확한 기호와 그림은 우리가 머릿속의 사고를
더 간결하게 표현하게 해주며
추상적인 개념을 시각화할 방법을 제공합니다.

수를 표현하기

앞서 우리는 어떤 진법을 사용하든 자릿값 표기법을 사용해 수를 쓸 수 있다는 사실을 알아보았습니다.
하지만 때로는 다른 방식으로 수를 쓰는 게 유용하기도 합니다. 특히 아주 크거나 아주 작은 수라면요….

표준 형식

십진법 표기법에서 자릿값의 위치는 각각의 10의 배수를 나타냅니다. **표준 형식**을 이용하면 수를 더욱 간결하게 저장할 수 있습니다. 수백만이든 수십억이든 혹은 아주 작은 분수이든 말이지요. 표준 형식은 아주 크거나(우주 공간의 거리처럼) 아주 작은(원자의 크기 같은) 수를 자주 다루는 과학과 공학에서 매우 중요합니다.

50억과 같은 큰 수를 5000000000처럼 쓰는 대신 5에 0이 아홉 개 있다고 저장할 수 있습니다. 표준 형식은 이것을 5×10^9로 쓰는 것입니다. 여기서 10^9는 10의 9제곱, 1000000000을 말합니다. 여기에 5를 곱하는 것이지요. 1보다 훨씬 작은 수를 쓸 때도 표준 형식을 사용할 수 있습니다. 예를 들어, 0.000004는 4×10^{-6}이라고 쓸 수 있습니다. 100만 분의 4라는 뜻입니다.

10의 거듭제곱에 곱하는 수는 1보다 크고 10보다 작아야 합니다. 그러지 않으면 다른 10의 거듭제곱을 곱해버릴 수 있습니다. 예를 들어, 12000은 12×10^3이 아니라 1.2×10^4라고 써야 합니다.

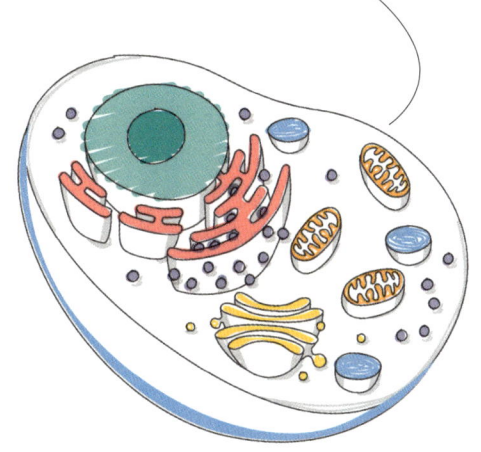

인체에 있는 세포의 수를 표준 형식으로 나타내면 대략 3.0×10^{13}이다.

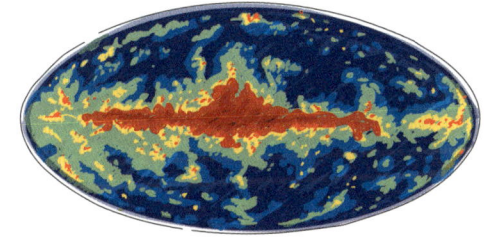

우주 탄생 이후로 흐른 시간을 초로 나타내면 약 4.3×10^{17}초다.

간단히 말하면, 표준 형식은 수를 가장 중요한 부분과 10의 배수로 나누어 표현하는 방식입니다. 따라서 우리는 십진법 수를 곱하는 것과 똑같이 표준 형식의 수를 곱할 수 있습니다. 예를 들어, $(4 \times 10^6) \times (6 \times 10^{-2})$을 곱하고 싶다면, $4 \times 6 = 24$를 구한 뒤 $10^6 \times 10^{-2}$을 계산하면 됩니다. 밑이 같은 수를 곱할 때는 지수를 더하면 됩니다. $6 + (-2) = 4$가 되지요. 그러므로 답은 24×10^4이고, 표준 형식으로 나타내면 2.4×10^5이 됩니다.

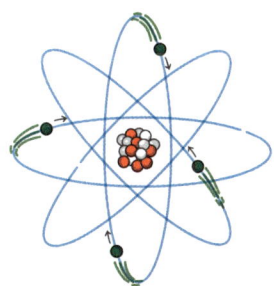

산소 원자의 반지름은 약 7.3×10^{-11}미터다.

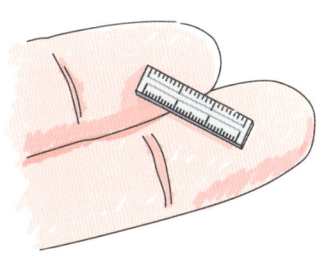

플랑크 길이: 측정할 수 있는 가장 작은 길이는 1.6×10^{-35}미터다. 그림은 실제 길이와 다르다.

커누스의 윗화살표 표기법

수학자들은 특정한 값을 아주 간결하게 저장하기 위한 특별한 표기법도 개발했습니다. 커누스의 윗화살표 표기법은 1976년 컴퓨터과학자 도널드 커누스가 아주 큰 수를 쓰기 위해 고안한 방법입니다. 이 표기법은 덧셈과 곱셈, 거듭제곱 표기법을 더욱 더 크게 확장합니다.

두 수를 곱한다는 건 첫 번째 수를 두 번째 수만큼 계속 더하는 것과 같습니다.

$$2 \times 4 = 2 + 2 + 2 + 2$$

$$2^4 = 2 \times 2 \times 2 \times 2$$

이와 비슷하게, 어떤 수의 거듭제곱은 첫 번째 수를 두 번째 수만큼 계속 곱하는 것과 같습니다.

이 과정을 다음 단계로 확장할 수 있습니다. 어느 한 수를 두 번째 수만큼 거듭제곱하는 것을 **테트레이션**이라고 하는데요, 보통 지수를 밑의 앞에 놓는 방식으로 표기합니다.

커누스는 다음과 같은 연산을 나타내는 표기법을 윗화살표를 이용해 만들었습니다.

- 윗화살표 하나는 거듭제곱을 뜻합니다. 따라서 2↑4는 2^4, 즉 2×2×2×2를 뜻합니다.

$${}^4 2 = 2^{(2^{(2^2)})}$$

- 윗화살표 두 개는 테트레이션을 뜻합니다. 따라서 2↑↑2는 2^2을 뜻합니다. 2↑↑3은 $2^{(2^2)}$을 뜻하고, 2↑↑4는 ${}^4 2 = 2^{(2^{(2^2)})}$를 뜻합니다.

이렇게 윗화살표를 이용하면 우리는 아주 큰 수를 매우 빨리 만들 수 있습니다. 2↑↑3은 16이지만, 2↑↑4는 65536이고, 2↑↑5는 19729자리 수입니다.

이 표기법에서 윗화살표 세 개는 **펜테이션**을 나타냅니다. 테트레이션을 반복한다는 뜻입니다. 2↑↑↑4는 2↑↑(2↑↑(2↑↑(2↑↑2)))를 뜻합니다. 거듭제곱의 탑을 쌓는 것으로, 2를 65536개나 쌓아올려야 합니다. 그 결과는 상상할 수 없을 정도로 큰 수입니다!

대수식

값을 알지 못하는 양을 계산해야 할 때 대수학은 정확한 수 대신 기호(보통은 문자)를 이용해 미지수를 나타낼 수 있게 해줍니다. 이런 기호를 결합해 미지의 기호가 서로 어떤 관계에 있는지를 나타내는 **식**을 만들 수 있습니다.

식

미지수를 나타내는 대수적 기호를 **변수**라고 부릅니다. 우리는 수와 변수를 결합한 표현을 **식**이라고 부릅니다.

만약 x가 변수라면, $2x+3$과 $x^2+\sqrt{x}$, $5x-4$는 모두 x에 **관한** 식입니다. 식 안에는 원하는 만큼 여러 변수를 쓸 수 있습니다. 각각은 서로 다른 기호(x, y, z 등)로 나타내며, 덧셈이나 곱셈 같은 수학 연산을 이용해 이들을 결합해 $2x, 5y, 8xy$ 같은 항으로 만듭니다. 항의 앞에 있는 수를 **계수**라고 부릅니다.

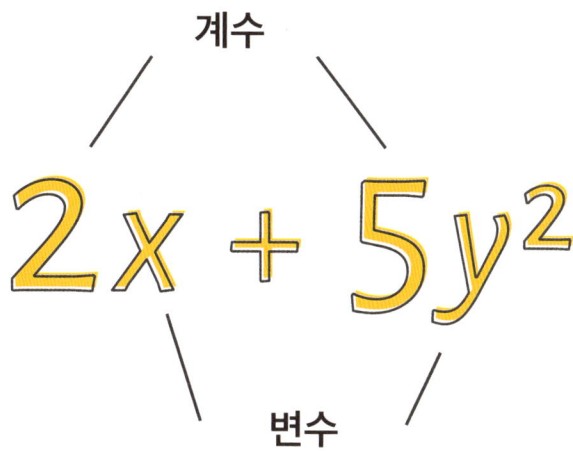

다항식

x^2나 $4x^3$, $150y^{73}$처럼 변수의 차수가 범자연수로만 이루어진 식을 **다항식**이라고 합니다.
다항식에는 유용한 성질이 매우 많아 수많은 현실 세계의 상황을 기술하는 데 쓰일 수 있습니다(몇몇 사례에 관해서는 86쪽 참고).

$$x^2 + 3x + 1$$

$$14a^6 - 37a^2 - 8$$

$$3y^4 - 2y^3 + 17y$$

방정식

두 식을 양쪽에 놓고 가운데 등호를 놓으면 **방정식**입니다. 등호 양쪽의 두 식이 서로 같은 값을 갖는다는 뜻입니다. 그러면 각 변수가 가질 수 있는 값에 제한이 생길 수 있습니다. 예를 들어, $2x=6$이라고 쓰면 우리는 이 방정식을 만족하는 x의 값은 3이 유일하다는 사실을 알 수 있습니다. 또는 $x^2=4$라면, x는 2 또는 −2임이 분명합니다.

$2x=y$처럼 변수가 여러 개인 방정식은 x와 y의 값이 무엇인지 확실히 알기 어렵습니다. 하지만 x와 y의 관계에 관한 정보는 제공합니다. 일반적으로 방정식에 변수가 n개 있다면, 그 변수와 관련된 서로 다른 방정식이 n개 있어야 그 값을 수할 수 있습니다.

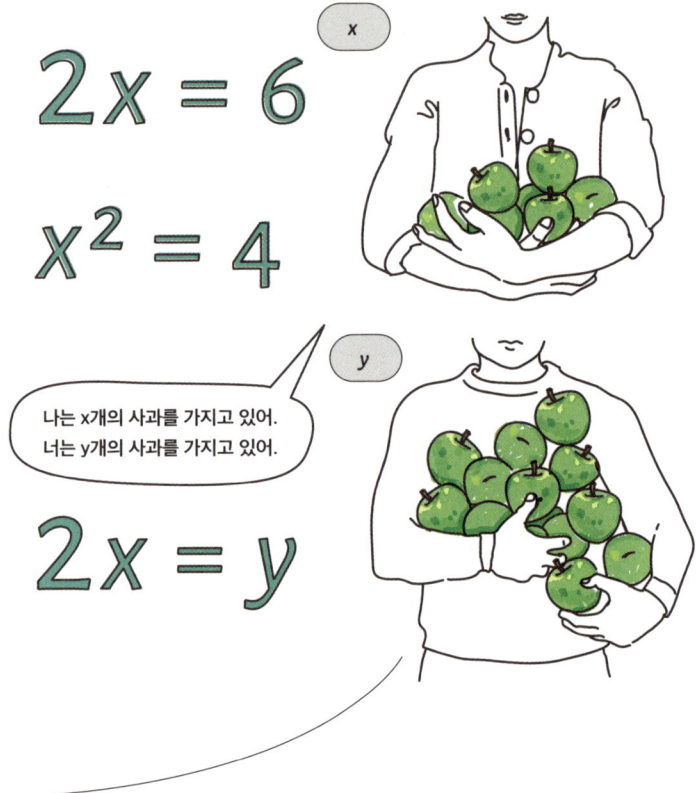

근사

등호 대신 기호 ≈를 사용해 근사치를 나타낼 수도 있습니다. ≈의 양쪽에 두 식이 있다면, 그 둘은 근사적으로 같습니다. 하지만 정확히 똑같은지는 알 수 없습니다. 이것은 공간이 부족할 때 소수점 아래로 길게 이어지는 수를 쓸 때 유용합니다. 예를 들어, $\pi \approx 3.14$라고 쓸 수 있습니다.

부등식

두 식 사이에 놓을 수 있는 또 다른 기호로는 >와 <이 있습니다. 어느 한 식이 다른 식보다 크거나 작다는 뜻이지요. 이를 **부등식**이라고 부릅니다. 부등식은 보통 변수가 가질 수 있는 값의 범위를 제한합니다. 예를 들어, $x<2$는 x가 2보다 작다는 뜻입니다.

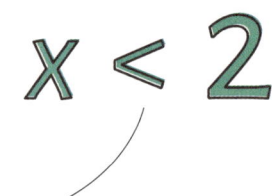

부등식을 이용하면 변수가 가질 수 있는 범위를 기술할 수 있습니다. 부등식은 생산의 걸림돌이나 수익의 최적화 같은 현실 세계의 여러 문제를 모형화하는 데 쓰입니다.

항등식

마지막으로, 우리는 두 식을 서로 연관지어 **항등식**을 만들 수 있습니다. 항등식은 방정식과 비슷하며, 흔히 등호 기호를 똑같이 사용합니다. 하지만 때로는 등호 대신 선 세 개로 이루어진 ≡ 기호를 사용합니다.

항등식의 차이점은 변수가 어떤 값을 갖든 양쪽 식이 언제나 같다는 것입니다. 예를 들어, $2x=6$은 방정식이지만, $2x \equiv x+x$는 항등식입니다.

$$2X \equiv X + X$$

변수가 정해진 방식으로만 바뀔 수 있는 상황을 기술하기 위해 항등식을 만들 수도 있습니다. 만약 삼각대 x개가 있으면, 다리의 총 개수 y는 언제나 $y \equiv 3x$를 따릅니다.

항등식은 흔히 일반적인 수학 규칙을 표현하는 데 쓰입니다. 예를 들어, 삼각형의 변 길이와 각의 크기 사이의 관계를 다루는 삼각법에서 항등식을 널리 사용합니다.

수학 전체에서 항등식은 우리가 어떤 문제를 풀거나 이해하기 쉽도록 식을 똑같은 식으로 대체할 수 있게 해줍니다.

삼각대 x개의 다리 개수는 모두 $y \equiv 3x$개다.

수학 기호

수학자는 수(다양한 형식으로)와 변수를 나타내는 문자를 사용할 뿐만 아니라 수학 개념을 표현하기 위해 다양한 기호를 씁니다. 어떤 것은 익숙하지만, 어떤 것은 좀 생소하지요.

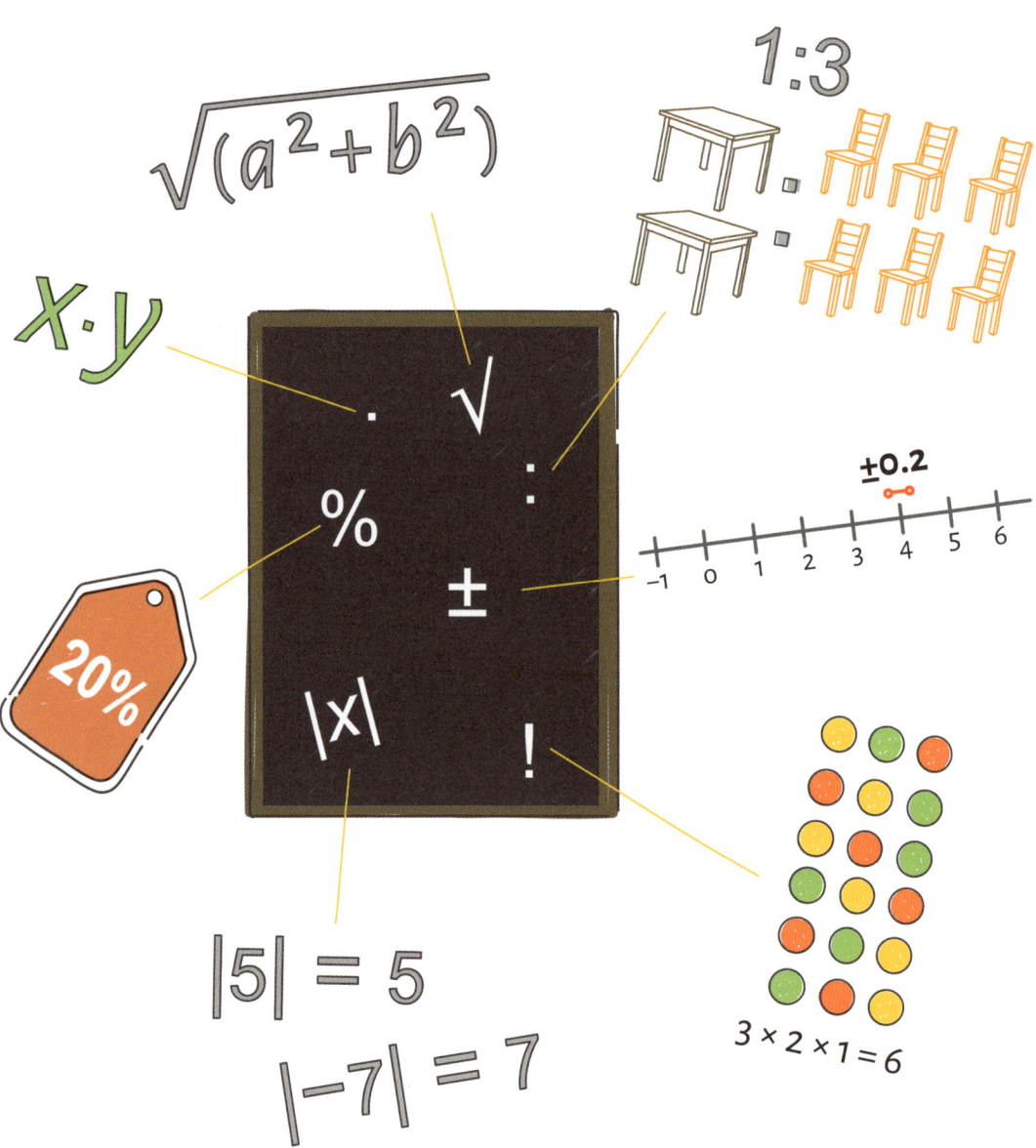

	**근호**는 위쪽 막대 아래에 있는 수의 양의 제곱근을 나타낸다. 작은 수를 덧붙여 세제곱근과 그 이상의 제곱근을 나타내는 데도 쓰인다. 막대는 제곱근을 구하고자 하는 전체 식을 덮도록 그린다.
.	점은 수학에서 여러 가지로 쓰인다. • **소수점**을 나타낸다. • $x \cdot y$처럼 반 정도 위로 올리면 곱셈을 나타내는 데 쓰일 수 있다. • 소수점 아래 자리 위에 찍어서 순환하는 부분을 나타낸다(14쪽 참고). • 세 개를 연달아 찍어 **줄임표**를 만든다. 수열이 끝나지 않았음을 나타낸다.
:	**콜론**은 비를 나타낼 때 흔히 쓰인다. 3:1은 두 값의 비가 3 대 1이라는 뜻이 된다(비에 관해서는 15쪽 참고). 어떤 언어권에서는 나누기표 대신 콜론으로 나눗셈을 나타내기도 한다(32쪽 참고).
%	선분 양쪽에 0 두 개를 그려 넣은 **백분율** 기호는 100에 대한 비율을 나타낸다(이름 자체가 말 그대로 100에 대한 부분의 비율을 뜻한다). 백분율은 어떤 값의 비율이나 변화를 기술하거나 양을 비교할 때 쓰일 수 있다.
!	느낌표는 **팩토리얼**을 나타내는 데 쓰인다. 어떤 n에 대해 $n!$(n 팩토리얼이라고 읽는다)이라고 쓰면 1부터 n까지의 정수를 모두 곱한다는 뜻이다.
	어떤 수 양쪽에 수직선을 그으면 그 수의 **절댓값**을 나타낸다. 그 수의 크기, 본질적으로는, 양수인지 음수인지와 무관하게 그 수가 0으로부터 떨어져 있는 거리를 알려준다. 절댓값 기호는 그 수의 크기, 혹은 0으로부터의 거리를 나타내는 데 쓰인다.
	플러스마이너스 기호는 어떤 값이 양수일 수도, 음수일 수도 있음을 가리킨다. 이 기호는 어떤 수의 제곱근을 나타낼 때 흔히 쓰인다. $(-2)^2$과 2^2은 4이므로, $x^2=4$의 해는 $x=\pm 2$라고 쓸 수 있다. **플러스마이너스 기호**는 통계에서 **신뢰구간**을 나타낼 때도 쓰인다. 어떤 측정값이 4에서 0.2 이내로 떨어져 있다면 4 ± 0.2라고 쓸 수 있다.

추상적인 개념의 시각화

수학의 많은 개념은 시각적으로 나타낼 수 있습니다. 기하와 도형이 특히 그렇습니다.
통계학자도 데이터를 나타내고 추세와 관계를 잘 보여주기 위해 우아하고 명확한 시각화 방법을 고안합니다.
그림과 도표는 다른 추상적 개념을 단순화하고 다른 이와 주고받는 데 훌륭한 도구입니다.

벤 다이어그램

가장 널리 알려진 그림의 하나인 벤 다이어그램은 통계학자 존 벤의 이름을 따왔으며, 집합 사이의 관계를 보여주는 데 쓰입니다. 어떤 성질이 있는 대상들을 원으로 둘러쌉니다. 그리고 또 다른 성질이 있는 대상들을 두 번째 원으로 둘러쌉니다. 두 원이 겹치는 곳에 있는 대상은 두 가지 성질을 모두 지니고 있습니다. 두 원이 겹치는 부분을 두 집합의 **교집합**이라고 부릅니다.

예를 들어, 어떤 원은 빨간색 물체의 집합을 나타내고 다른 원은 탈것의 집합을 나타냅니다. 그러면 교집합 안에 있는 물체는 빨간색 탈것이 됩니다. 이 다이어그램에는 네 가지 영역이 있습니다. 두 성질의 네 가지 가능한 조합을 나타내지요. 소방차는 교집합 영역에 들어가고, 빨간 사과는 왼쪽 영역에 들어갑니다. 파란색 자동차는 오른쪽 영역에, 녹색 사과는 두 원 바깥에 놓입니다(빨갛지도 않고 탈것도 아니기 때문입니다).

서로 겹치는 원 세 개를 이용해 서로 겹치는 세 가지 성질을 나타낼 수 있습니다. 그러나 네 가지 성질부터는 원으로 그릴 수 없습니다. 모든 조합이 가능하도록 원 네 개를 그리는 게 가능하지 않기 때문입니다. 다행히, 네 가지 성질은 타원형을 이용해 그릴 수 있습니다. 더 많은 수의 집합에 대해서는 더 복잡한 모양을 써야 합니다. 집합에 관해 더 자세히 알고 싶다면, 123쪽을 보세요.

확률 나무

확률을 공부하다 보면(103쪽 참고) 다양한 가능성이 조합되어 수많은 결과를 내놓는 상황을 자주 접할 수 있습니다. 예를 들어, 동전을 여러 번 던지는 행위를 하면 수많은 결과가 나올 수 있습니다.

확률 나무를 이용하면 이런 결과를 나타낼 수 있습니다. 각 단계마다 각 사건이 일어난 확률과 함께 경우의 수를 늘어놓는 거지요. 그리고 나무의 가지를 따라가며 확률을 곱해 전체 확률을 계산합니다.

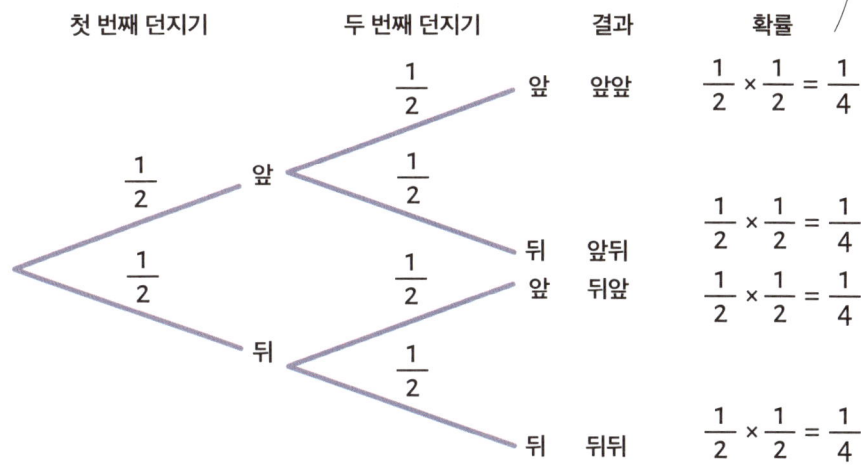

확률이 모두 똑같지 않을 때, 혹은 단계별로 변할 때에 확률 나무는 전체 확률을 계산하는 데 유용합니다. 예를 들어, 빨간 공 두 개와 노란 공 세 개가 담긴 가방에서 한 번에 하나씩 공을 꺼내고 다시 넣지 않는다고 할 때 확률 나무는 각 단계의 확률을 따져볼 수 있게 해줍니다. 그림을 보면 매번 뽑기 전에 가방에 들어 있는 공의 종류와 수, 공을 뽑았을 때 나올 수 있는 결과를 알 수 있지요.

예를 들어, 빨간 공을 뽑은 뒤 노란 공을 뽑고, 다시 노란 공을 뽑을(색칠된 경로) 확률은 $\frac{2}{5} \times \frac{3}{4} \times \frac{2}{3} = \frac{1}{5}$라는 사실을 알 수 있습니다.

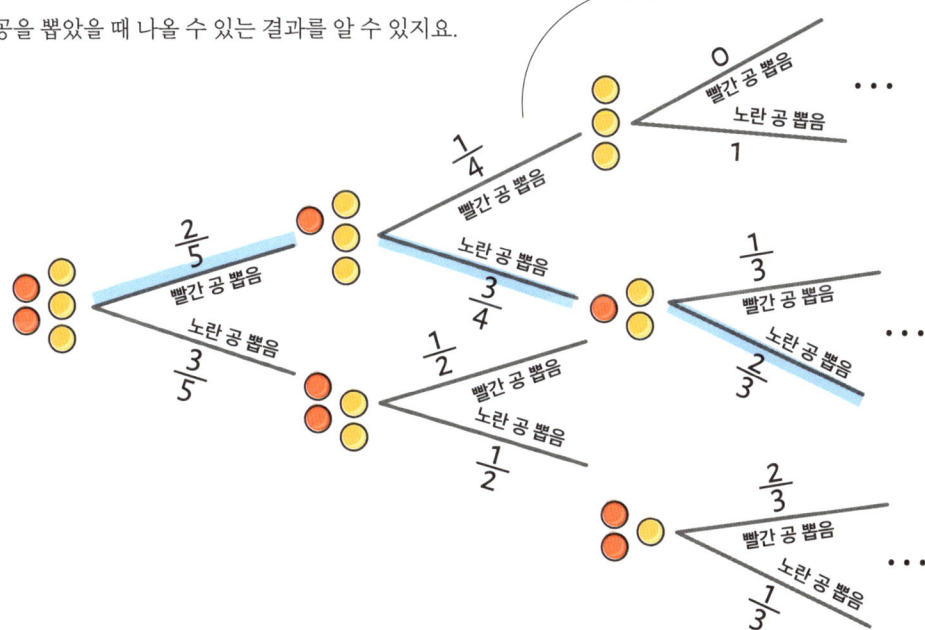

그래프 이론

추상적인 개념을 시각적으로 나타내는 많은 방법 중 하나는 대상 사이의 연결을 보여주는 것입니다. 복잡한 회로망은 **그래프**라고 하는 구조를 이용해 시각적으로 나타낼 수 있습니다.

그래프 이론에서 이야기하는 그래프는 점과 점을 잇는 선분으로 이루어져 있습니다. 도로망이나 컴퓨터 회로 같은 현실 세계의 회로망, 또는 친구나 공통점이 있는 물체의 네트워크 같은 좀 더 추상적인 회로망을 모형화하는 데 쓰일 수 있습니다. 선분이 모이는 점을 **마디점**이라고 부르며, 선분을 **변**이라고 부릅니다.

우리는 그래프를 마디점의 집합과 변의 집합으로 정의할 수 있습니다. 두 마디점으로 각 변을 정의하며, 그건 두 마디점이 그래프 안에서 연결되어 있다는 뜻입니다.

마디점
A
B
C
D
E
F
G

변
(A,B)
(A,F)
(B,D)
(B,G)
(C,D)
(C,E)
(C,F)
(D,G)
(E,F)
(E,G)
(F,G)

어떤 마디점과 변의 집합이 있을 때 그래프를 그리는 방법이 하나보다 많을 수 있습니다. 같은 회로망을 나타내는 두 그래프도 서로 매우 달라 보일 수 있습니다. 아래에 서로 달라 보이는 두 그래프가 있습니다. 하지만 두 그래프의 마디점 수는 똑같으며, 똑같은 방식으로 연결되어 있습니다.

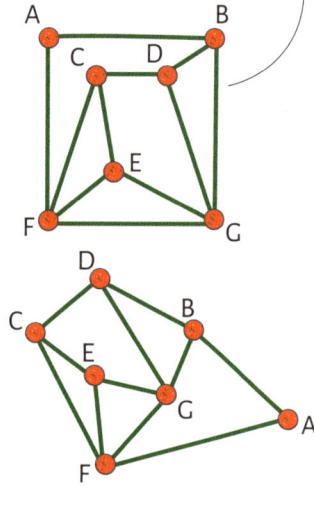

그래프의 유형

몇몇 유형의 그래프에는 이름이 있습니다. **완전 그래프**는 마디점 n개가 있으며, 모든 마디점이 다른 마디점과 연결되어 있습니다. 완전 그래프를 K_n으로 나타냅니다. K_3은 삼각형이고, K_4는 마주 보는 점도 대각선으로 변으로 연결되어 있는 사각형입니다.

그래프를 두 부분으로 나눌 수 있으며 모든 변이 서로 다른 부분의 마디점을 연결하고 있으면 그 그래프를 **이분 그래프**라고 부릅니다. **완전 이분 그래프**는 양쪽에 있는 마디점 하나하나가 반대쪽의 모든 마디점과 연결되어 있습니다. 이런 그래프를 $K_{m,n}$으로 나타냅니다. m과 n은 각 부분에 있는 마디점의 수입니다.

이분 그래프의 두 사례

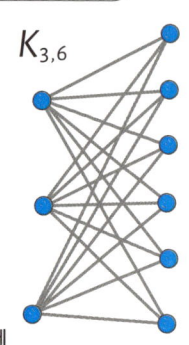

두 그래프 모두 각각의 변이 왼쪽에 있는 마디점과 오른쪽에 있는 마디점을 잇는다.

어떤 그래프는 변이 서로 교차하지 않게 그릴 수 있습니다. 이런 그래프를 **평면 그래프**라고 부릅니다. **비평면 그래프**는 변이 서로 교차하지 않게 그리는 게 불가능한 그래프입니다. 잘 알려진 사례로는 K_5와 $K_{3,3}$이 있습니다. 두 그래프를 종이에 그려보면 적어도 한 번은 변이 교차하게 됩니다. K_5와 $K_{3,3}$이 비평면 그래프이므로 이 두 그래프를 포함하는 그래프는 모두 마찬가지로 비평면 그래프가 됩니다.

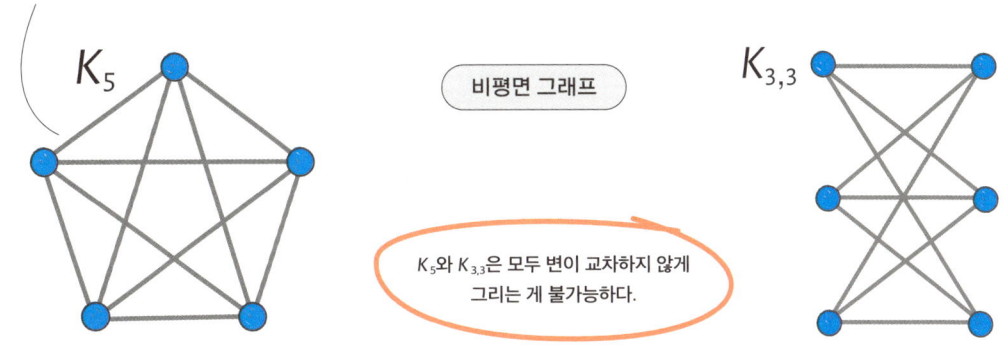

그래프 이론 문제

수학자 레온하르트 오일러가 그래프 이론을 연구하는 계기가 된 원래의 문제는 프로이센의 쾨니히스베르크라는 도시에서 유래했습니다. 그곳에는 강을 건널 수 있는 다리가 일곱 개 있었습니다. 한 번 간 길을 두 번 가거나 같은 다리를 두 번 건너지 않고서 다리 일곱 개를 모두 건너는 방법을 찾는 건 그 도시에서 인기 있는 도전 과제였습니다. 쾨니히스베르크 방문 중에 이 퍼즐 이야기를 들은 오일러는 그래프를 이용해 그게 불가능하다는 사실을 보였습니다. 다리 사이의 거리와 섬의 모양은 문제와 무관한 요소이므로 우리는 육지의 각 구역을 마디점으로, 두 섬을 잇는 다리를 변으로 간주할 수 있습니다.

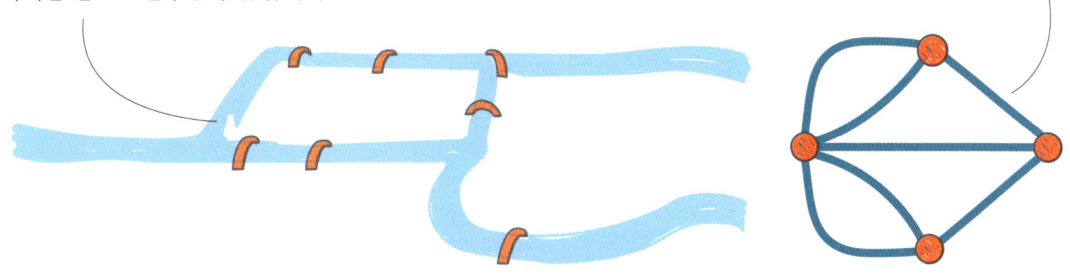

오일러는 각 마디점에 연결된 변의 수를 조사했습니다. 만약 짝수 개라면 **짝수 마디점**이라고, 홀수 개라면 **홀수 마디점**이라고 부릅니다. 다리를 두 번 건너지 않고 섬에 들어왔다 나가려면 연결된 변이 짝수 개여야 합니다. 섬에 한 번 왔다 가려면 다리 두 개가 필요하니까요. 오일러는 쾨니히스베르크의 경우 모든 섬이 홀수 개의 다리로 연결되어 있다는 데 주목했습니다. 같은 다리를 두 번 건너지 않고 도시 전체를 걸어 다닐 수는 없다는 뜻입니다.

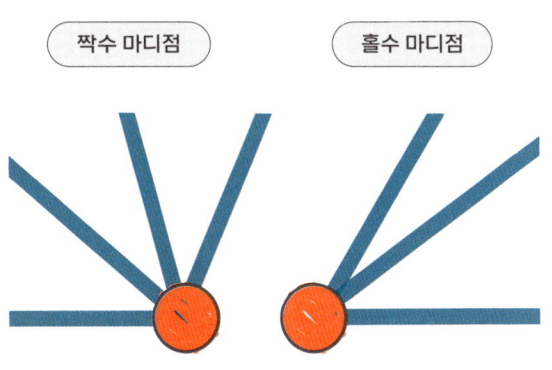

오늘날 우리는 모든 마디점이 짝수 마디점인 그래프를 **오일러 그래프**라고 부릅니다. 만약 홀수 마디점이 단 두 개만 있다면, 한 홀수 마디점에서 시작해 그래프를 전부 거친 뒤 다른 홀수 마디점에서 마칠 수 있습니다. 이런 그래프를 **반오일러 그래프**라고 합니다.

그래프 이론의 문제로 유명한 또 다른 사례로는 **효용 문제**가 있습니다. 집 세 채와 재화 세 종류(가스, 전기, 수도)가 있습니다. 서로 교차하지 않으면서 모든 집이 각각의 재화와 연결될 수 있도록 파이프를 배치할 수 있을까요?

이게 $K_{3,3}$ 그래프를 뜻한다는 사실을 알아채셨을 겁니다. 앞서 비평면 그래프의 사례로 언급했던 그래프지요. 즉, 그건 불가능하다는 뜻입니다. 물론 현실에서는 가스 파이프가 수도 파이프 위나 아래로 지나가지 못할 이유가 없습니다. 덕분에 우리는 집집마다 모든 재화를 사용할 수 있습니다.

그래프 색칠하기

그래프 이론은 **4색 문제**를 푸는 데도 중요한 역할을 했습니다. 4색 문제란 인접한 영역이 서로 다른 색이 되도록 최소한의 색을 사용해 색을 칠하는 문제입니다.

이번에도 역시 우리가 색을 칠하는 영역의 모양이나 크기는 중요하지 않습니다. 중요한 건 서로 연결되어 있는 방식입니다. 이건 우리가 어떤 색칠 문제라도 그래프로 나타낼 수 있다는 사실을 뜻합니다. 색을 칠해야 하는 각 영역이 마디점이고, 두 영역이 맞닿는 부분이 변이 되는 것이지요.

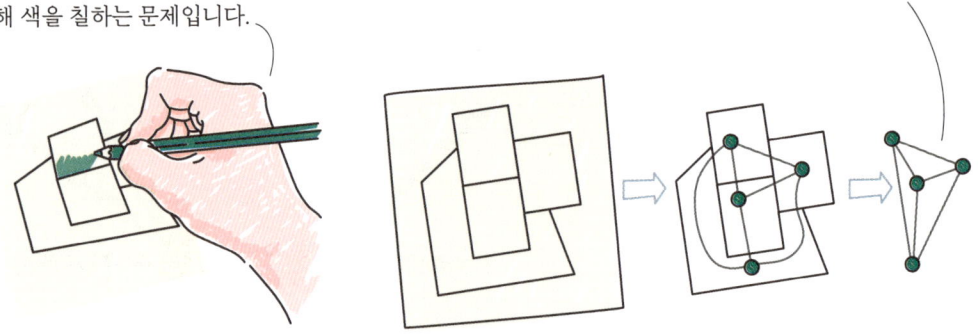

평면 그래프와 평면 그래프로 모형화할 수 있는 색칠 문제는 어떤 것이라도 최대 네 가지 색만 있으면 칠할 수 있습니다. 그림을 나타내는 그래프의 모양과 상관없이 보편적으로 적용할 수 있습니다. 즉, 다섯 가지 이상의 색이 필요한 그래프를 그리는 건 불가능합니다.

네 가지 색이 모두 필요한 그래프를 만드는 건 가능합니다. 어떤 영역이 홀수 개의 다른 영역에 의해 둥글게 둘러싸여 있다면 세 가지 색으로는 칠할 수 없으며, 네 가지 색이 필요합니다. 이런 깨달음은 현실 세계의 문제에도 적용할 수 있어 대단히 유용합니다.

예를 들어, 서로 다른 수업을 듣는 반 학생들의 시험 일정을 잡아야 할 때, 우리는 그래프를 이용해 서로 어떤 연관이 있는지를 나타낸 뒤 색칠 문제를 이용해 문제를 해결할 수 있습니다.

각 마디점은 수업을 나타내고, 두 수업을 함께 듣는 학생이 있다면 두 마디점을 변으로 연결합니다. 그리고 변을 공유하는 두 마디점을 서로 다른 색으로 칠합니다. 그러면 같은 색으로 칠해진 수업은 같은 날에 시험을 치러도 겹칠 걱정이 없습니다.

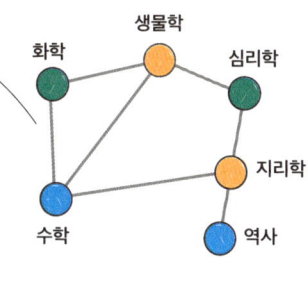

- 월요일: 수학, 역사
- 화요일: 화학, 심리학
- 수요일: 생물학, 지리학

다른 유형의 그래프

그래프 안에 더 많은 정보를 넣고 싶다면, 변 대신 화살표를 이용해 마디점을 연결할 수 있습니다. 이렇게 화살표를 그린 그래프를 **유향그래프**라고 하며, 정보나 물질이 변을 따라 한 방향으로만 움직이는 연결망을 나타낼 수 있습니다. 이것은 동물이 서로 먹고 먹히는 먹이 그물 같은 생물 연결망이나 SNS에서 누가 누구를 팔로우하는지를 나타내는 모형을 만드는 데 쓰일 수 있습니다.

그래프 안에 또 다른 종류의 정보를 넣고 싶다면 **가중 그래프**를 이용할 수 있습니다. 가중 그래프의 각 변에는 **가중치**라고 하는 수치가 매겨져 있습니다. 이를 이용해 경로에 따라 움직이는 데 드는 비용이 다르거나 옮길 수 있는 짐이나 정보의 양이 다른 연결망을 모형화할 수 있습니다.

예를 들어, 각 변의 가중치는 거리나 해당 지역을 통과하는 데 드는 시간을 나타낼 수 있습니다. 이는 우리가 현실 세계의 교통망을 모형화하고 한 곳에서 다른 곳으로 이동하는 최적의 경로를 찾을 수 있게 해줍니다.

위성을 이용한 내비게이션 시스템은 최적의 경로를 찾아 안내하기 위해 이와 같은 수학을 이용합니다. 연결망이 커질수록 계산은 대단히 복잡해질 수 있습니다. 좀 더 자세한 내용은 174쪽의 '순회하는 외판원 문제'를 참고하세요.

표기법과 도표

✓ 다시 보기

수를 표현하기

- **10의 거듭제곱**: 10을 여러 번 곱한 수
- **표준 형식**: 1에서 10 사이의 수와 10의 거듭제곱의 곱으로 수를 나타내는 방식
- **펜테이션**: 테트레이션을 여러 번 수행한다.
- **테트레이션**: 거듭제곱을 여러 번 계속한다.
- **커누스 윗화살표 표기법**: 수직 화살표를 이용해 수의 연산을 나타내는 표기법

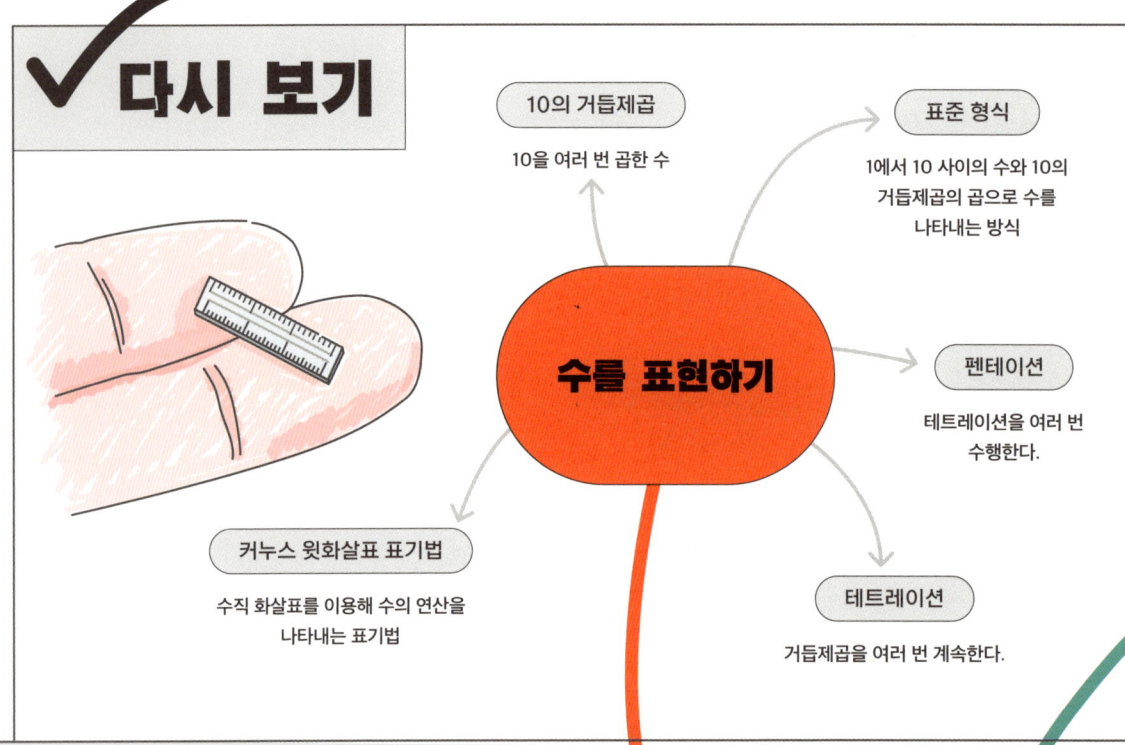

대수식

- **식**: 변수와 계수의 조합
- **항등식**: 변수가 어떤 값을 갖든 똑같은 결과가 나오는 두 식
- **부등식**: 둘 중 하나가 더 큰 두 식
- **변수**: 문자로 나타내는 미지수
- **계수**: 변수 앞에 놓인 수로, 변수에 곱한다.
- **다항식**: 범자연수로 된 차수
- **방정식**: 서로 똑같은 값을 갖는 두 식

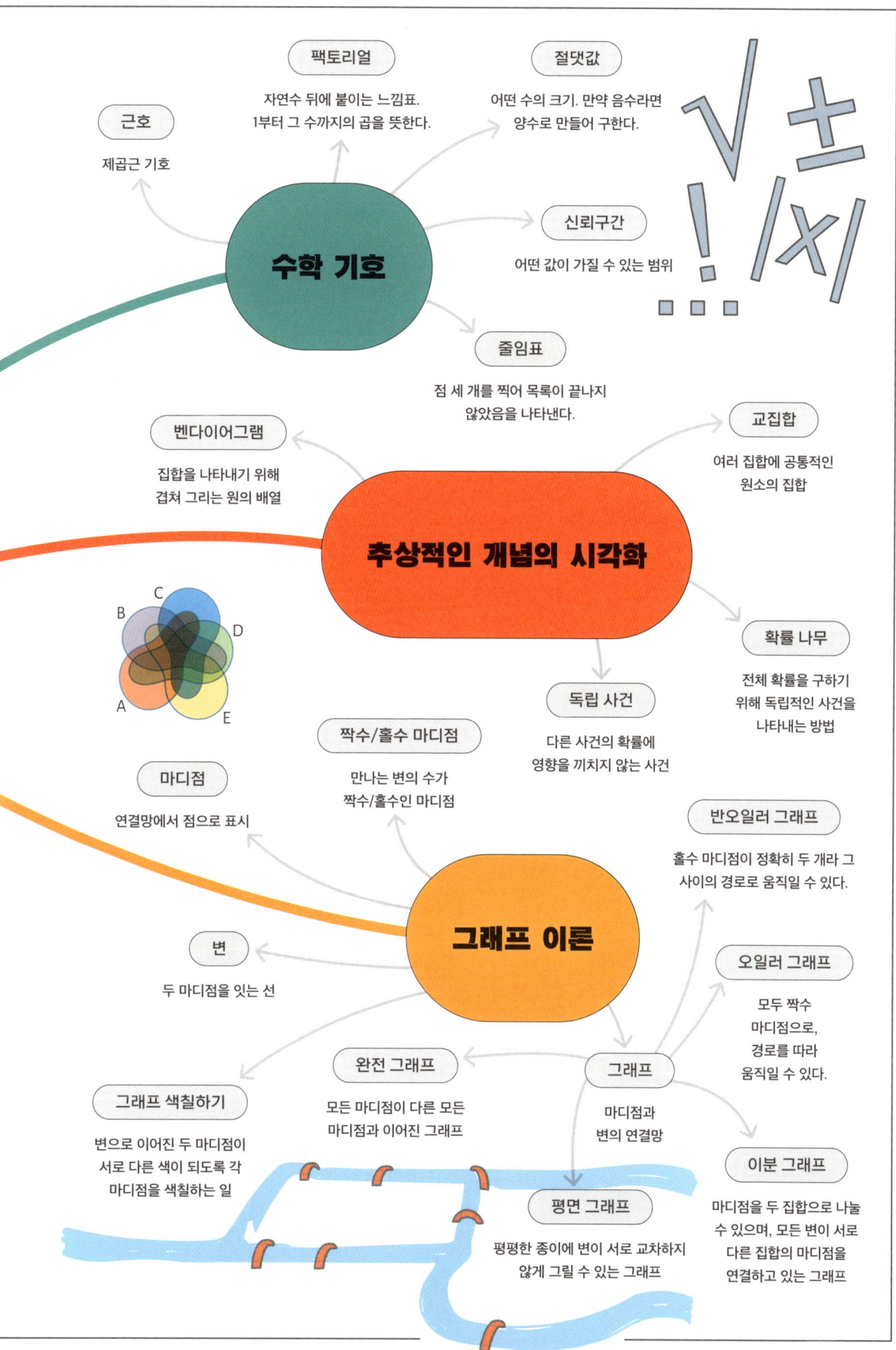

5장

알고리즘과 함수

대수학에서 중요한 개념 중 하나가 함수입니다.
함수는 특정 패턴에 따라 입력값을 받아 출력값을 만듭니다.
이와 비슷한 개념으로 알고리즘이 있습니다. 알고리즘도
일련의 명령에 따라 입력값에 따른 출력값을 만들지요.
수학자는 입력값을 바꾸었을 때 함수가 어떻게 달라지는지
연구하며 서로 용도가 다른 함수의 유형을 분류합니다.

$$f(x) = 2x$$

$$f(x) = \sin(x)$$

$$a + bx + cx^2 + dx^3 + \ldots$$

$$2x + 4$$

$$x^2 - 15x + 40$$

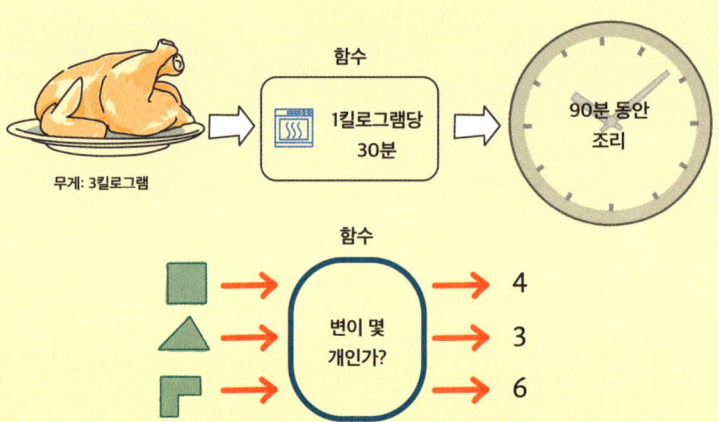

함수란 무엇인가?

함수는 입력값을 처리해 출력값으로 바꾸는 방법입니다.
함수를 정의하기 위해서는 만들어내기를 바라는 출력값의 성격과 입력값의 범위를 고려해야 합니다.
대부분 수치를 다루는 함수를 생각하지만, 어떤 대상에 대해서도 함수를 정의할 수 있습니다.

많은 수학 개념은 함수와 관련이 있습니다. 겉보기에는 그렇지 않아 보여도 말이지요. 칠면조를 익히는 데 걸리는 시간은 칠면조의 무게에 따라 달라집니다. 그러면 입력값으로 무게를 받아 익히는 시간이라는 출력값을 내놓는 함수를 만들 수 있습니다.

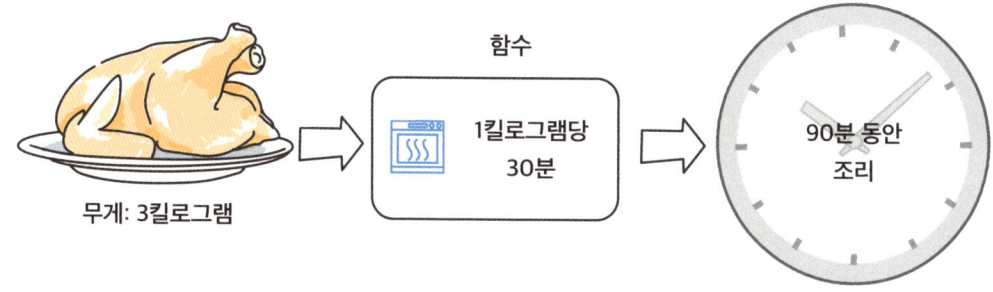

보통 우리는 변수를 사용해 함수를 정의합니다. 입력값이 x일 때 출력값이 무엇인지를 나타내는 겁니다. 우리는 함수를 f로 나타내고, 입력값에 괄호를 씌워 $f(x)$라고 씁니다. 이 기호는 방정식의 일부로 쓰여 함수의 역할을 정의합니다. 예를 들어, $f(x)=2x$는 입력값을 두 배로 늘리는 함수입니다. 이때 $f(x)$는 x를 $2x$로 **사상**한다고 표현합니다.

- 사상mapping: 한 집합 X의 각 원소 x에 Y의 하나의 원소 y를 대응시키는 관계 f를 X에서 Y안으로의 사상(대응, 변환 또는 함수)이라 합니다.

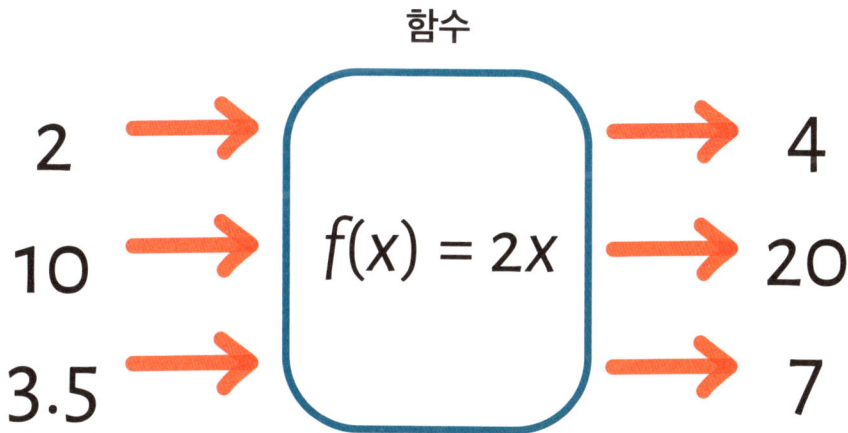

함수 정의하기

어떤 함수에 대해서든 우리는 가능한 입력값의 집합(**정의역**)과 가능한 출력값의 집합(**공역**)을 정의할 수 있습니다. 예를 들어 $f(x)=2x$는 입력값으로 자연수만 받는다고 정의할 수 있습니다. 그러면 출력값 역시 자연수가 됩니다. 함수를 정의할 때 정의역을 자연수의 집합으로 특정 지으면 공역 역시 자연수의 집합이 되는 겁니다.

어떤 함수의 경우에는 공역에 있는 모든 값이 나오지 않을 수도 있습니다. 입력값이 자연수뿐인 함수 $f(x)=2x$에서 실제 나올 수 있는 값의 범위인 **치역**은 짝수 자연수뿐입니다. 만약 입력값으로 3.5 같은 유리수를 넣을 수 있도록 정의한다면, 우리는 7 같은 홀수 자연수(실제로는 모든 유리수)가 나오게 할 수 있습니다. 정의역과 치역, 공역에 관한 더 자세한 내용은 83쪽을 보세요.

함수가 수만 사용해야 하는 건 아닙니다. 도형의 형태를 변의 개수를 나타내는 자연수로 사상하는 다각형 집합으로도 함수를 만들 수 있습니다. 변의 수를 세는 함수지요.

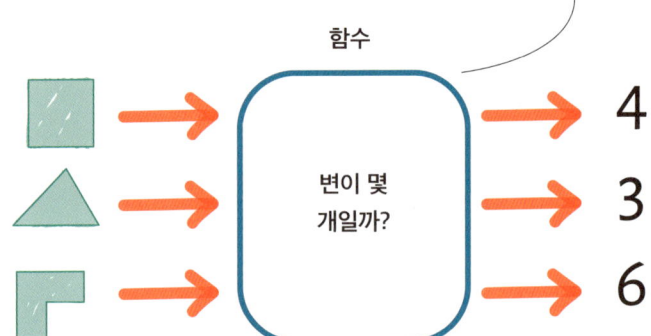

함수의 유형

어떤 함수는 거꾸로 뒤집어 출력값을 다시 입력값으로 사상하는 **역함수**를 만들 수 있습니다. 이렇게 할 수 있으려면 함수에 몇 가지 성질이 있어야 합니다. 하지만 앞서 예시로 든 입력값을 두 배로 늘리는 함수는 반으로 줄이는 역함수가 있으며, $f^{-1}(x)=\frac{x}{2}$라고 씁니다.

이 두 함수를 결합하면, 즉 '하나를 다른 하나에 넣으면', 아무것도 하지 않는 **항등함수** $f(x)=x$가 됩니다.

흥미로운 사례 하나는 역수 함수 $f(x)=\frac{1}{x}$입니다. 이 함수는 자기 자신의 역함수입니다. 어떤 수를 넣고 그 결과를 넣으면 다시 원래의 수가 나오지요.

이 함수는 실수를 입력값으로 받지만, 모든 실수가 입력값으로 유효하지는 않습니다. $\frac{1}{0}$은 정의할 수 없어 0을 입력할 수 없기 때문입니다. 정의역의 모든 값이 치역에 있는 고유한 값으로 사상하는 함수를 일컬을 때 **잘 정의되었다**고 표현합니다.

역수 함수는 실수에 대해서는 잘 정의되지 않았습니다. 하지만 $R\setminus\{0\}$이라고 쓰는, 0을 제외한 실수 정의역에 대해서는 그렇게 쓸 수 있습니다. 입력값이 0에 가까우면 이 함수의 출력값은 매우 커집니다. 하지만 입력값이 정확히 0이면 함숫값을 정의할 수 없습니다. 이 함수의 그래프를 어떻게 그리는지 보고 싶다면, 95쪽을 보세요.

$$f(5) = \frac{1}{5} \qquad f\left(\frac{1}{5}\right) = \frac{1}{\frac{1}{5}} = 5$$

함수의 유형

함수를 공부할 때 입력값이 바뀔 때 출력값이 어떻게 달라지는지에 따라 함수를 분류하면 도움이 됩니다.
입력값과 출력값의 관계를 바탕으로 몇 가지 중요한 유형의 함수를 확인할 수 있습니다.

일대일 함수

입력값 하나에 고유한 출력값이 있는 함수를 **일대일 함수**라고 합니다. 어떤 두 입력값도 똑같은 출력값을 만들지 않는다는 뜻입니다. 자연수에 대한 함수 $f(x)=x+1$과 $f(x)=2x$가 그런 사례입니다.

만약 가능한 출력값의 집합이 입력값의 집합보다 크거나 두 집합 모두 무한히 클 때는 일대일 함수이면서 공역에 아직 사상(대응)되지 않은 값이 있을 수 있습니다. 예를 들어, 입력값과 출력값의 집합이 둘 다 양의 자연수일 때는 $f(x)=x+1$에서 1이 나오게 하는 입력값이 양의 자연수 중에 없습니다.

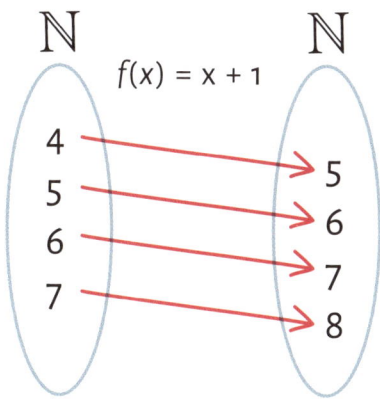
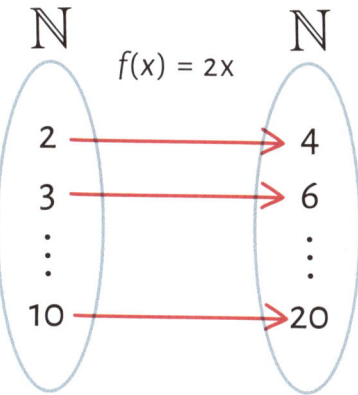

전사함수

공역(사상되는 집합)의 모든 원소가 정의역의 어떤 원소에서 사상되는 함수는 **전사함수**입니다.

쉽게 설명하자면, 어떤 출력값을 내놓는 입력값이 반드시 있다는 뜻입니다. 함수의 치역이 공역과 같다는 뜻이기도 합니다.

예를 들어, 우리는 $f(x)$가 자연수를 집합 {0, 1}로 사상한다고 정의할 수 있습니다. 짝수를 0으로 사상하고, 홀수를 1로 사상한다고 규칙을 정하면 됩니다.

전사함수에서는 사상이 고유하지 않아도 됩니다. 입력값 두 개를 똑같은 출력값으로 사상해도 됩니다. 입력값의 집합이 출력값의 집합보다 크거나 두 집합이 무한할 때 생길 수 있는 일입니다.

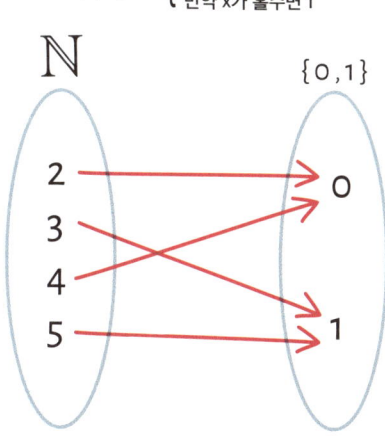

어떤 함수는 한 정의역에 대해서는 전사함수지만, 다른 정의역에 대해서는 그렇지 않을 수도 있습니다. 예를 들어, $f(x)=2x$는 정의역이 자연수이고 공역이 자연수일 때 전사함수가 아닙니다. 하지만 정의역이 유리수 또는 실수라면 모든 자연수가 사상될 수 있기 때문에 전사함수입니다.

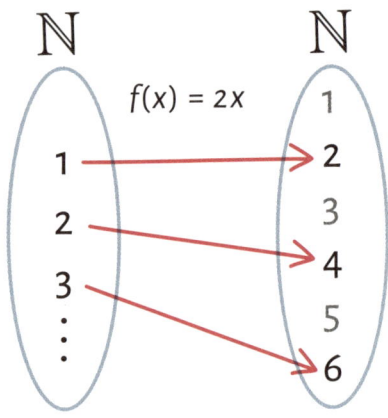
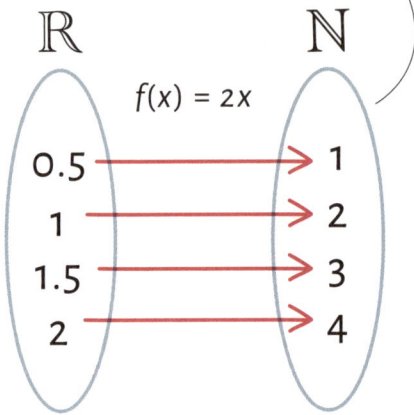

가역함수

만약 어떤 함수가 일대일 함수이면서 전사함수라면, 그 함수를 **가역함수**라고 부릅니다. 모든 입력값을 고유한 출력값으로 사상하며, 모든 출력값이 어떤 입력값으로부터 사상된다는 뜻입니다. 정의역의 크기가 공역과 똑같거나 둘 다 무한해야 합니다. 그래야 모든 원소를 고유한 다른 원소로 사상할 수 있습니다.

앞서 예로 들었던 $f(x)=x+1$이 그런 사례입니다. 하지만 입력값의 집합이 정수(0과 음수를 포함)여야 합니다. 또 다른 가역함수로는 항등함수인 $f(x)=x$가 있습니다.

이런 함수를 가역함수라고 부르는 건 이런 성질이 있을 때는 역함수가 존재하기 때문입니다. 앞서 우리는 $f(x)=2x$의 역함수가 $f^{-1}(x)=\frac{x}{2}$라는 사실을 살펴보았습니다. 하지만 이 역함수는 함수의 정의역이 유리수 또는 실수일 때만 잘 정의됩니다. 그렇지 않으면 전사함수가 아니기 때문입니다. 항등함수 $f(x)=x$는 그 자체로 역함수입니다.

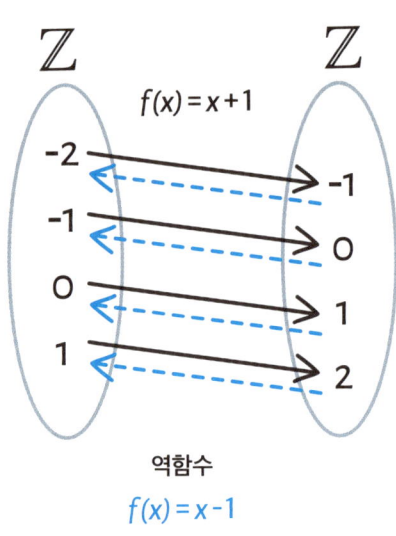
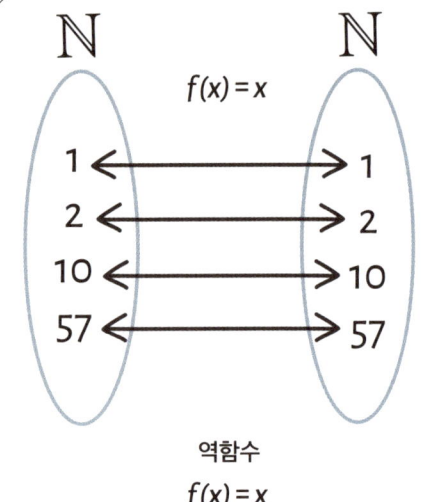

다항함수

다항함수는 흥미롭고 유용한 함수 유형입니다. **다항식**은 입력값 변수나 변수의 **범자연수 거듭제곱의 합**을 나타내며, 이 값들은 **계수**로 곱해질 수 있습니다. 일반적으로 다항식은 함수보다 간단하게 분석할 수 있는데, 비슷한 성질을 공유하고 있으며, 좀 더 예측 가능하기 때문입니다. 다항식은 현실 세계의 여러 양을 단순한 모형으로 만드는 데 쓰입니다.

다항식의 유형

일반적으로 다항식은 다음과 같이 쓸 수 있습니다.

$$a + bx + cx^2 + dx^3 + \cdots$$

$a, b, c \cdots$ 값은 **계수**라고 부릅니다. 계수는 실수입니다. 차수가 높은 순서대로 써내려가면 항이 모두 몇 개인지 알 수 있습니다. 가장 큰 차수에 따라 다항식을 분류합니다. 예를 들어, $2x^2+5x+3$은 가장 **차수**가 큰 항이 x^2이므로 이 다항식을 2차식이라고 부릅니다. 다항식에는 변수가 2개 이상 있을 수 있습니다. 이 경우에는 두 변수의 차수를 합해 가장 큰 값이 차수가 됩니다. 예를 들어, x^4+y^3은 4차 다항식입니다. 가장 큰 차수가 4이기 때문입니다. 하지만 x^2y^3+6x는 5차 다항식입니다. 한 항의 차수가 두 변수의 차수를 합한 5(2+3)이기 때문입니다.

유형	차수	예시
1차 다항식	1	$2x+4$
2차 다항식	2	$x^2-15x+40$
3차 다항식	3	$23x^3-23y^3+x+2$
4차 다항식	4	$x^2y^2-2xy+1$

우리는 변수가 한 개뿐인 다항식을 그래프로 그려볼 수 있습니다. 수평축에 x 값을 표시하고, 다항식과 같은 함수 $f(x)$를 정의한 뒤 그 값을 수직축에 표시하면 됩니다. 각각의 다항식은 서로 다른 형태의 곡선을 그리게 됩니다. 보통 차수가 높은 다항식일수록 곡선이 복잡해집니다. 다항식의 계수 역시 그래프의 모양에 영향을 끼칩니다. 함수의 그래프에 관해 더 자세한 내용은 95쪽을 보세요.

항이 x의 배수와 상수뿐인 1차 다항식은 직선을 그립니다(1차 다항식과 그 용도에 관한 더 자세한 내용은 181쪽을 보세요).

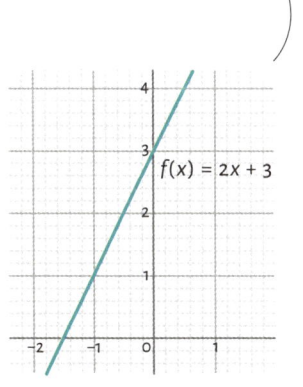

x^2이 포함된 2차 다항식은 아래로 내려가다가 다시 올라가는 곡선을 그립니다(만약 x^2의 계수가 음수면 올라가다가 아래로 내려갑니다).

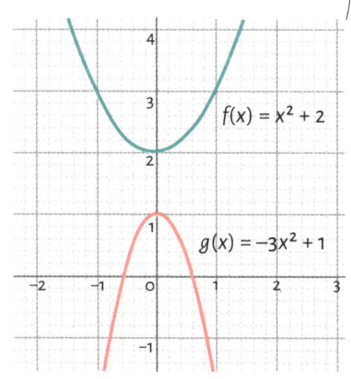

3차 다항식은 방향을 두 번 바꿉니다. 일반적으로 n차 다항식은 곡선이 최대 $n-1$번 방향을 바꿉니다. 이 지점을 극점이라고 하며, 그 점 주위에서 최댓값과 최솟값을 나타냅니다. 미분을 이용해 구할 수 있습니다.

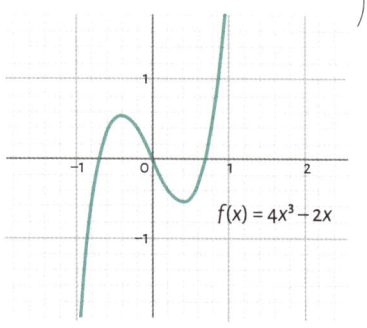

다항식의 해 구하기

다항식을 **푼다**는 건 다항식의 값을 0으로 만드는 변수의 값을 찾는다는 뜻입니다. 이 값을 해라고 합니다. 다항식을 푼다는 건 다항식의 그래프가 수평축(x축)과 만나는 점을 찾는다는 것과 같습니다. 나올 수 있는 해의 수는 다항식의 차수를 따릅니다. 1차 다항식의 해는 1개이고, 2차 다항식은 최대 2개를 갖습니다. 3차 다항식은 최대 3개의 해가 있습니다.

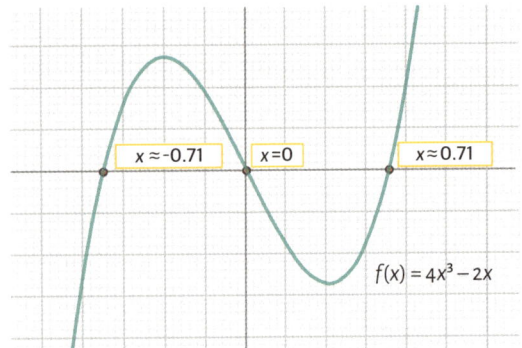

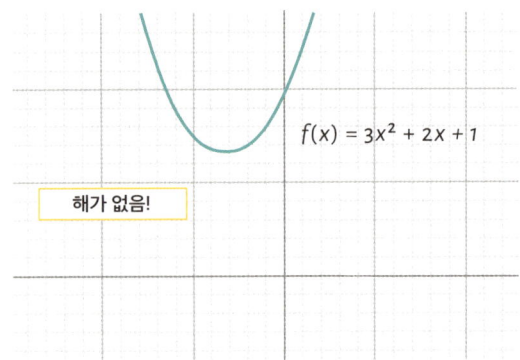

$f(x)=4x3-2x$는 $x≈-0.71$과 $x=0$, $x≈0.71$에서 x축과 만난다. 이 셋은 $4x3-2x=0$의 세 해다.

$f(x)=3x2+2x+1$의 그래프는 x축과 전혀 만나지 않는다. 따라서 $3x2+2x+1=0$은 해가 없다.

현실 세계의 다항식

우리는 다항식을 이용해 현실 세계를 모형화할 수 있습니다. 예를 들어, 사과가 1달러, 빵이 1.5달러, 치즈가 3달러라면, 사과 a와 빵 b덩이, 치즈 c조각을 살 때 얼마가 드는지 알아낼 수 있습니다.

2차 다항식은 손을 떠난 뒤 흐른 시간을 이용해 공중으로 던진 물체의 높이를 계산할 때 쓸 수 있습니다. (더 자세한 내용은 153쪽 참고)

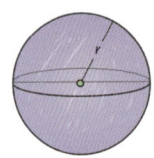

$f(x) = -x^2 + 5$

3차 다항식은 입체 도형의 부피를 구할 때 흔히 쓰입니다.

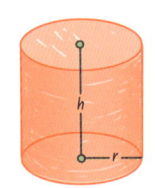

$V = \pi r^2 h$

원통의 부피는 $V=\pi r^2 h$다. r은 원의 반지름, h는 높이다. r의 제곱에 h를 곱하면 3차 다항식이 된다.

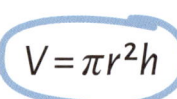

$V = \dfrac{4}{3} \pi r^3$

반지름이 r인 구의 부피는 $V = \dfrac{4}{3}\pi r^3$다.

n개의 점이 있으면, 점들을 모두 지나가는 $n-1$차 다항식을 구할 수 있습니다. 점이 2개면, 두 점을 지나가는 1차 다항식(직선)을 찾을 수 있지요. 점이 3개면, 세 점을 모두 지나가는 2차 다항식을 찾을 수 있습니다. 점이 4개면 3차 다항식을 구할 수 있습니다. 이것은 모형화에 유용합니다. 시간별로 밀물의 해수면 높이 데이터가 있다면, 이 데이터를 모두 지나가는 다항식을 찾을 수 있습니다. 그러면 바닷물의 움직임을 나타내는 이 다항식을 이용해 미래의 해수면 높이를 예측할 수 있습니다.

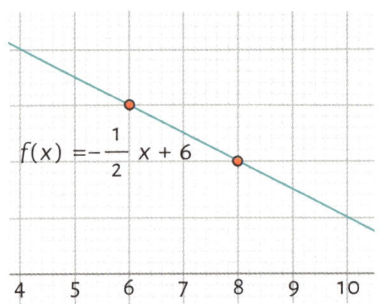

$f(x) = -\dfrac{1}{2} x + 6$

함수 해석

함수의 성질을 연구하면 우리가 모형화하는 시스템을 이해하고 모형을 바탕으로 더 정확하게 예측하는 데 도움이 됩니다.
해석학은 특정 함수의 성질을 기술하는 도구를 사용합니다.
몇몇 유형의 함수는 현실 세계의 시스템을 모형화하는 데 다른 함수보다 더 유리합니다.

한 가지 중요한 유형의 함수로 **연속함수**가 있습니다. 직관적으로 우리는 이 함수를 그래프로 그렸을 때 어디 하나 갑자기 비거나 끊어지는 부분이 없다는 사실을 알 수 있습니다(함수 그래프에 관한 더 자세한 내용은 95쪽 참고). 이런 함수를 흔히 '얌전한' 함수라고 부릅니다. 출력값을 예측할 수 있고, 활용하기 더 쉽기 때문입니다.

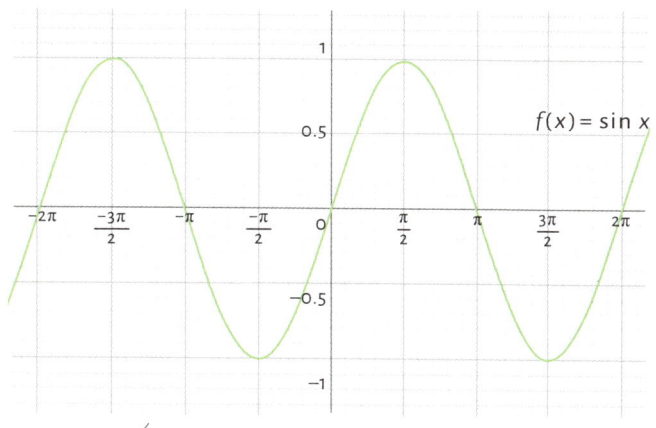

모든 다항함수는 실수 정의역에서 연속입니다. 똑같은 파동 패턴이 끝없이 이어지는 사인과 코사인 같은 삼각함수도 그렇습니다.

연속성의 공식적인 정의는 50쪽에서 살펴본 수열의 극한값 정의와 비슷합니다. 근본적으로 우리가 입력값 x의 값을 아주 조금 바꾸면, 출력값 $f(x)$의 값 역시 아주 조금 바뀌어야 합니다.

우리는 앞서 해보았던 것과 비슷한 게임을 해볼 수 있습니다. 다만 이번에는 여러분이 출력값을 바꾸고 싶은 정도(그리스 문자 엡실론, ε으로 표현)를 먼저 정합니다. 그러면 제가 입력값을 얼마나 바꾸어야 하는지(델타, δ로 표현)를 알려줄 수 있습니다. 그러면 여전히 원래 출력값에서 엡실론보다 작은 범위에 있는 출력값이 있습니다.

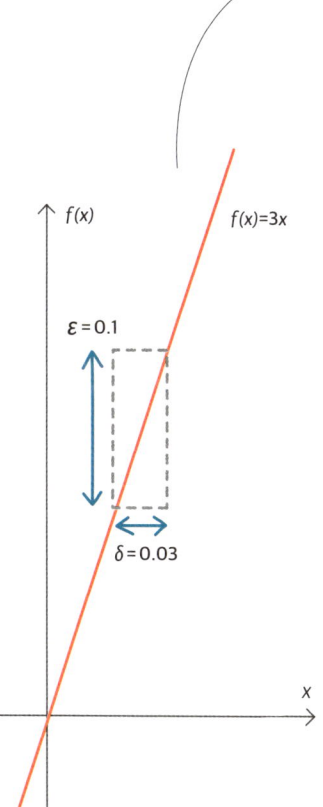

예를 들어, $f(x)=3x$라는 함수가 있을 때 여러분이 $\varepsilon=0.1$이라는 값을 준다면, 저는 여러분에게 x를 $\delta=0.03$보다(0.1의 3분의 1보다 작도록 잡은 수) 더 크게 바꾸면 안 된다고 알려줄 수 있습니다. 만약 여러분이 x를 0.03 이내로 바꾼다면, $f(x)$는 여러분의 극한인 0.1 이내로 바뀔 겁니다. 여러분이 고른 ε값이 무엇이든 간에 저는 $f(x)$의 정의를 바탕으로 만든 '3분의 1보다 작다' 규칙을 이용해 합당한 δ값을 잡을 수 있습니다.

이 방법을 흔히 연속함수의 엡실론-델타 정의라고 부릅니다. 이해하기에는 꽤 복잡한 개념일 수 있지만, 함수의 곡선이 비거나 끊어지는 부분 없이 매끄러운지를 확실히 해줄 수 있습니다.

만약 선이 끊어져 있다면, 끊어진 부분을 포함한 짧은 구간을 살펴볼 수 있습니다. 출력값의 변화가 입력값의 변화와 비교해 훨씬 큽니다. 연속함수에서는 이런 일이 벌어질 수 없습니다.

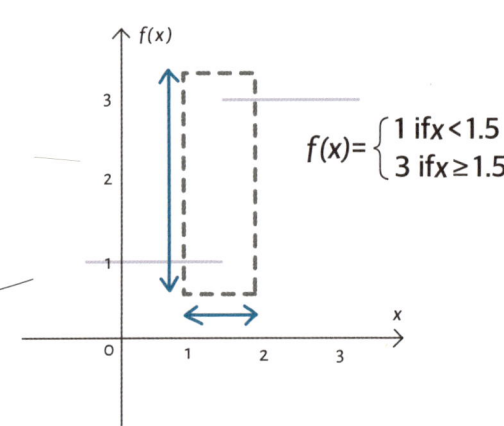

$$f(x) = \begin{cases} 1 \text{ if } x < 1.5 \\ 3 \text{ if } x \geq 1.5 \end{cases}$$

이것은 **조각별** 함수다. 입력값의 범위에 따라 정의가 다르다. 연속함수가 아니며, $x=1.5$에서 **불연속적**이다.

다항함수는 모두 얌전하고 나타내기 쉽습니다. 따라서 때로는 특정한 함수 $f(x)$의 **다항식 근사**를 이용하는 게 유용할 때가 있습니다. 다항식 근사는 $y=f(x)$의 그래프와 모양이 비슷하지만 더 쉽게 해를 계산할 수 있는 곡선을 그리는 다항식을 말합니다.

- $f(x) = \cos(x)$
- $f_2(x) = 1 - \dfrac{x^2}{2}$
- $f_4(x) = 1 - \dfrac{x^2}{2} + \dfrac{x^4}{24}$
- $f_6(x) = 1 - \dfrac{x^2}{2} + \dfrac{x^4}{24} - \dfrac{x^6}{720}$
- $f_8(x) = 1 - \dfrac{x^2}{2} + \dfrac{x^4}{24} - \dfrac{x^6}{720} + \dfrac{x^8}{40320}$

예를 들어, 코사인 곡선은 차수가 증가하는 일련의 다항식으로 근사할 수 있습니다. 처음에는 다항식 곡선이 $f(x)=\cos x$와 매우 다르지만, 다항식의 항이 늘어날수록 점점 비슷해집니다.

전체 곡선과 정확히 일치하게 하려면 무한히 많은 항이 필요합니다. 이를 함수의 **테일러급수**라고 부릅니다. 하지만 그 정도로 정확하지 않아도 될 때가 있습니다. 코사인 곡선은 양쪽으로 무한히 뻗어나가지만, 우리는 일부분만 살펴보면 되기 때문에 다항식 근사로도 충분할 수 있습니다.

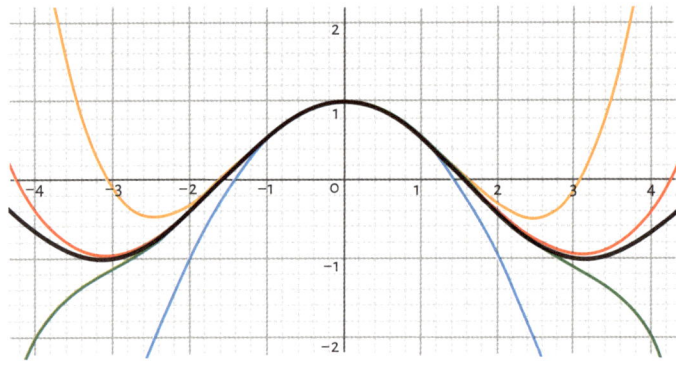

알고리즘

알고리즘은 수학보다는 컴퓨터와 더 많은 관련이 있습니다.
하지만 기본 개념은 일련의 지시를 올바른 순서로 이행해 결과를 얻어내는 것으로, 기본 개념은 수학적입니다.

사람은 생활 속에서 언제나 알고리즘을 따릅니다. 조리법에 따라 케이크를 굽거나 설명서를 보고 가구를 조립하지요. 특정한 입력값을 받은 뒤 정해진 단계를 거칠 때 그 단계를 정확히 적용했다면, 언제나 올바른 출력값이 나옵니다.

우리는 수학에서 계산을 수행하거나 데이터를 처리하는 데 알고리즘을 이용할 수 있습니다. 알고리즘이라는 단어는 과학자이자 수학자였던 무함마드 이븐 무사 알콰리즈미의 이름에서 나온 단어입니다. 알콰리즈미는 수학 계산을 수행하는 방법에 관한 책을 썼지요(알콰리즈미에 관해 더 자세한 내용은 138쪽 참고).

한 가지 유명한 사례로 정수론에서 두 수의 **최대공약수**(GCD)를 계산할 때 사용하는 유클리드 호제법이 있습니다. 최대공약수는 두 수를 모두 나누어떨어지게 하는 수 중에서 가장 큰 수를 말합니다. 예를 들어, 16과 68은 모두 2로 나누어떨어지지만, 4로도 나누어떨어집니다. 두 수가 공통으로 갖는 약수 중 가장 큰 수는 바로 4이므로, 우리는 GCD(16, 68)=4라고 씁니다.

$$16 = 2 \times 2 \times 2 \times 2$$
$$68 = \underbrace{2 \times 2}_{4} \times 17$$

두 수의 최대공약수를 알면 여러모로 좋습니다. 암호학에서도 쓰임새가 있지요. 하지만 계산을 (특히 컴퓨터로) 하고 싶다면, 언제나 확실한 방법이 있는 편이 좋습니다.

유클리드 호제법은 $a>b$인 두 수 a와 b의 최대공약수를 찾을 때 b와 $(a-b)$의 최대공약수를 계산할 수 있다는 사실을 이용합니다. b와 $(a-b)$의 최대공약수는 a와 b의 최대공약수와 언제나 같기 때문입니다.

왜 그런지를 이해하려면 공통인수에 관해 생각해보세요. a와 b의 공통인수가 있다고 하면, a에서 b를 뺀 결과도 마찬가지로 그 공통인수로 나누어떨어집니다. 예를 들어, 36과 18은 둘 다 6으로 나누어떨어집니다. 그리고 두 수의 차인 18 역시 6의 배수입니다. 이 점을 이용해 우리는 $GCD(a, b) = GCD(b, a-b)$임을 보일 수 있습니다. 사실, b의 어떤 배수를 빼도 계속 성립합니다. 이를 이용해 0에 도달할 때까지 최대공약수를 찾는 알고리즘을 만들 수 있습니다.

이 과정은 더 큰 수 a로부터 작은 수 b를 더 이상 뺄 수 없을 때까지 빼는 것으로 시작합니다. 그러면 나머지 r이 남습니다. 다음 단계로 b로부터 나머지를 계속 빼다가 새로운 나머지를 구합니다. 각 단계마다 우리는 전 단계에서 구한 수를 이용하며, 나머지가 0이 될 때까지 계속합니다.

최대공약수 (48,18) 구하기

48에서 18을 계속 뺄 때 나머지는?
18에서 12를 계속 뺄 때 나머지는?
12에서 6을 계속 뺄 때 나머지는?

$$48 = (2 \times 18) + 12$$
$$18 = (1 \times 12) + 6$$
$$12 = (2 \times 6) + 0$$

그러면 최대공약수(48, 18)=최대공약수(18, 12)=최대공약수(12, 6)=최대공약수(6, 0)=6

나누기를 직사각형에서 정사각형을 빼내는 것으로 생각하면 이 과정을 시각화할 수 있습니다. 직사각형의 긴 변은 매 단계마다 큰 수를 나타내며, 남은 부분은 나머지입니다.

최대공약수는 직사각형 전체를 자기 자신의 복제본으로 가득 채우는 정사각형의 높이(또는 폭)가 (이 경우에는 6) 됩니다.

직사각형 전체의 높이와 폭이 그 수로 나누어떨어져야 하기 때문입니다. 그리고 그 정사각형은 그런 성질을 지닌 가장 큰 정사각형입니다.

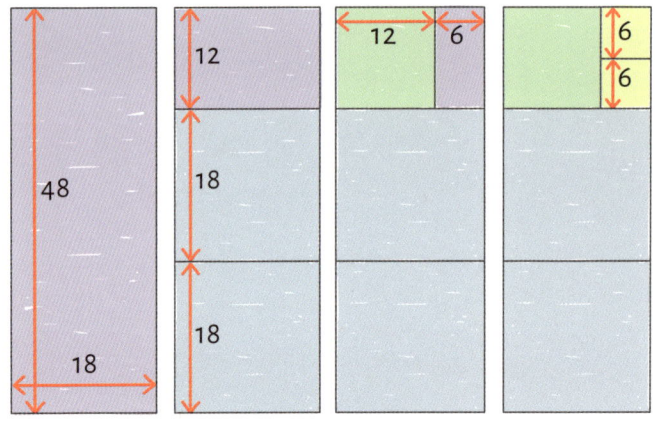

수학자는 행렬(수를 표처럼 배열한 것, 181쪽 참고)을 다루거나 나눗셈을 하거나 제곱근을 계산하는 알고리즘도 사용합니다. 상자를 정해진 공간에 효율적으로 쌓는 데 사용하는 알고리즘도 있습니다(175쪽 참고). 이런 일을 처리하는 단계별 과정이 있다는 건 우리가 믿고 수행할 수 있다는 뜻이기도 하지만, 한편으로는 컴퓨터에게 맡길 수도 있다는 뜻입니다.

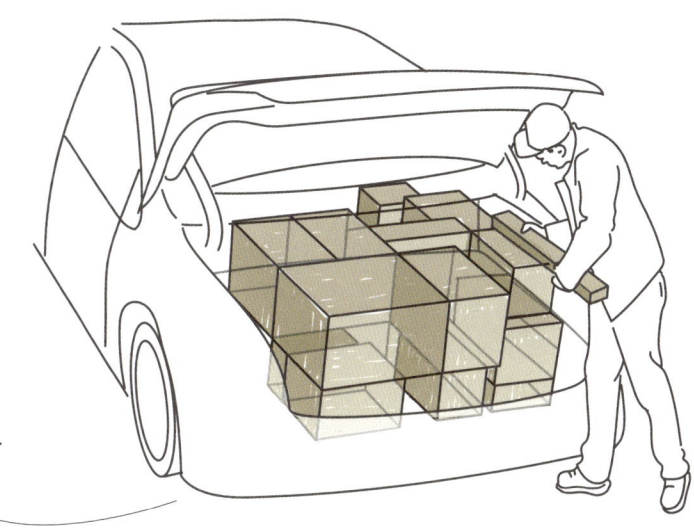

수학과 상당 부분 겹치는 컴퓨터과학의 한 분야는 오로지 **계산 복잡성**을 다룹니다. 어떤 특정한 알고리즘이 있을 때 얼마나 많은 계산 단계(덧셈이나 곱셈 하나하나)를 거쳐야 알고리즘을 수행할 수 있을까요? 그리고 얼마나 효율적일까요?

알고리즘의 복잡성을 연구해도 답을 찾기까지 얼마나 걸릴지는 쉽게 알 수 없습니다. 하지만 알고리즘이 어떻게 작동하는지 이해하고 더 효율적인 알고리즘을 설계하는 데 도움이 됩니다.

알고리즘의 복잡성을 다루는 컴퓨터과학의 P 대 NP 문제는 **클레이연구소의 밀레니엄 문제** 중 하나입니다. 밀레니엄 문제를 풀면 100만 달러의 상금을 받게 되지요. 계산 복잡성에 관한 더 자세한 내용은 176쪽을 참고하세요.

알고리즘과 함수

✓ 다시 보기

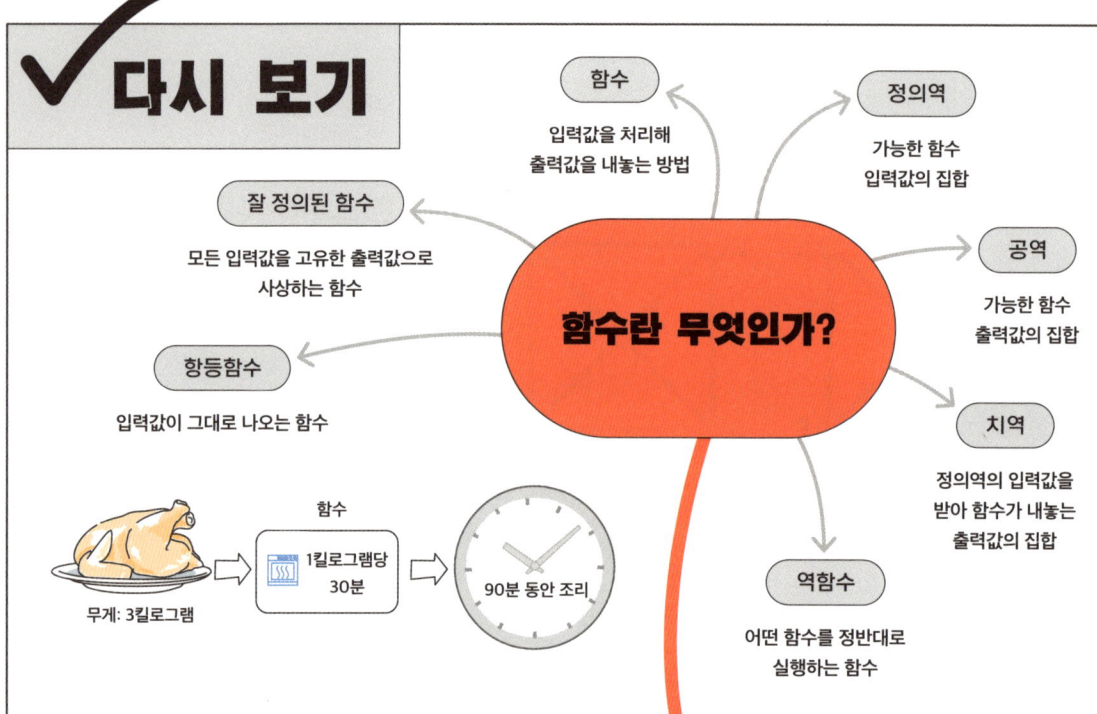

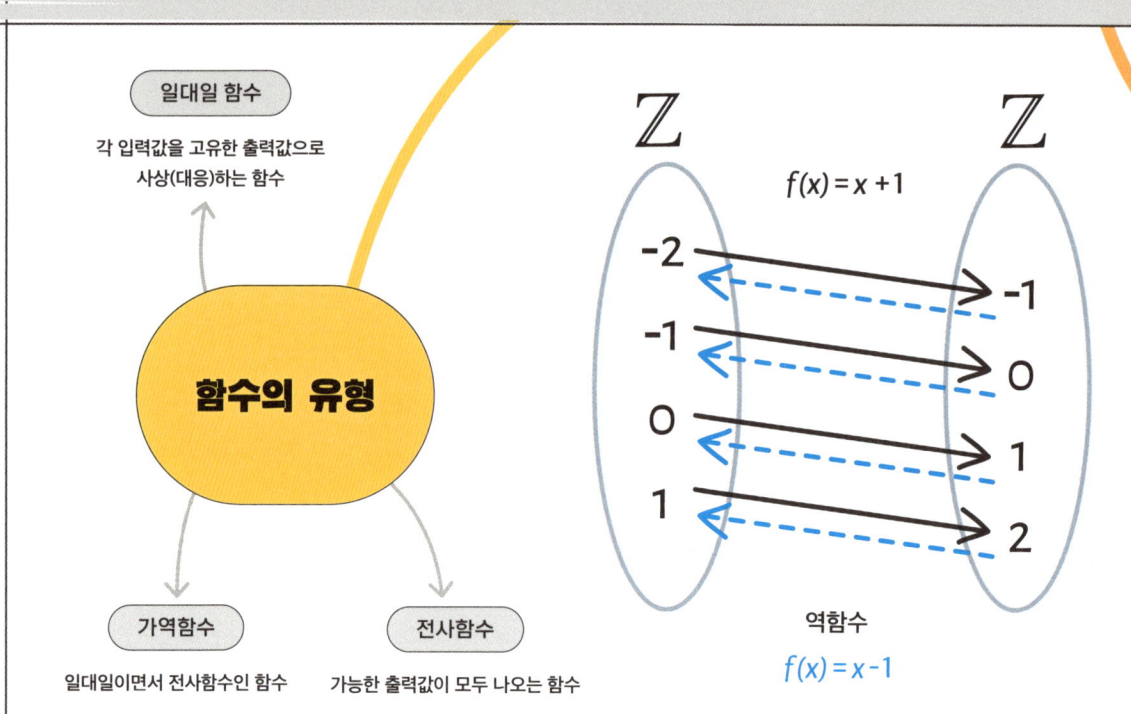

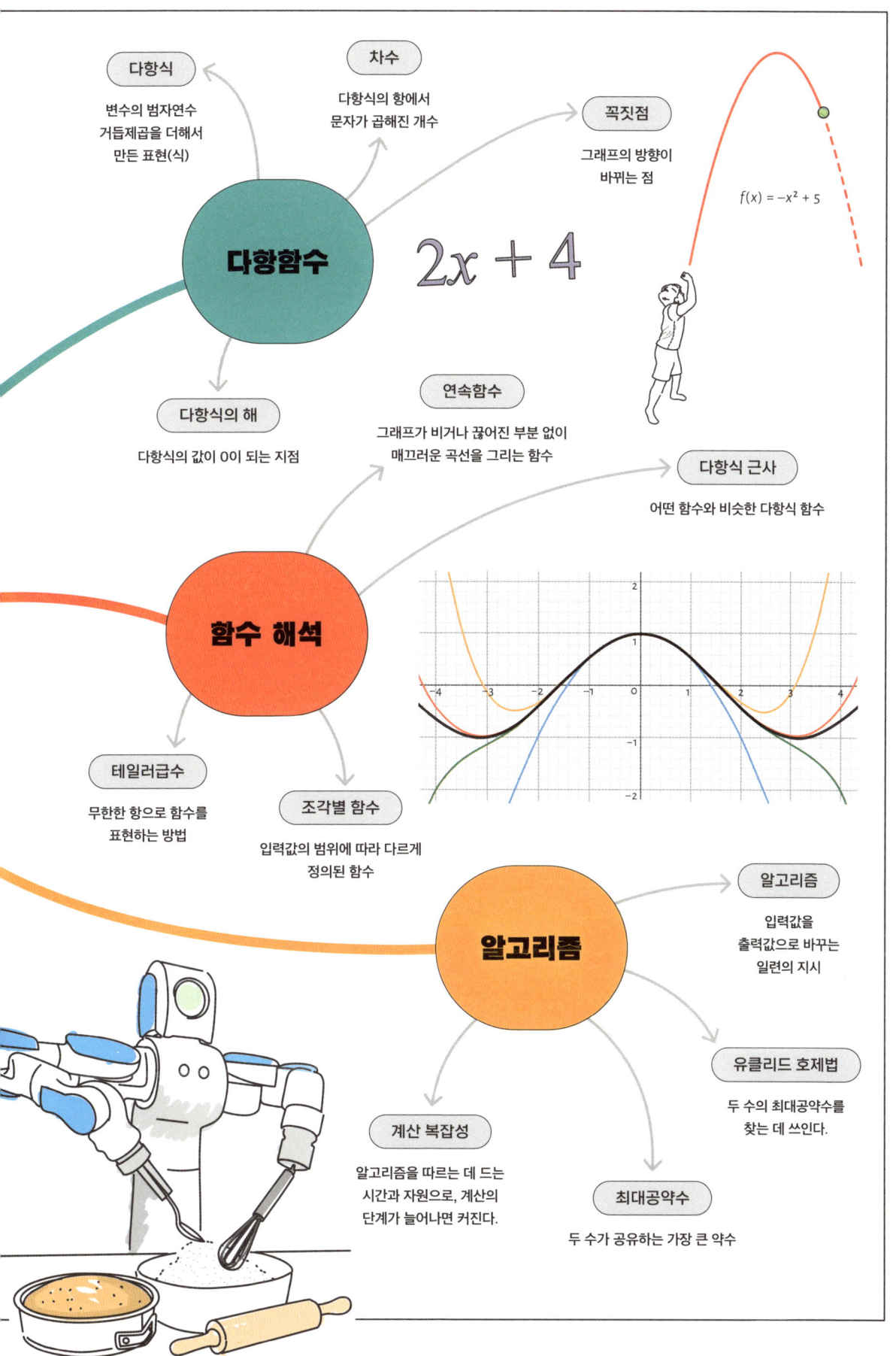

6장

그래프와 데이터

수학을 공부하면 주변 세상에 관한 데이터를
조사하고 이해하는 능력이 생깁니다.
함수의 패턴을 그려볼 수 있게 되고, 함수와 그래프를 이용해
현실 세계의 상황을 모형화할 수도 있습니다. 데이터를
시각화하면 데이터와 추세를 이해하고 해석하기 쉬워집니다.
또한 통계 도구는 데이터의 패턴이 유의미한지, 아니면
무작위한 우연에 불과한지를 판단하는 방법을 제공합니다.

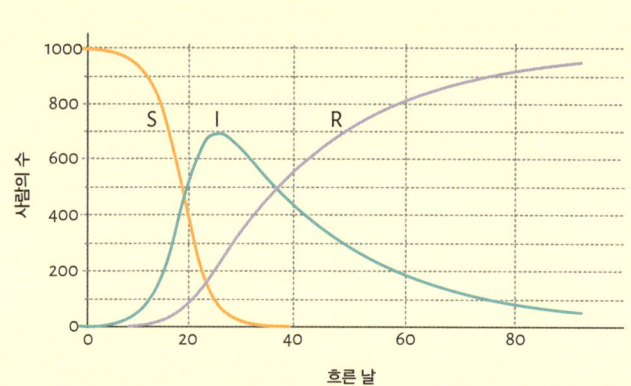

함수는 어떻게 생겼을까?

이따금 함수의 대수적 정의를 살펴보는 것만으로는 함수가 어떤 작용을 하는지 알기 어려울 때가 있습니다.
그러나 그래프로 그려 보면 입력값에 따라 함숫값이 어떻게 변하는지 확인할 수 있습니다.
이런 방식으로 우리는 함수의 행동(특성)을 더 잘 이해할 수 있습니다.

앞서 우리는 다양한 함수가 입력값을 받아 출력값으로 바꾸는 여러 사례를 살펴보았습니다. 만약 함수의 입력값과 출력값이 모두 실수라면, 우리는 2차원의 함수 그래프를 그려 모양을 시각화할 수 있습니다.

이 그래프는 이렇게 그렸습니다.

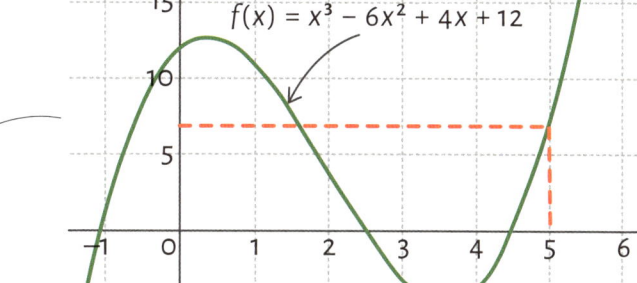

- 함수의 입력값(x값)을 수평축에 표시합니다.

- 함수의 출력값($f(x)$의 값)을 수직축에 표시합니다.

이 그래프를 $y=f(x)$의 그래프라고 부르기도 합니다. $f(x)$의 값을 흔히 y축이라고 하는 수직축에 표시했기 때문입니다.

우리는 그래프를 이용해 어떤 입력값 x에 대한 $f(x)$의 값을 찾을 수 있습니다. 함수를 만날 때까지 수직으로 선을 긋습니다. 그리고 축과 만날 때까지 수평으로 선을 그리면 출력값을 알 수 있습니다.

예를 들어, 수평축의 5부터 점선을 따라 함수와 만날 때까지 위로 올라갔다가 축을 향해 이동하면 입력값이 5일 때 출력값이 약 7이라는 사실을 알 수 있습니다.

$f(x) = \frac{1}{x}$의 그래프

어떤 함수는 어떤 입력값에 대해서는 정의할 수 없습니다. $f(x)=\frac{1}{x}$의 그래프가 그렇습니다.
그래프를 보면 $f(x)=\frac{1}{x}$가 $x=0$일 때는 정의되지 않는다는 사실을 알 수 있습니다. ($\frac{1}{0}$은 정의할 수 없으므로 $x=0$일 때는 $\frac{1}{x}$값이 없습니다.)
그래프는 $x=0$일 때 수직축과 만나지 않지만, 양쪽으로는 쭉 뻗어나갑니다. 이에 관한 더 자세한 내용은 82쪽을 참고하세요.

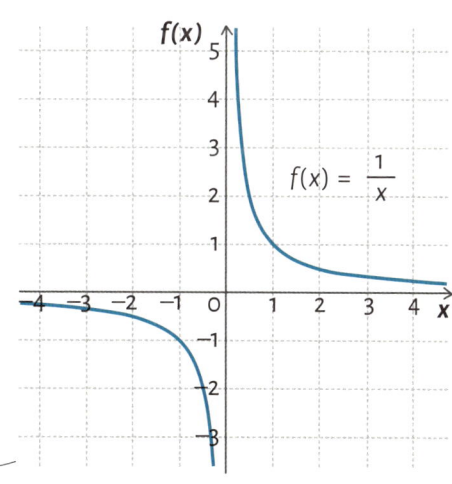

불연속 함수

함수가 가질 수 있는 중요한 한 가지 성질은 **연속성**입니다(87쪽 참고). 딱 봤을 때 끊어져 있는 곳이 없다는 뜻이지요. 오른쪽과 같은 그래프를 보면 어디에 연속적이지 않은 점이 있는지 바로 알아챌 수 있습니다. 선이 끊어져 있는 부분이 분명히 보일 테니까요.
이 함수는 $x=1$일 때 $f(x)=2$에서 $f(x)=3$으로 갑자기 바뀌므로 연속적이지 않습니다.

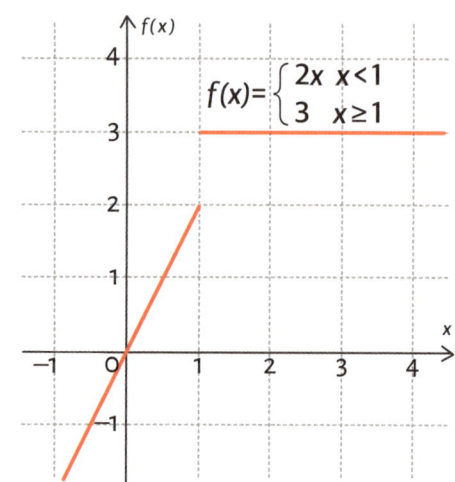

함수의 증가와 감소

입력값 x가 증가할 때 출력값 $f(x)$가 **증가**(혹은 **감소**)하면, 우리는 함수가 어느 입력 구간에서 증가한다(혹은 감소한다)고 말할 수 있습니다. 함수가 증가하면 그래프의 선은 위로 올라갑니다. 그리고 감소하면 선이 아래로 내려옵니다.
여기 함수 $f(x)=-(x-2.5)^2+3$은 $x=1$과 $x=2$ 사이에서 증가합니다. 그리고 $x=3$과 $x=4$ 사이에서는 감소합니다.

만약 어떤 함수가 모든 구간에서 증가한다면, **단조증가**라고 합니다. 반대로 계속 감소하면 **단조감소**라고 합니다.

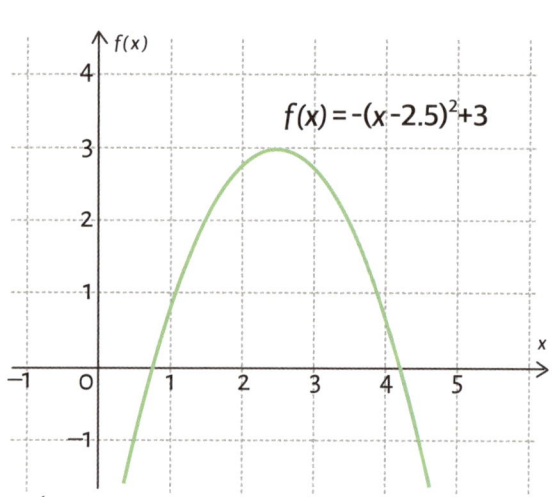

함수의 교차

여기 두 함수가 $f(x)=2x$와 $g(x)=x+1$이 있습니다. $f(x)$와 $g(x)$의 그래프를 똑같은 축 위에 그리면 두 함수의 그래프가 어느 점에서 교차하는지 쉽게 알 수 있습니다. 만약 우리가 대수식만 볼 수 있다면, 두 식을 등호 양쪽에 놓고($2x=x+1$) x의 유효한 해를 구하는 방식으로 교점을 구할 수 있습니다. 그러나 그래프를 보면 어디서 교점을 찾아야 할지 분명하게 알 수 있습니다.
자, 우리는 두 선이 $x=1$일 때 교차한다는 사실을 알 수 있습니다. 그리고 이 사실을 대수학을 이용해 확인할 수 있습니다. $2x=x+1$일 때 양변에서 x를 빼면 $f(x)=g(x)$가 됩니다.

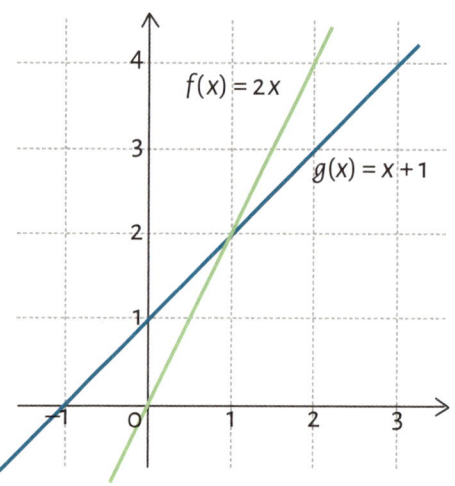

현실 세계 속의 함수

함수가 현실 세계의 양을 나타내는 경우 이를 그림으로 그리면
시간의 흐름에 따라 변하는 대상의 양상을 살펴보고 이해할 수 있는 아주 유용한 수단이 됩니다.

우리는 함수를 이용해 현실 세계를 나타내고 시간에 따라 어떻게 변하는지 나타낼 수 있습니다. 이에 관한 더 자세한 내용은 9장 모형화에서 만나보세요. 시간을 입력 변수로, 그리고 시간의 함수를 출력 변수로 그래프를 그리면 시간의 흐름에 따라 함수가 행동하는 방식에서 패턴을 볼 수 있습니다. 이 방법은 우리가 미래를 예측하는 데 도움이 되곤 합니다.

변위-시간 그래프

어떤 물체의 변위는 출발점에서부터 얼마나 떨어져 있는지를 나타냅니다.
만약 물체가 움직이고 있다면 우리는 **변위-시간 그래프**를 이용해 시간에 대한 변위를 그릴 수 있습니다.

시간을 입력 변수로 수평축에 표시하고 변위를 출력 변수로 수직축에 나타냅니다.

이 그래프를 보면 물체가 출발점에서 4미터를 움직인 뒤, 5초 동안 가만히 있다가 다시 돌아옵니다. 하지만 돌아올 때는 더욱 빨리 움직입니다. 오른쪽의 선이 더 가파르기 때문입니다.

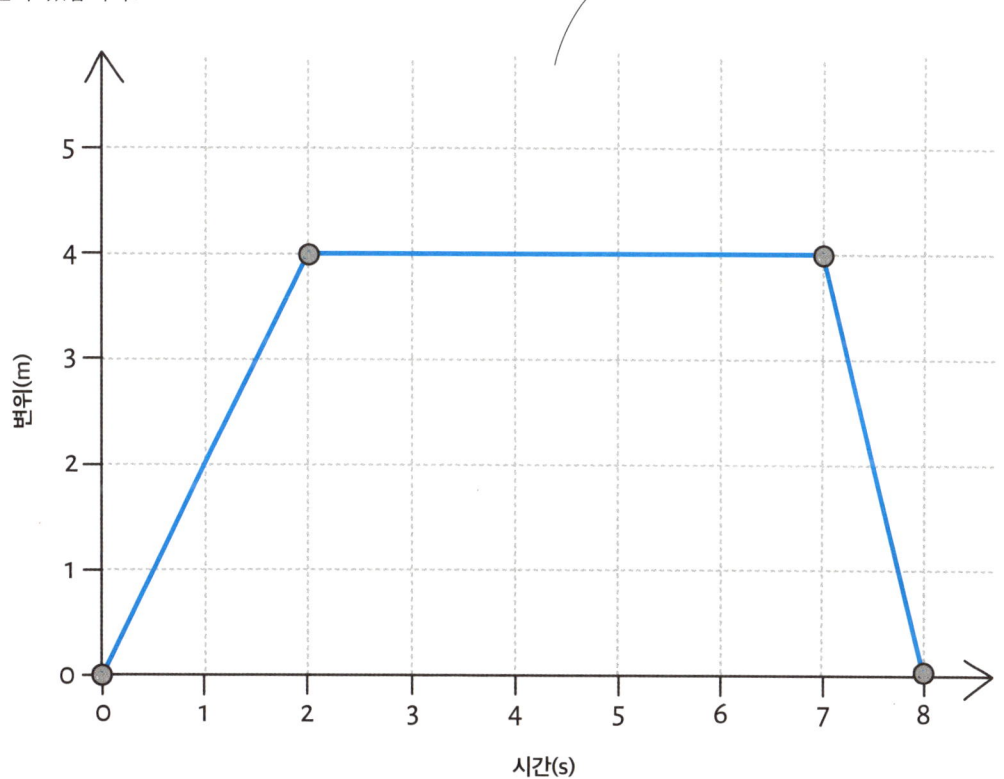

속도-시간 그래프

비슷한 방식으로 시간에 대한 속도를 보여주는 **속도-시간 그래프**를 그릴 수 있습니다. 이번에도 시간을 입력 변수로 수평축 위에 나타내고 속도를 출력 변수로 수직축에 나타냅니다.

이 속도-시간 그래프에서 우리는 물체의 속도가 처음에는 0이었다는 사실을 알 수 있습니다. 물체는 한동안 빨라지다가 일정한 속도로 움직입니다. 그리고 느려지다가 멈춥니다.

그래프를 통해 우리는 물체가 얼마나 이동했는지도 계산할 수 있습니다. 그래프와 수평축 사이의 넓이가 이동 거리가 됩니다.

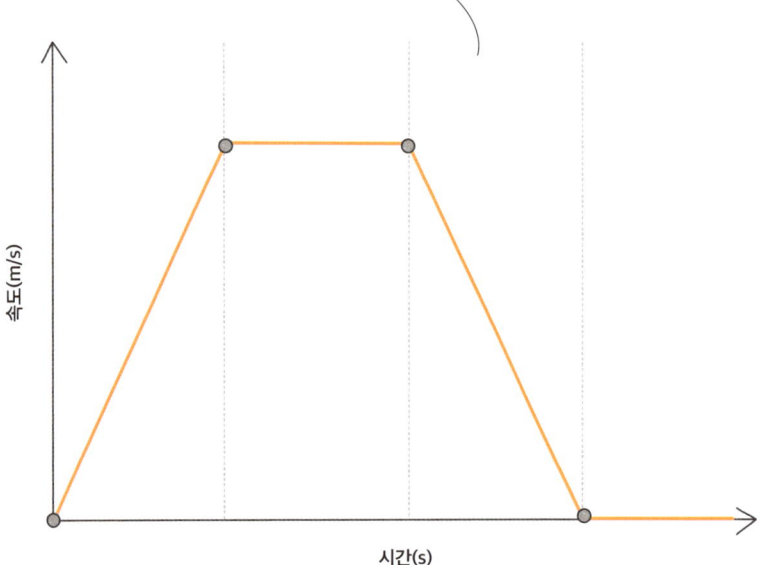

금융

수학은 금융 시스템과 매매를 모형화하는 데 광범위하게 쓰입니다. 아래 그래프는 몇 년에 걸친 상대적 화폐 가치를 보여줍니다. 그래프의 고점은 화폐 가치가 높았을 때를 나타내고, 갑자기 떨어지는 구간은 불확실성이나 대변동의 시기와 맞물릴 수 있습니다.

금융수학자는 정치적 상황이나 해당 국가의 경제, 회사의 성과 등을 바탕으로 화폐나 주식의 가치가 올라가는 시기를 예측하려고 노력합니다. 금융에서 수학의 쓰임새에 관해 더 자세한 내용은 154쪽을 보세요.

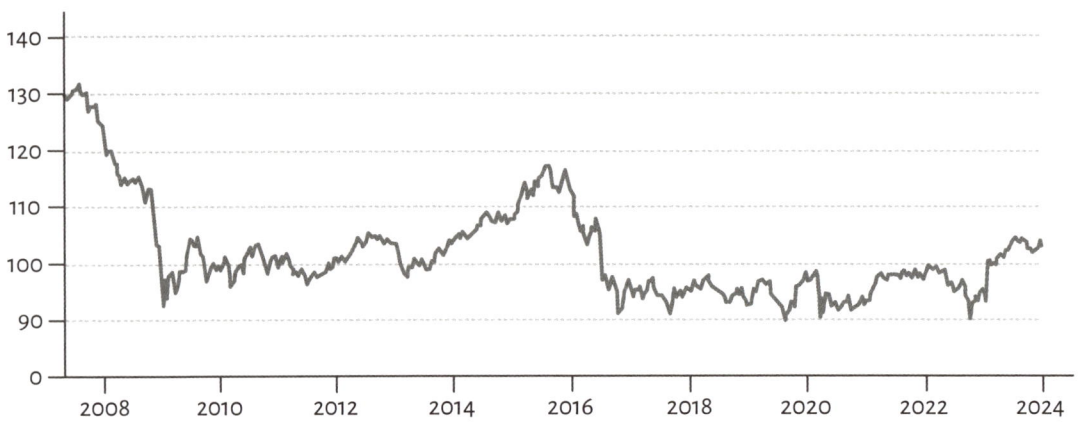

화학 반응

반응하는 물질(**반응물**)의 질량이나 반응의 결과로 생기는 물질(**생성물**)의 질량을 측정해 시간의 흐름에 따른 화학 반응의 진행을 그래프로 그릴 수 있습니다.

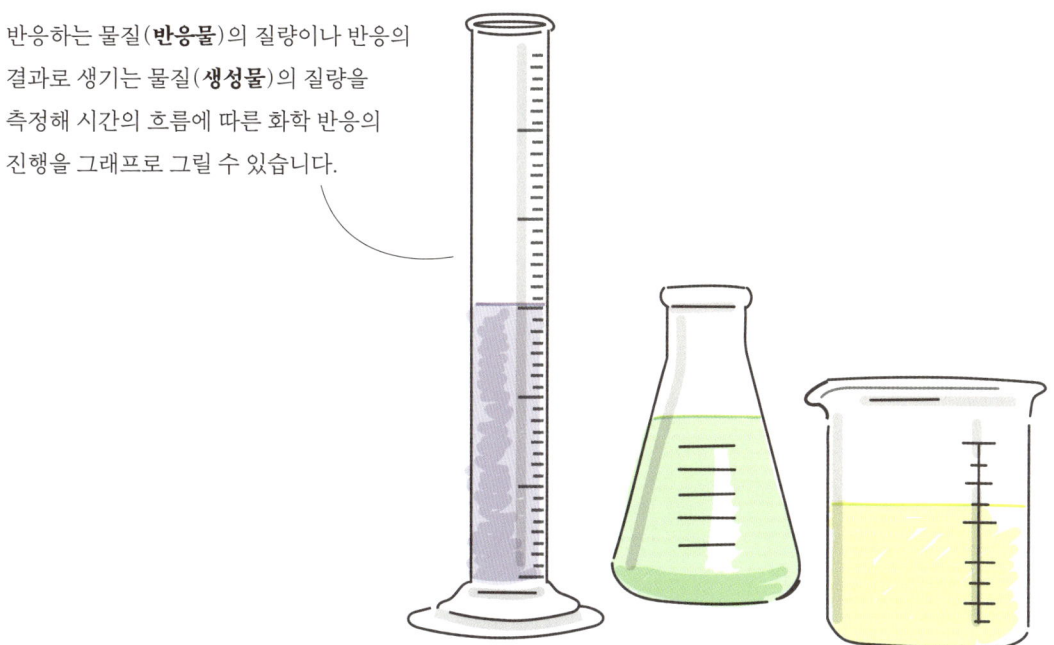

수평축에 흐른 시간을 나타내고 수직축 위에 남은 반응물(또는 새로 생긴 생성물)의 질량을 나타내면 됩니다. 이런 그래프는 흔히 아주 완만한 경사를 이루며 끝납니다. 남은 반응물의 양이 많지 않으면 화학 반응이 천천히 일어나기 때문입니다. 반응이 끝나면, 더 이상 변화가 생기지 않아 그래프는 수평선을 그립니다.

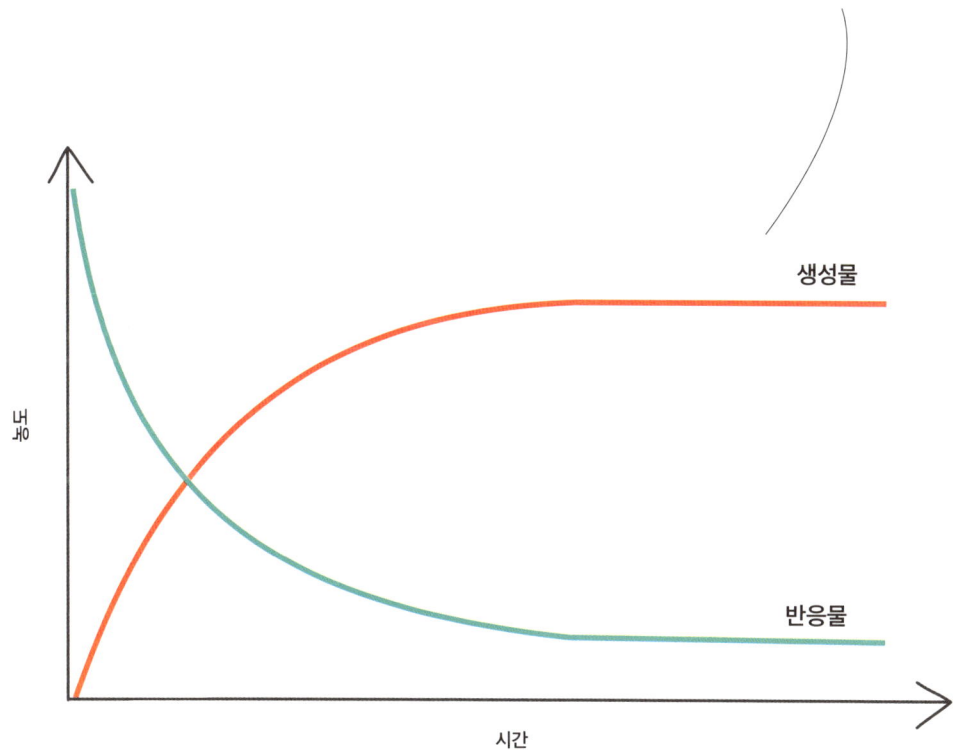

전염병 모형

바이러스와 같은 병이 퍼지는 과정은 수학 모형으로 만들 수 있습니다. 역학자들은 전염병이 재생산되는 속도와 사람들 사이의 접촉, 병이 퍼지는 방법 등을 고려해야 합니다. 이런 모형은 흔히 우연성이라는 요소도 포함합니다. 모형이 모사하는 현실 세계가 대단히 복잡하게 상호작용하기 때문입니다.

이 그래프의 수평축(흐른 날)을 나타내고, 수직축은 사람의 수를 나타냅니다. 세 선은 다음을 나타냅니다.

- 병에 걸릴 수 있는 사람의 수(S, 감염대상군)

- 감염된 사람의 수(I, 감염군)

- 병에 걸렸다가 회복된 사람의 수(R, 회복군)

전염병이 퍼지는 양상을 나타내는 이 방법을 SIR 모형이라고 부릅니다.

이 그래프에서 우리는 감염군의 수가 늘어날수록 감염대상군이 똑같은 비율로 줄어든다는 사실을 알 수 있습니다. 서서히 시간이 흐르면 회복군에 속한 사람이 늘어납니다. 좀 더 개선된 모형은 예방접종을 받은 사람이나 한 번도 걸리지 않는 사람의 비율 등도 고려합니다.

수학 모형에 관한 더 자세한 내용은 9장을 보세요.

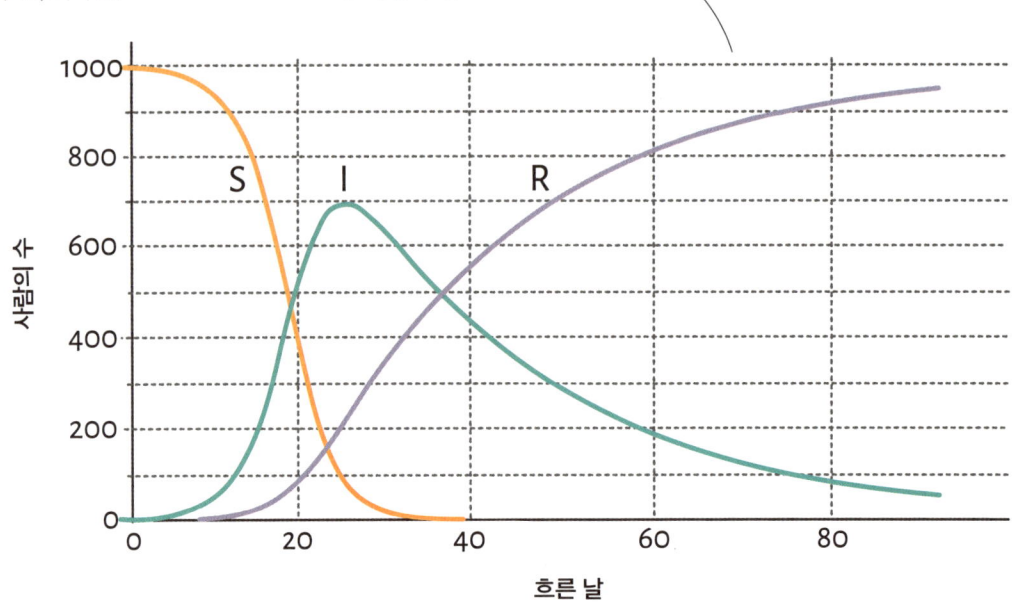

데이터 시각화

도표를 이용해 시각화할 수 있는 또 다른 수치 정보로 데이터가 있습니다.
데이터는 현실 세계의 어떤 상황을 기술하는 양과 비율, 통계를 일컫는 용어입니다.
데이터를 시각화하는 방법에는 여러 가지가 있으며, 올바른 방법을 선택하면 좀 더 명확하게 데이터를 살펴볼 수 있습니다.

도표의 유형

막대그래프는 판매한 상품의 수나 각각의 행사에 참가한 사람의 수처럼 여러 분류로 나눌 수 있는 양을 비교할 때 쓰입니다. 막대의 높이를 통해 데이터별로 수치를 비교할 수 있어 상대적인 크기를 명확하게 볼 수 있습니다.
하지만 막대그래프에도 문제는 있습니다. 예를 들어, 각각의 값이 비슷할 때는 막대가 0이 아니라 좀 더 큰 값에서 시작하도록 아랫부분을 자르는 일이 흔합니다. 오른쪽 그래프처럼 말이지요.
오른쪽 그래프를 보면 다른 행사보다 어떤 한 행사에 훨씬 더 많은 사람이 참여한 것 같지만, 실제로는 단 두 명 차이밖에 나지 않습니다!

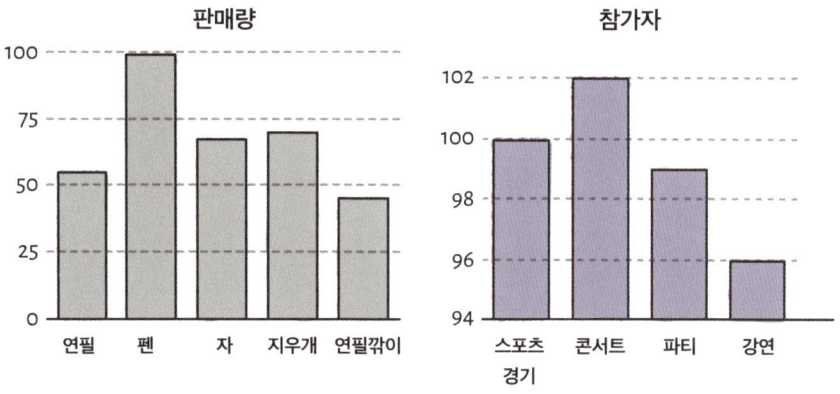

원그래프는 데이터를 전체의 일부로 나타낼 때 유용합니다. 예를 들어, 원 그래프는 전체 중 어떤 의견을 선호하는 사람의 비율이나 어떤 것이 지역적으로 어떻게 퍼져 있는지 등을 나타낼 수 있습니다. 원그래프의 영역은 모든 가능성을 다루어야 하며, 각 영역을 모두 합하면 전체 대상이 되어야 합니다.

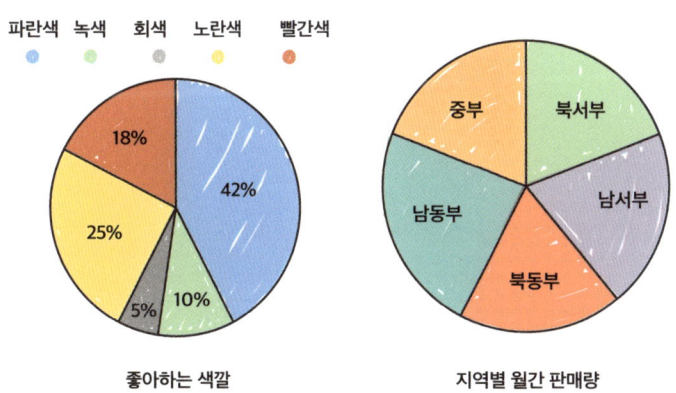

원그래프는 비교하는 값이 비슷해서 어느 쪽이 더 큰지 판단하기 어려울 때는 유용성이 떨어집니다. 이때는 막대의 길이가 눈에 띄게 차이 나는 막대그래프가 더 보기 쉽습니다.

연속적인 범위를 따라 값이 나타날 때(키나 시간 등)는 **히스토그램**이 훨씬 더 유용합니다. 데이터를 분류하기보다는 가능한 범위를 여러 **간격**(**계급**이라고도 부릅니다)을 나눕니다. 이 간격들을 합하면 겹치지 않고 전체가 됩니다. 간격의 폭이 똑같아야 할 필요는 없습니다. 예를 들어, 우리는 하루를 '9시 전', '9~19시', '10~11시'…처럼 나누어 좀 더 관심이 많은 시간대를 자세히 들여다볼 수 있습니다.

간격을 좁히면 더 많은 정보가 드러날 때가 있습니다. 위의 히스토그램과 똑같은 데이터를 10분 간격으로 나타낸 이 히스토그램은 훨씬 더 유용한 정보를 제공합니다.

과학자는 어떤 시스템의 입력값이 바뀌면 출력값이 어떻게 바뀌는지 실험하곤 합니다. 이럴 때는 두 축을 이용한 **산점도** 위에 결과를 나타내는 게 유용합니다. 수평축에는 입력값(**독립변수**라고 부릅니다)을, 수직축에는 출력값(입력값에 좌우되므로 **종속변수**라고 부릅니다)을 나타냅니다.

산점도는 데이터의 경향을 볼 수 있게 해줍니다. 우상향하는 대각선으로 찍힌 점은 독립변수 X가 증가할 때 종속변수 Y도 증가한다는 사실을 가리킵니다. 이를 **양의 상관관계**라고 합니다. 만약 X가 증가할 때 Y가 감소한다면, 우리는 우하향하는

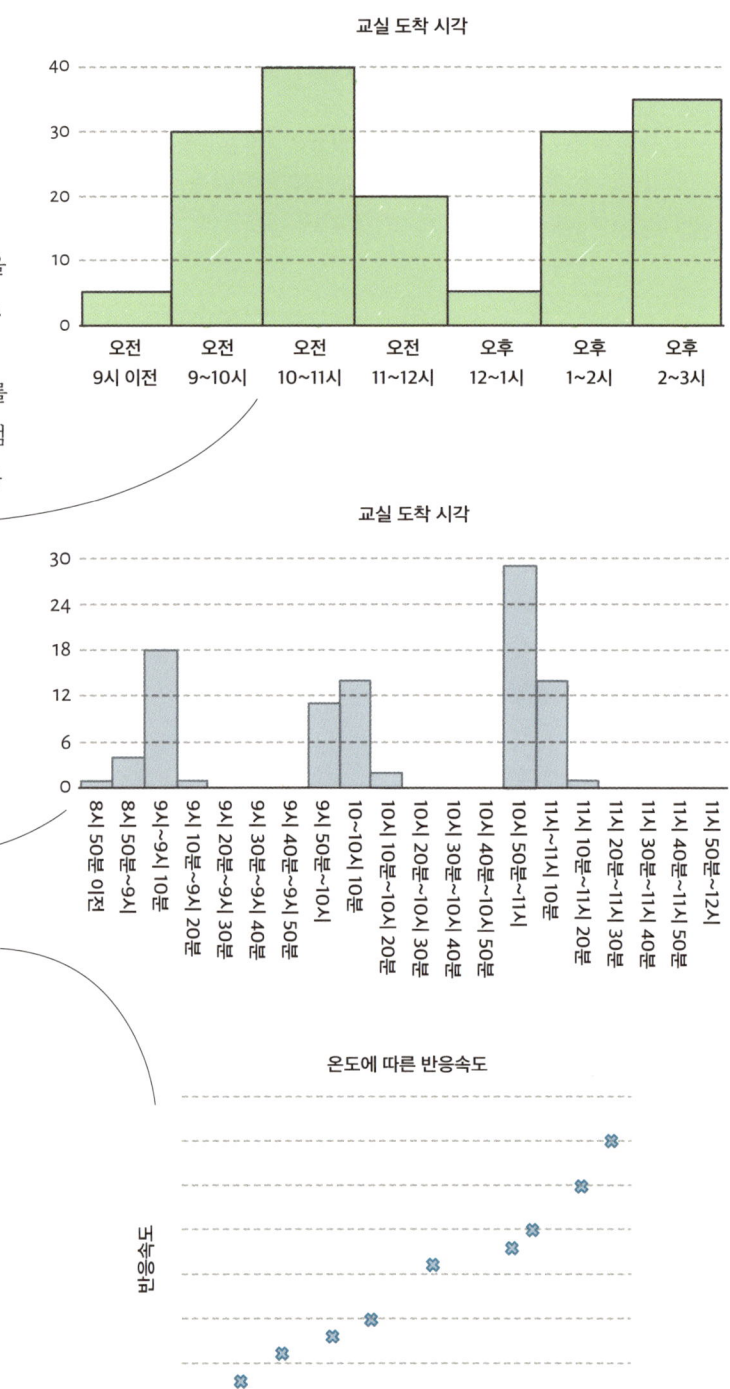

점선을 보게 됩니다. 이를 **음의 상관관계**라고 합니다. X와 Y가 상관관계에 있다고 해서 X가 Y를 변화시켰다고 생각할 수는 없습니다. 그러나 두 변수 사이에 상관관계가 있다면 더 자세히 연구해볼 만한 가치가 있습니다.

확률

확률은 가능성의 학문입니다. 주사위 던지기처럼 여러 가지 결과가 나올 가능성이 있는 사건에서 우리는 상황을 이해하고 어떤 결과가 나올지, 혹은 각각의 결과가 나올 가능성이 얼마나 될지를 예측할 수 있습니다.

현실 세계의 여러 시스템은 확률을 사용해 모형화할 수 있습니다. 탁자 위에서 주사위를 굴리는 것처럼 어떤 상황에서는 물리 법칙이 결과를 결정합니다. 주사위가 멈출 때의 위치는 방향, 무게, 속도, 회전 속도, 탁자의 탄성, 심지어는 방 안의 공기 흐름과 같은 수백 가지 변수의 영향을 받습니다. 가능성이 너무 복잡하다 보니 결과를 예측하는 건 불가능합니다. 그래서 우리는 확률에 의존할 수밖에 없습니다.

주사위의 여섯 면 중 하나가 위를 향하게 되는 것처럼 가능한 결과가 정해져 있고, 각각의 결과가 일어날 가능성이 똑같을 때 우리는 간단하게 확률을 계산할 수 있습니다. 가능한 결과의 수가 n개이고 가능성이 모두 똑같다면, 어느 한 결과가 나올 확률은 $\frac{1}{n}$입니다.

일반적으로 어느 한 사건의 확률은 다음과 같이 정의할 수 있습니다.

$$\text{사건이 일어날 확률} = \frac{\text{그 사건이 일어나는 결과의 수}}{\text{가능한 결과의 총합}}$$

빨간 공 5개와 하얀 공 5개가 든 주머니에서 빨간 공을 뽑을 확률 $= \frac{5}{10} = \frac{1}{2}$

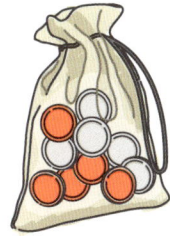

생일이 수요일일 확률 $= \frac{1}{7}$

103

결합 확률

대부분의 경우 상황은 어느 하나의 가능성만을 따져서는 안 될 정도로 복잡합니다. 그래도 우리는 모든 가능성을 나열하고 경우의 수를 따질 수 있습니다. 이렇게 다양한 사건의 확률을 결합해 계산하는 방법이 있습니다.

예를 들어, 동전을 던지는 동시에 육면체 주사위를 굴린다고 해보지요. 동전에서 나올 수 있는 결과는 앞면 또는 뒷면이며, 각각의 확률은 $\frac{1}{2}$입니다. 주사위는 여섯 가지 결과(1, 2, 3, 4, 5, 6)가 나오며, 각각의 확률은 $\frac{1}{6}$입니다. 짝수와 앞면이 나올 확률을 알고 싶다면 모든 경우의 수를 나열한 뒤 해당하는 결과를 세면 됩니다.

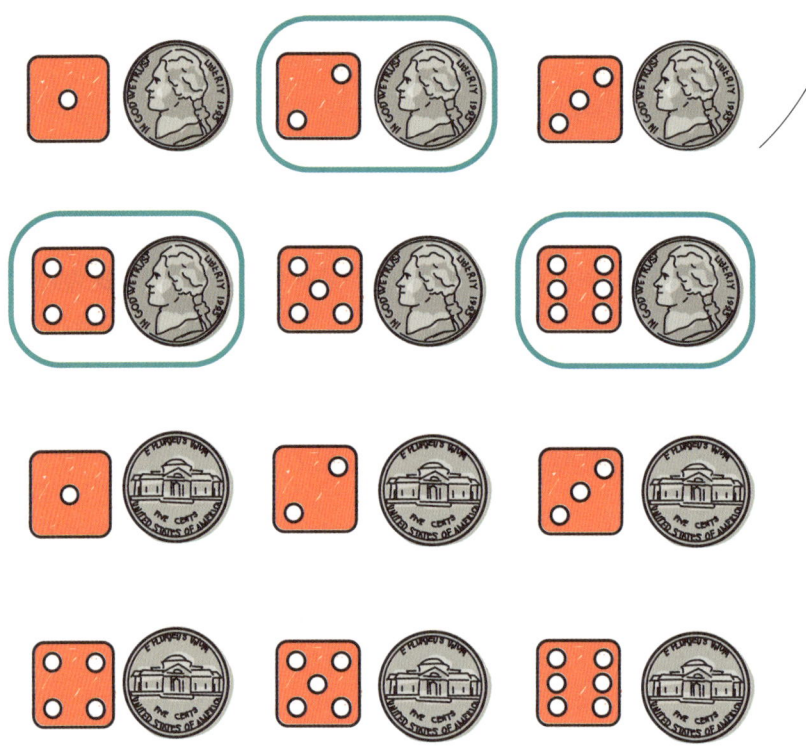

'주사위 굴리기'와 '동전 던지기'는 **독립 사건**입니다. 어느 하나의 결과가 다른 하나의 결과에 영향을 끼치지 않습니다. 독립 사건의 경우 확률은 곱해서 결합할 수 있습니다. 따라서 주사위에서 짝수가 나올 확률($\frac{3}{6}=\frac{1}{2}$)과 동전의 앞면이 나올 확률($\frac{1}{2}$)을 곱하면 다음과 같습니다.

우리가 계산한 확률은 $\frac{1}{4}$입니다. 경우의 수를 셌을 때는 모두 12가지 가능한 결과 중에 3가지 결과가 조건과 부합했습니다. 따라서 $\frac{3}{12}=\frac{1}{4}$이었습니다. 두 방법의 결과는 일치합니다.

일반적으로, 두 사건 A와 B가 있을 때 우리는 A의 확률을 P(A)로 나타냅니다. 두 사건이 동시에 일어날 확률은 P(A∩B)입니다(116쪽에서 보게 될 수학 논리에서 '그리고'를 나타내는 표기법과 비슷합니다).

$$\frac{1}{2} \times \frac{1}{2} = \frac{1}{4}$$

독립적이지 않은 사건의 확률

서로 독립적이지 않은 사건을 모형화해야 할 때도 있습니다. 예를 들어, 똑같은 카드 덱 하나에서 에이스 두 장을 뽑을 확률이나 어떤 사람이 기침을 하면서 동시에 편도선염에 걸릴 확률이 있습니다.

이런 경우에는 두 사건이 서로 영향을 끼쳐 결과를 바꾸어 놓을 수 있으므로 단순히 두 확률을 곱하면 안 됩니다.

이럴 때는 **조건부 확률**을 사용해야 합니다. 다른 사건이 이미 일어났을 때 어떤 사건의 확률을 구하는 겁니다. 에이스 두 장을 뽑는 사례에서 첫 번째 카드가 에이스가 아니었다면 두 번째 카드가 에이스일 확률은 더 높아집니다(덱 안에 아직 에이스가 넉 장 있기 때문이지요). 그리고 첫 번째 카드가 에이스였다면, 두 번째의 확률은 낮아집니다(에이스가 세 장밖에 안 남았기 때문입니다).

카드 52장

에이스 4장

첫 번째에 에이스를 뽑을 확률은 $\frac{4}{52}$

첫 번째 카드: 에이스가 아님

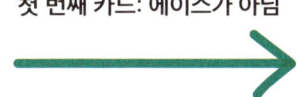

카드 51장

에이스 4장

두 번째에 에이스를 뽑을 확률 $\frac{4}{51}$

첫 번째 카드: 에이스

카드 51장

에이스 3장

두 번째에 에이스를 뽑을 확률 $\frac{3}{51}$

'B일 때 A'가 일어날 확률은 P(A|B)라고 표현합니다. 사건 B가 이미 일어났을 때 사건 A가 일어난 확률입니다.

조건부 확률을 결합하기 위해 우리는 다음과 같이 **베이즈 정리**를 사용합니다.

$$P(A|B) = \frac{P(A \cap B)}{P(B)}$$

에이스 두 장을 뽑는 사례의 경우

$$P(\text{두 번째 카드가 에이스}|\text{첫 번째 카드가 에이스}) = \frac{P(\text{두 카드 모두 에이스})}{P(\text{첫 번째 카드가 에이스})}$$

이 식을 변형해 두 카드 모두 에이스일 확률을 구할 수 있습니다.

$$P(\text{두 카드 모두 에이스}) = P(\text{첫 번째 카드가 에이스}) \times P(\text{두 번째 카드가 에이스}|\text{첫 번째 카드가 에이스})$$

첫 번째 카드가 에이스일 확률은 $\frac{4}{52}$입니다.

두 번째 카드의 경우 조건부 확률을 이용해야 합니다. 만약 첫 번째 카드가 에이스라면 51개 중에 3개가 에이스이므로 두 번째 카드가 에이스일 확률은 $\frac{3}{51}$이 됩니다. 따라서 두 카드 모두 에이스일 확률은 $\frac{4}{52} \times \frac{3}{51} = \frac{12}{2652} = \frac{1}{221}$입니다.

통계

통계는 확률에서 나온 개념을 이용해 미래를 예측할 수 있는 수학의 한 분야입니다.
많은 인구나 일련의 여러 사건의 결과를 일일이 조사하는 건 실용적이지 않겠지요.
통계를 이용하면 일부만 조사하여 전체에 관한 정보를 끌어낼 수 있습니다.

세계에 치즈를 좋아하는 어른의 비율이 얼마나 될지 알고 싶다고 해보겠습니다. 전 세계의 어른 한 명 한 명에게 물어볼 수 있겠지요. 하지만 이건 비실용적이고 비용이 너무 많이 듭니다. 이럴 때 통계가 필요합니다.

통계는 전체에서 일부를 뽑아낸 **표본**을 이용해 전체 집단의 성질을 추측할 수 있게 해줍니다. 우리는 표본에서 알아낸 결과를 전체 집단으로 확장할 수 있습니다. 물론 이렇게 할 수 있으려면 몇 가지 조건이 필요합니다. 일단 표본이 **대표성**을 띠어야 합니다. 만약 '치즈 사랑 협회' 회원 모두가 표본으로 뽑힌다면, 결과가 기울어질 수 있습니다.

전체 집단을 대표하는 표본을 뽑는 데는 다양한 방법이 있습니다. **무작위 추출법**은 말 그대로 전체 집단에서 일부를 무작위로 뽑는 것을 말합니다.

층화추출법은 집단을 좀 더 넓은 범주로 분류한 뒤 각 분류에서 무작위 추출하는 방법입니다. 그러면 전체 표본이 각 집단의 비율을 반영할 수 있습니다.

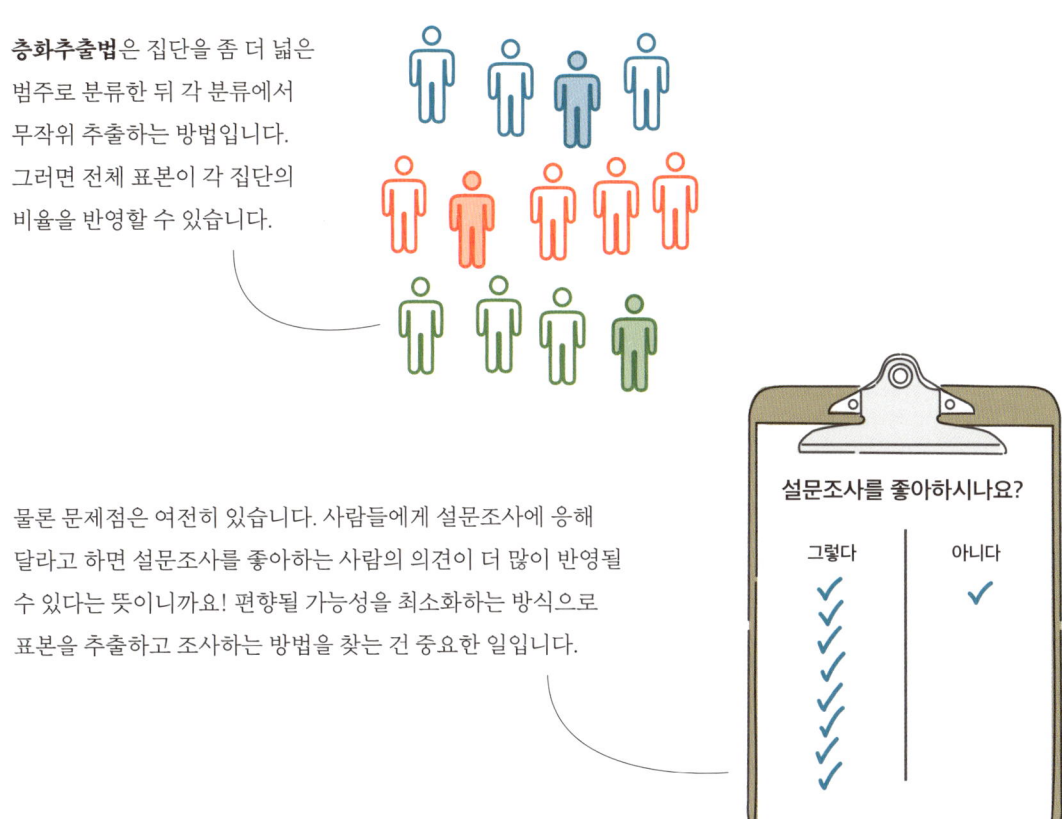

물론 문제점은 여전히 있습니다. 사람들에게 설문조사에 응해 달라고 하면 설문조사를 좋아하는 사람의 의견이 더 많이 반영될 수 있다는 뜻이니까요! 편향될 가능성을 최소화하는 방식으로 표본을 추출하고 조사하는 방법을 찾는 건 중요한 일입니다.

통계 데이터 분석

표본에 관한 데이터를 얻었다면 **통계 검정**을 이용해 전체 집단에 관해 어떤 사실을 알려주는지를 분석할 수 있습니다. 몇 가지 간단한 통계적 방법에는 다음과 같은 것이 있습니다.

통계적 방법	설명	사례	용도
평균	각 값의 총합을 표본의 수로 나눈 값	2, 3, 5, 7, 15의 평균은 $\frac{2+3+5+7+15}{5}$=6.4입니다.	데이터의 중간에 가까운 값을 찾습니다. 전체를 고르게 나눕니다.
중앙값	모든 값을 순서대로 늘어놓을 때 중앙에 있는 값	2, 3, 5, 7, 15의 중앙값은 5입니다.	평균의 대안으로, 전체에서 흔히 나타나는 값입니다. 너무 작거나 큰 이상값의 영향을 덜 받습니다.
범위	가장 큰 값과 작은 값의 차이	2, 3, 5, 7, 15의 범위는 15-2=13입니다.	데이터가 얼마나 퍼져 있는지를 보여줍니다.

평균과 중앙값을 비교하면 값이 어떻게 퍼져 있는지 이해하는 데 도움이 됩니다. 만약 평균이 중앙값과 비슷하다면, 데이터의 범위 양쪽 끝에 극단적인 값이 별로 없다는 뜻입니다. 그리고 값들이 좀 더 중앙에 몰려 있고요. 평균과 중앙값이 비슷하면, 값은 중앙을 기준으로 대칭에 가깝게 놓입니다.

평균이 비슷해도 데이터는 매우 다를 수 있습니다. 그러나 중앙값이나 범위 같은 정보를 자세히 살펴보면 데이터의 분포에 관해 좀 더 잘 알 수 있지요.

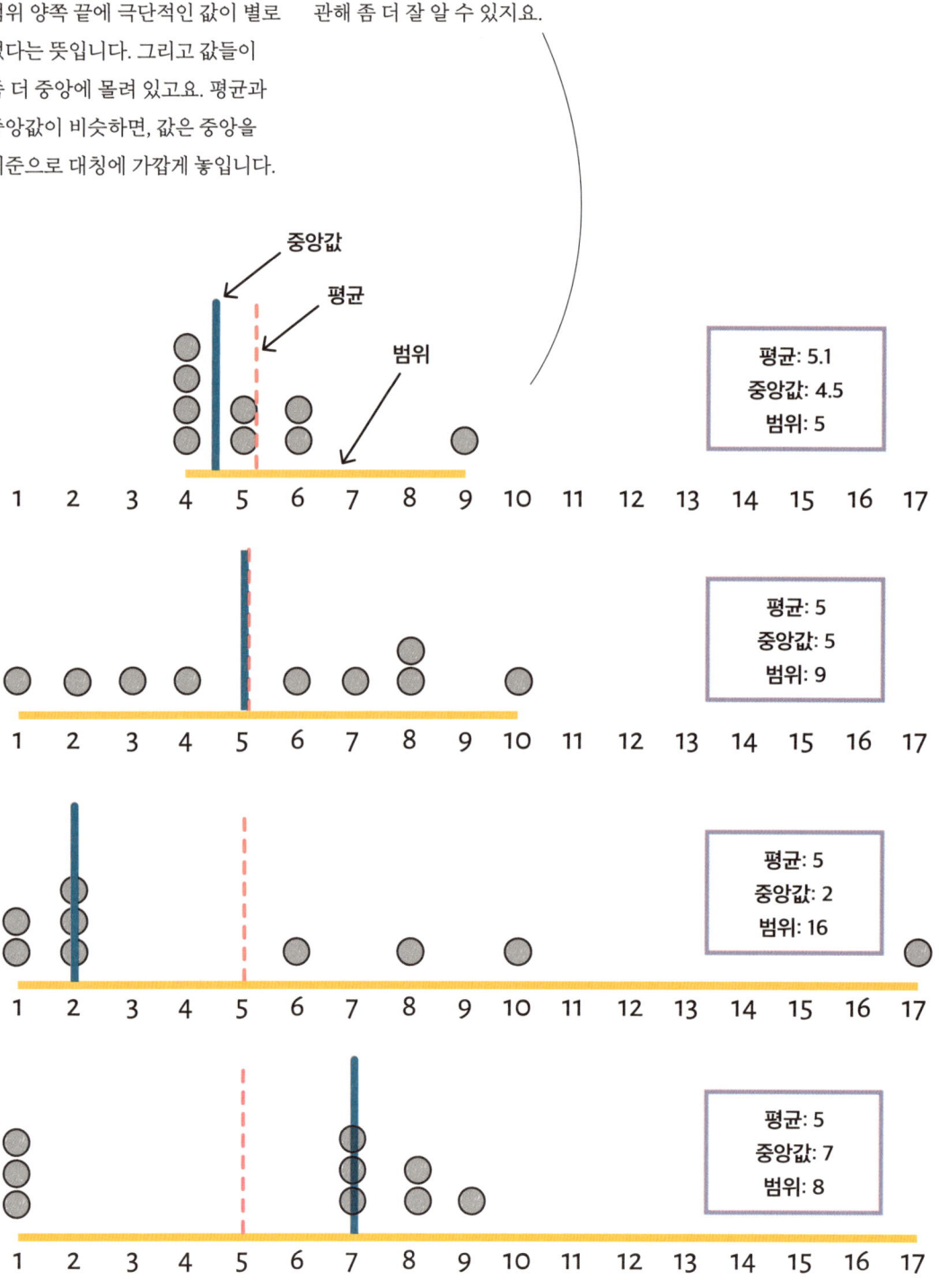

외삽

표본에서 어떤 성질을 발견했다면, 우리는 더 큰 집단 역시 마찬가지일 거라고 **외삽**할 수 있습니다. 50명에게 치즈를 좋아하는지 물어본 결과 절반이 그렇다고 응답했다면, 이 50명이 대표성 있는 표본이라고 가정할 때 우리는 전체 인구의 절반 역시 치즈를 좋아한다고 추측할 수 있지요.

이런 기법은 과학적 발견에서도 쓰입니다. 조건이 바뀔 때 무슨 일이 일어나는지 작은 표본을 대상으로 실험하는 것이지요. 이런 실험 결과는 현실 세계의 표본이라고 할 수 있습니다.

우리는 통계적 기법을 이용해 어떤 발견이 **통계적으로 유의한지**를 시험해 볼 수 있습니다. 그 발견이 실제로 유용하고 중요한지, 혹은 단순한 우연에 불과한지를 판단하는 것입니다.

객관식 시험을 본다고 상상해보세요. 각 문제는 세 가지 중에서 정답을 고르게 되어 있습니다. 만약 여러분이 아는 게 전혀 없어서 답을 아무렇게나 찍는다고 하면, 대략 세 문제 중 한 문제꼴로 정답을 맞힐 수 있습니다.

표본에서 얻은 결과가 우연인지(가령 찍은 답이 전부 맞았다든가) 아니면 뭔가 알고서 맞힌 게 분명한지 통계 검정으로 판단할 수 있습니다.

통계 검정은 표본의 크기에 바탕을 두고 있습니다. 그 결과가 우연히 나왔을 확률을 계산했는데 너무 작다면, 우리는 그 결과가 유의하다고 판단합니다.
예를 들어, 시험 문제 10개 중 8문제를 맞히고 2문제를 틀렸다고 해봅시다. 아무렇게나 찍어서 이렇게 될 확률은
$\left(\frac{1}{3}\right)^8 \times \left(\frac{2}{3}\right)^2 \approx 0.000067$,
즉 0.0067%(약 1만 5000분의 1) 입니다.
어떤 사건이 우연히 일어날 확률이 특정 임계점 (많은 통계학자는 5%, 즉 20분의 1을 이용합니다) 아래라면, 우연히 나타난 결과가 아닐 수 있습니다.

✓ 다시 보기

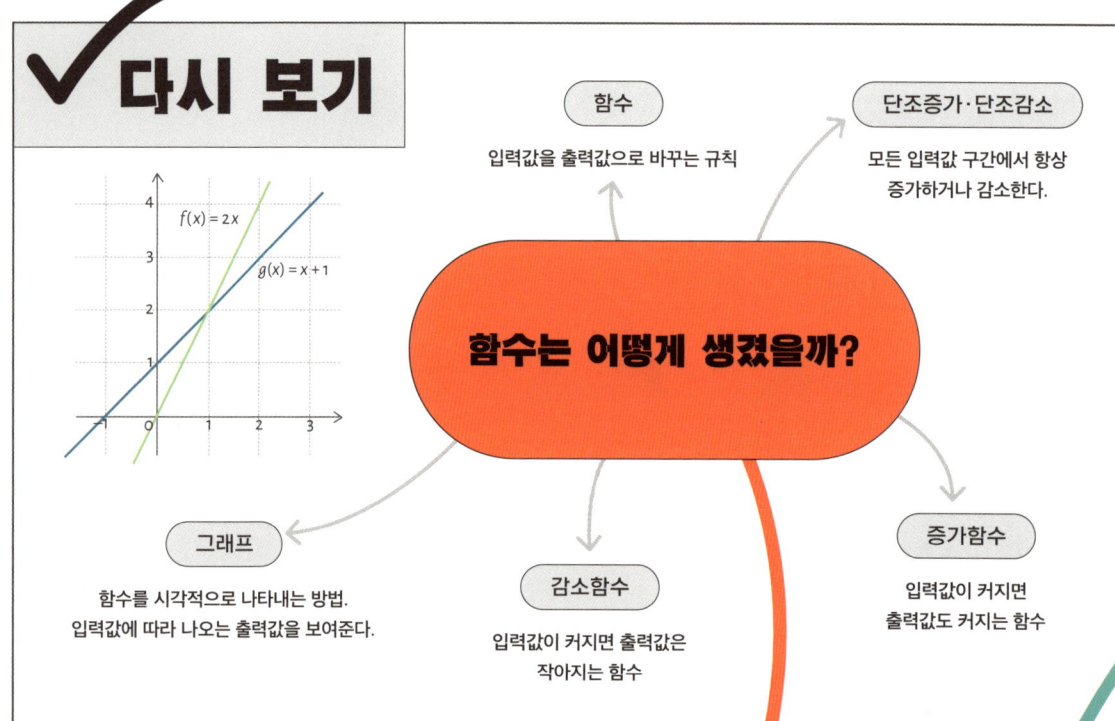

함수는 어떻게 생겼을까?

- **함수**: 입력값을 출력값으로 바꾸는 규칙
- **단조증가·단조감소**: 모든 입력값 구간에서 항상 증가하거나 감소한다.
- **증가함수**: 입력값이 커지면 출력값도 커지는 함수
- **감소함수**: 입력값이 커지면 출력값은 작아지는 함수
- **그래프**: 함수를 시각적으로 나타내는 방법. 입력값에 따라 나오는 출력값을 보여준다.

그래프와 데이터

통계

- **통계**: 확률을 이용해 데이터를 조사하는 수학 분야
- **외삽**: 표본의 성질을 이용해 더 큰 집합의 성질을 추측하는 일
- **통계 검정**: 데이터를 분석해 성질을 이해하는 기법 
- **조건부 확률**: 서로 독립적이지 않은 사건의 확률을 계산하는 방법
- **표본**: 전체를 대표할 수 있도록 뽑은 작은 집단
- **통계적 유의성**: 어떤 결과가 우연히 일어났을 가능성의 정도

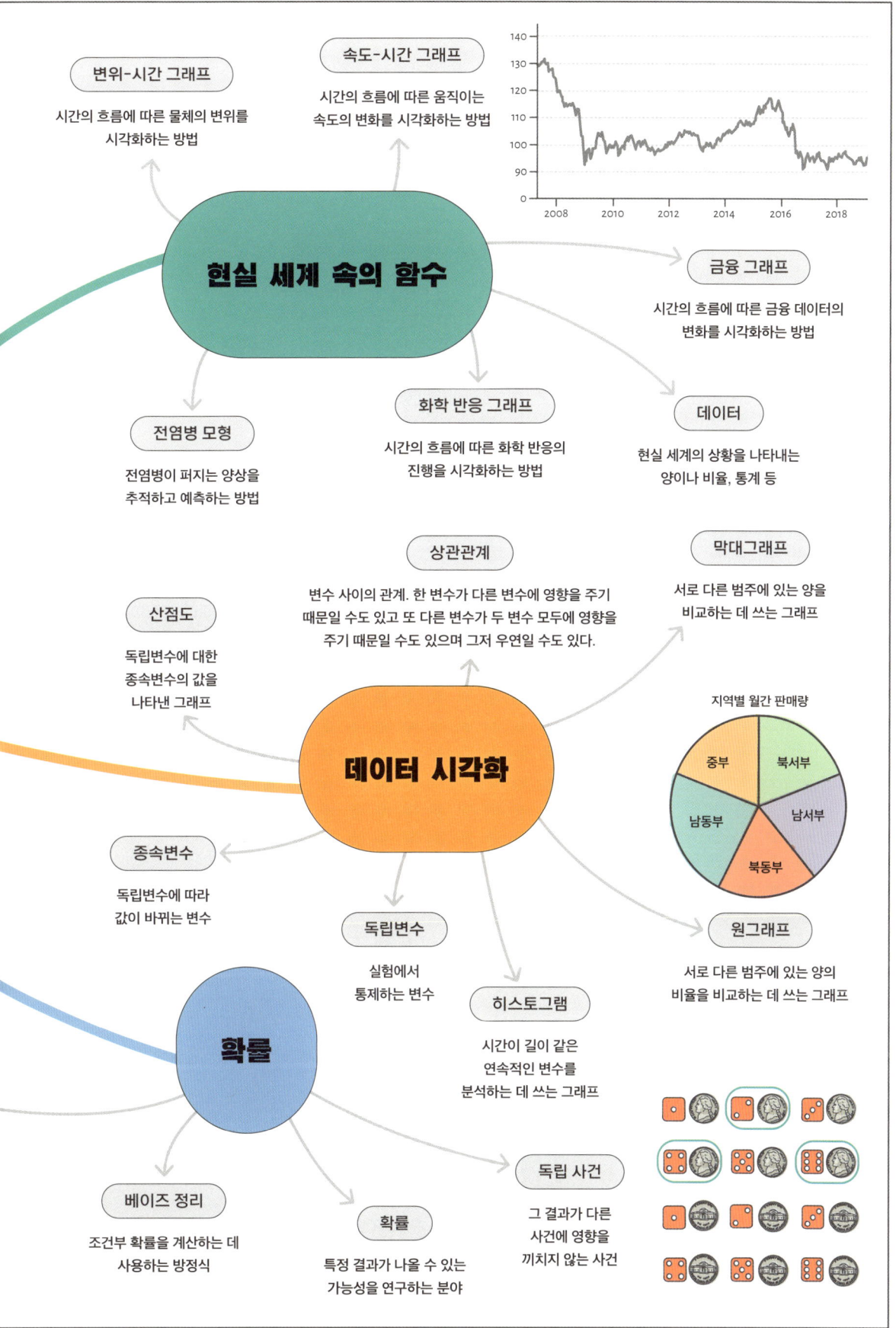

7장

논리와 증명

수학은 모두 논리와 구조에 바탕을 두고 있습니다.
새로운 수학 개념을 발견하는 은 흥미롭지만, 그게 언제나
참인지를 알아내려면 증명해서 **정리**로 만들어야 합니다.
우리는 이미 수학 증명의 몇 가지 사례를 살펴보았습니다.
44쪽에서는 소수가 무한히 많다는 사실의 증명을 보았고
20쪽에서는 유리수를 셀 수 있다는 사실을 증명했습니다.
증명의 형태는 다양합니다.
이제 여러 가지 서로 다른 증명 방법을 살펴보고
수학자가 사용하는 논리 도구에 관해 알아보겠습니다.

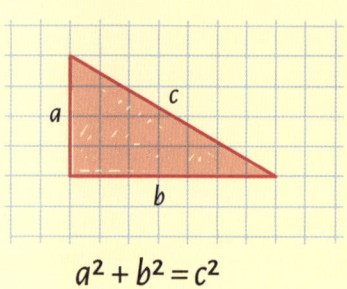

$a^2 + b^2 = c^2$

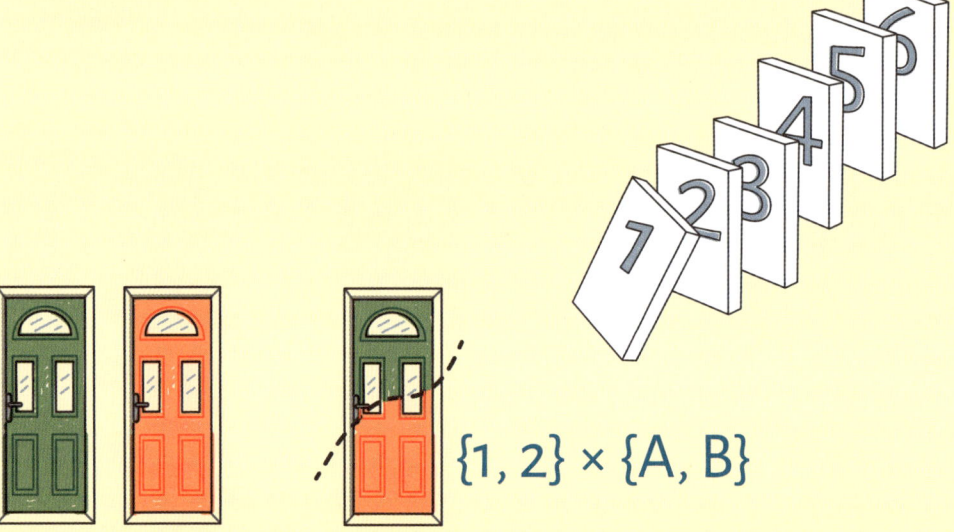

$\{1, 2\} \times \{A, B\}$

증명이란 무엇인가?

수학 연구의 대부분은 다른 수학자의 업적 위에서 이루어집니다. 하지만 다른 누군가가 발견한 게 참인지를 어떻게 알 수 있을까요? 수학자는 **증명**이라는 방법을 사용합니다. 논리적 도구와 기법을 사용해 어떤 것이 참이라고 자기 자신과 다른 사람을 납득시키고 시간이 흘러도 변하지 않는 수학적 사실로 만드는 겁니다.

새로운 수학을 발견하는 과정은 흥미롭고 창의적입니다. 먼저 수학자는 아이디어를 떠올립니다. 이 아이디어를 흔히 **추측** 또는 **명제**라고 부릅니다. 특정 수학 구조 속의 패턴이나 두 대상 사이의 연결성을 볼 수도 있습니다. 그러면 그 추측이 올바른지, 어떤 상황에서 적용할 수 있는지를 알아내는 게 목표가 됩니다.

이것은 쉽지 않은 일입니다. 분야를 막론하고 과학자들은 이런 의문에 대한 답을 찾기 위해 노력하고 있습니다. 하지만 수학에는 증명이라는 도구가 있습니다. 아이디어가 올바른지 확인하는 방법이 있다는 뜻입니다. 아주 기초적인 원리에서 시작해 이미 합의된 기존의 사실을 조합하고 사용해 우리의 추측이 참이라는 사실을 증명할 수 있습니다.

예를 들어, **우리가 짝수를 제곱하면 그 결과는 언제나 짝수라는 추측**을 했다고 가정해 보겠습니다. 이 추측에 부합하는 몇 가지 사례를 찾을 수 있습니다. $4^2=16$으로 짝수이고, $6^2=36$으로 역시 짝수이고, $10^2=100$으로 마찬가지입니다. 이렇게 보면 언제나 참일 것 같습니다. 하지만 모든 짝수의 제곱이 짝수인지 어떻게 확실히 알 수 있을까요? 짝수의 수는 무한하므로(18쪽 참고) 모든 짝수를 하나하나 확인할 수도 없습니다. 따라서 추측을 증명할 다른 방법이 필요합니다.

만약 어떤 수가 짝수라면 2로 나누어떨어집니다. 따라서 우리는 그 수를 $2n$이라고 쓸 수 있습니다. 어떤 수 n에 2를 곱했다는 뜻입니다. 이 수를 제곱하면, 우리는 $2n \times 2n = 4n^2$을 얻습니다. 이 수가 짝수일까요? 그렇습니다. 이 수는 $2 \times (2n^2)$으로 나타낼 수 있으므로 2의 배수입니다. 따라서 언제나 짝수입니다.

어떤 짝수를 제곱하면 그 결과는 짝수다.

$$(2n)^2 = 4n^2 = 2 \times (2n^2)$$

이건 그렇게 대단한 수학 증명은 아닙니다. 하지만 증명을 해냈으므로 우리는 모든 짝수에 대해 참이라는 사실을 확실히 알 수 있습니다.

이 증명을 해나가는 과정에서 우리는 몇 가지 기존의 수학적 사실을 사용했습니다.

- 짝수의 정의. 짝수는 2로 나누어떨어진다.

- $2n$과 같은 수를 제곱할 때는 2와 n을 모두 제곱해야 한다.

- $4 = 2 \times 2$

우리는 이미 확립되어 있던 사실을 조합해 증명했습니다. 일단 증명이 완성되면 수학자들은 굳이 직접 증명할 필요 없이 필요할 때 그 결과를 가져와 쓸 수 있습니다.

이런 과정은 수학 전반에서 일어나며, 그건 우리가 서서히 증명된 수학적 사실로 도구함을 채워나가고 있다는 뜻입니다. 추측이 증명되면, **정리**가 됩니다. 수 세기에 걸쳐 전 세계 사람들은 수학 정리를 만들었습니다. 또 다른 사람들이 이를 사용해 더 많은 정리를 만들거나 세상을 더욱 잘 이해하게 합니다.

직각삼각형의 변과 관련이 있는 피타고라스의 정리는 300가지 이상의 서로 다른 방법으로 증명할 수 있습니다.

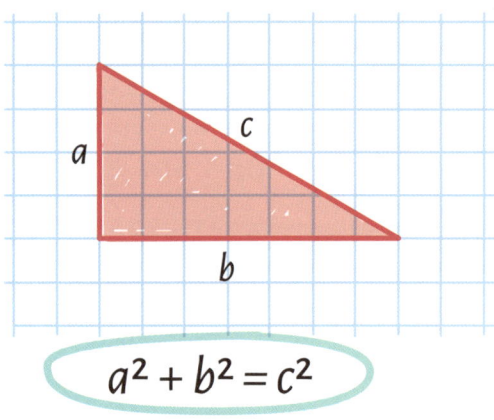

$$a^2 + b^2 = c^2$$

1970년대에 증명된 4색 정리는 어떤 그림이든 네 가지 색만 있으면 인접한 부분의 색을 다르게 칠할 수 있다는 내용입니다.

수리 논리학

일반적으로 '논리'라는 단어는 단계별 추론 과정을 나타내는 데 쓰입니다. 수학에서도 거의 같은 의미를 갖습니다.
알고 있는 정보를 바탕으로 어떻게 단계별 추론을 거쳐 다른 결론을 끌어낼 수 있을까요?
수학자는 마치 탐정처럼 신중해야 합니다. 함부로 결론을 내리거나 근거 없는 추측을 해서는 안 됩니다.
논리는 우리가 올바른 결론을 끌어낼 수 있게 해줄 도구를 제공합니다.

기초적인 수준에서는 논리 명제를 개개의 대상으로 생각할 수 있습니다. **명제**는 참인지 거짓인지를 판단할 수 있는 문장이나 식을 말합니다. 또한, 여러 가지 방식으로 다른 명제와 결합할 수 있습니다. '내 신발은 갈색이다', '모든 개는 짖는다', '1+1=3'은 명제의 사례입니다.

명제 논리는 논리적으로 결합한 명제를 이용해 추론을 끌어냅니다. 논리학에서는 보통 P와 Q 같은 문자를 사용해 명제를 나타냅니다. 우리는 논리곱(AND), 논리합(OR), 부정(NOT)과 같은 논리 연산자를 사용해 명제를 결합합니다. 특정 기호를 사용해 나타낸 이런 연산자는 우리가 정교한 명제를 구성할 수 있게 해줍니다.

P와 Q의 논리곱

P="나는 모자를 가지고 있다."

Q="나는 스카프를 가지고 있다."

P∧Q="나는 모자와 스카프를 가지고 있다."

R과 S의 논리합

S="문이 초록색이다." R="문이 빨간색이다." R∨S="문이 빨간색이거나 초록색이다."

  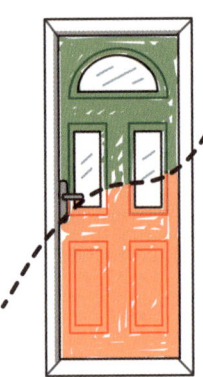

P의 부정

¬P="나는 모자를 가지고 있지 않다."

논리학에서 중요한 개념 하나는 **전건 긍정**입니다. 전건 긍정은 앞의 명제를 인정한다는 뜻입니다. 다른 명제를 조합해 새로운 명제를 만들어낼 수 있게 해주지요. 예를 들어,

P = "내가 가진 모든 것은 파란색이다."

Q = "나는 자동차를 가지고 있다."

그러면 P와 Q로부터 우리는 '내가' 파란색 자동차를 가지고 있다고 추론할 수 있습니다.

이런 추론은 수학 증명에서 쓰입니다. 예를 들어, 어떤 집합에 속한 모든 수에 특정 성질이 있다는 사실을 우리가 알고 있을 때, 우리는 x가 그 집합에 속해 있다면 그 성질이 있는 게 분명하다는 사실을 증명할 수 있습니다. 너무나 당연한 것처럼 느껴지나요? 그러나 어떤 것을 수학적으로 증명할 때는 단 하나의 가능성이라도 빠뜨리거나 근거 없는 가정을 하는 일이 없도록 각 단계마다 엄격한 논리를 따라야 합니다.

1903년 수학자 버트런드 러셀과 알프레드 노스 화이트헤드는 저서 『수학 원리』에서 1+1=2의 증명을 다루었습니다. 이 증명은 200여 쪽에 걸쳐 있으며, 덧셈이란 무엇인지, 두 대상이 같다는 게 무슨 뜻인지, '1'과 '2'라는 기호가 무엇을 나타내는지 등 아주 기초적인 개념부터 시작합니다. 두 사람은 모든 수학 개념을 가장 단순한 논리항으로 나눌 수 있다는 사실을 보이려고 했습니다. 그 증명 아래에 두 사람은 다음과 같은 말을 덧붙였습니다.

"위의 명제는 가끔씩 유용하다!"

증명의 유형

어떤 수학 개념을 증명하느냐에 따라 다른 접근법을 취해야 합니다. 어떤 아이디어가 옳다고 증명하고 할 때 그 방법은 많은데요, 무엇을 사용할지는 우리가 무엇을 보여주고자 하는지에 따라 달라집니다.

직접 증명

우리가 알고 있는 사실을 가지고 논리적으로 결합해 원하는 결론을 도출하는 방법을 말합니다. 가장 직접적인 방법이지만, 이미 확립된 수학적 사실에서 우리가 증명하고 싶은 명제까지 곧바로 이어지는 논리 사슬이 있을 때만 쓸 수 있습니다.

두 홀수의 합은 항상 짝수다

두 홀수의 합이 항상 짝수라는 사실을 증명하고 싶다면, 우리는 홀수의 정의에서 시작할 수 있습니다.

어떤 홀수든 $2n+1$로 나타낼 수 있습니다. 이때 n은 임의의 범자연수입니다. $2n$은 항상 짝수이므로 $2n+1$은 홀수가 됩니다. 두 홀수를 더할 때 두 수가 서로 다를 수 있으니 각각 $2n+1$과 $2m+1$이라고 부르겠습니다. n과 m은 모두 범자연수입니다. 그러면 두 수의 합은 다음과 같습니다.

$5 = (2 \times 2) + 1$

$9 = (2 \times 4) + 1$

$11 = (2 \times 5) + 1$

$15 = (2 \times 7) + 1$

$(2n+1)+(2m+1) = 2n+2m+2$

이 수는 짝수일까요? 다음과 같이 표현을 바꾸면 2로 나누어떨어진다는 사실이 더 분명해집니다.

$2n+2m+2 = 2(n+m+1)$

그 결과는 n과 m의 값과 무관하게 항상 짝수가 됩니다. 따라서 우리는 두 홀수의 합이 항상 짝수임을 증명할 수 있습니다. 각 단계는 앞 단계에서 이어지며, 확실한 사실을 이용해 증명을 쌓아올립니다.

대우 증명

대우는 어떤 명제의 가정과 결론을 뒤바꾼 뒤 각각 부정을 취해 만든 명제입니다.

예를 들어, 우리는 다음과 같이 말할 수 있습니다.

"만약 어떤 도형이 정사각형이라면, 변은 네 개 있다."

이 명제는 다음과 똑같습니다.

"만약 어떤 도형의 변이 네 개가 아니라면, 정사각형이 아니다."

첫 번째 명제의 가정과 결론을 부정하고 순서를 거꾸로 바꾼 것이지요.

117

만약 어떤 수가 2로 나누어떨어지지 않는다면, 4로 나누어떨어질 수 없다.

우리는 다음과 같은 대우를 이용해 이 명제를 증명할 수 있습니다.

"만약 어떤 수가 4로 나누어떨어진다면, 2로도 나누어떨어진다."

이 명제를 증명하는 편이 더 쉽습니다. 증명은 다음과 같습니다.

- 만약 어떤 수가 4로 나누어떨어진다면, 그 수는 어떤 범자연수 n에 관해 $4n$으로 쓸 수 있다.

- $4n$은 $2(2n)$으로 바꿔 쓸 수 있다.

- 따라서 이 수는 2로 나누어떨어진다.

이로부터 우리는 다음 명제가 참이라는 사실을 알 수 있습니다.

"만약 어떤 수가 2로 나누어떨어지지 않는다면, 4로 나누어떨어질 수 없다."

귀류법

귀류법은 어떤 명제가 거짓이라고 가정한 뒤 모순을 찾아냄으로써 그 명제가 참임을 보여주는 방법입니다.

예를 들어, 어떤 임의의 집합에 속한 모든 수에 특정 성질이 있다는 사실을 증명하고 싶다고 합시다. 그러면 집합 안에 이 성질이 없는 수가 하나 있다는 가정을 시작으로 모순이 생길 때까지 그 내용을 논리적으로 따라갑니다.

모순에 도달하기 위해서는 참이라고 알고 있던 것이 분명한 거짓임을 끌어낼 수 있을 때까지 논리적으로 내용을 따라가야 합니다. 혹은 처음 가정에서 출발해 논리적으로 내용을 따라가다 보면 애초에 가정했던 것이 참이 아닐 수도 있습니다.

이렇게 모순에 도달하면 처음에 가정했던 내용이 거짓일 수밖에 없음을 알게 됩니다.

$\sqrt{2}$ 는 무리수다

우리는 16쪽에서 $\sqrt{2}$ 가 유리수가 아니라는 사실을 증명하며 귀류법의 사례를 보았습니다. 우리의 가정은 $\sqrt{2}$ 를 분수로 쓸 수 있다는 것이었습니다. 그리고 우리는 양쪽이 같을 수 없는 등식에 도달했습니다. 모순이었지요.

또, 우리는 44쪽에서도 귀류법을 이용해 소수는 무한히 많다는 사실을 증명했습니다.

전수 증명

전부를 모두 증명한다면 도중에 지쳐서 포기해버릴 것 같지만, 전혀 그렇지 않습니다! **전수 증명**처럼 유한한 특정 집합 또는 유한한 가능성의 집합에 관해서 참인 것을 증명할 때는 모든 가능한 경우를 일일이 확인해서 모두에 관해 명제가 참임을 보이는 방법도 유용합니다. 우리가 모든 가능성을 확인했다는 점을 보여주는 것 또한 중요하거든요.

10과 15사이의 모든 수는 연속적으로 이어지는 수의 합으로 나타낼 수 있다

10과 15사이의 모든 수를 연속적으로 이어지는 수의 합으로 나타낼 수 있다는 사실을 이 방법으로 증명할 수 있습니다. 단순히 10과 11, 12, 13, 14, 15에 관해서 그렇게 할 수 있는 방법을 찾아내면 됩니다.

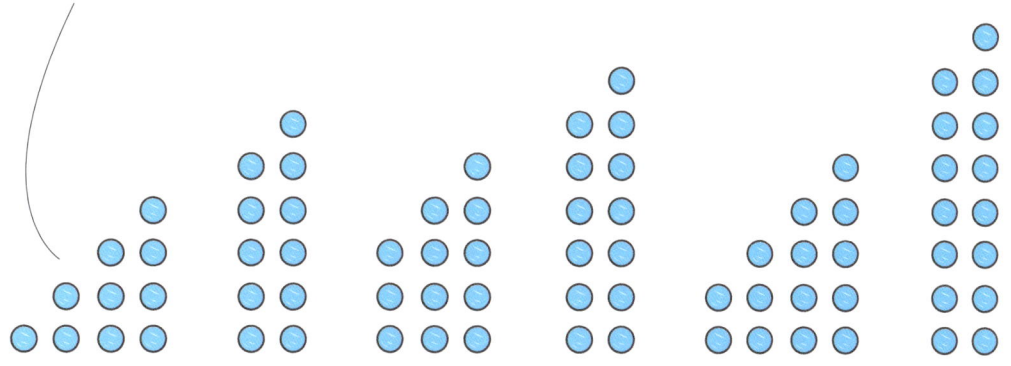

$10 = 1 + 2 + 3 + 4$ $11 = 5 + 6$ $12 = 3 + 4 + 5$ $13 = 6 + 7$ $14 = 2 + 3 + 4 + 5$ $15 = 7 + 8$

그래도 어떤 내용이 모든 수에 대해 참이라는 사실을 증명하고 싶을 수도 있습니다. 그때는 모든 수를 유한한 경우로 나누면 됩니다. '3의 배수', '3의 배수보다 1 큰 수', '3의 배수보다 2 큰 수'처럼요. 그다음 수는 다시 첫 번째 분류인 '3의 배수'가 되겠지요. 그러고 나서 각각의 경우를 따로따로 증명하면 됩니다.

1 *2* **3** 4 *5* **6** 7 *8* **9** 10 *11* **12** 13 *14* **15**

귀납법

귀납법은 어떤 집합, 특히 모든 경우를 일일이 확인하는 게 가능하지 않은 무한집합의 모든 원소에 대해 성립하는 성질을 증명하는 데 쓰입니다. 귀납법에는 **반복**할 수 있는 무언가가 필요합니다. 전체 집합을 다 아우르려면 한 번에 1씩 증가하는 수 n이 있어야겠지요.

귀납법은 두 단계로 나뉩니다.

- $n=1$일 때 혹은 첫 번째 경우('**기본 단계**')에 대해 결과가 참임을 확인합니다.

- n일 때 결과가 참이라고 가정하고 $n+1$일 때 결과가 참임을 증명하는 '**귀납 단계**'를 만듭니다. 이를 위해 우리가 세운 가정 외에 기존의 확립된 사실을 사용할 수 있습니다.

적어도 하나의 기본 단계에 대해서는 참임을 알고 있으므로 우리는 귀납 단계를 사용해 모든 경우에 대해 참임을 보일 수 있습니다. 마치 연쇄 작용, 혹은 줄줄이 넘어지는 도미노와 같습니다. 시작은 기본 단계를 증명하는 것입니다. 첫 번째 도미노를 넘어뜨리는 것과 같지요. 그리고 어떤 도미노가 넘어지면서 다음 도미노를 넘어뜨린다고 가정합니다. 이는 첫 번째 도미노가 넘어지면 나머지 도미노 역시 모두 무너진다는 뜻입니다.

1부터 n까지의 합은 $\frac{n(n+1)}{2}$로 나타낼 수 있다.

기본 단계: $n=1$일 때 결과가 참인지 확인합니다. 결과는 다음과 같습니다.
$\frac{n(n+1)}{2} = \frac{1(1+1)}{2} = \frac{2}{2} = 1$

귀납 단계: 이제 이것이 어떤 수 k에 대해서 참이라고 가정합니다. 따라서 우리는 $1+2+\cdots k = \frac{k(k+1)}{2}$라는 사실을 이용해 $n=k+1$일 때도 여전히 참임을 증명할 수 있습니다.

1부터 $k+1$까지의 합은 앞서 구한 합 $1+2+\cdots+k$에 $k+1$을 더한 값과 같습니다.

k까지의 합이 $\frac{k(k+1)}{2}$이므로 우리는 $k+1$까지의 합을 다음과 같이 쓸 수 있습니다.
$\frac{k(k+1)}{2} + (k+1)$
오른쪽 항의 분모와 분자에 2를 곱해 분수로 만들어줍니다. 그런 후 두 분수를 더하면 다음과 같습니다.
$\frac{k(k+1)}{2} + \frac{2(k+1)}{2}$
두 항 모두 $k+1$의 배수이므로 다음과 같이 나타낼 수 있습니다.
$\frac{(k+2)(k+1)}{2}$
$k+2 = (k+1)+1$이므로 이것은 앞에서 가정한 공식에 k 대신 $k+1$을 넣은 것과 같습니다.

따라서 $n=1$일 때 공식이 참이라면, $n=2$일 때도, $n=3$일 때도, 그 뒤로도 참입니다. 이제 우리는 임의의 수 n에 대해 1부터 n까지의 합을 $\frac{n(n+1)}{2}$로 나타낼 수 있다는 사실을 증명했습니다.

시각적 증명

많은 수학 증명이 논리적 추론을 이용하고 있지만, 도표나 **시각적 증명**을 이용하는 것도 가능합니다. 기하학의 증명에 더욱 유용한 건 분명하지만, 대수학 명제에도 시각적 증명을 사용할 수 있습니다.

1부터 n까지의 합

앞서 우리는 1부터 n까지의 수를 모두 합하면, 그 값은 $\frac{n(n+1)}{2}$이 된다는 사실을 살펴보았습니다.

이 결과를 다른 방식으로 증명하고 싶다면, 블록이 계단 모양으로 쌓여 있는 그림을 이용해서 보일 수 있습니다. 이 계단 두 개를 합하면 두 변의 길이가 n과 $n+1$인 직사각형이 됩니다. 즉, 각 계단의 블록 수는 이 면적의 절반인 $\frac{n(n+1)}{2}$이 됩니다.

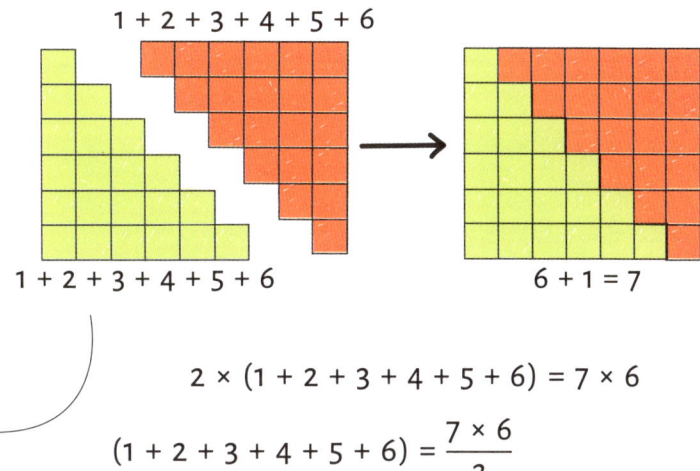

홀수 n개의 합 구하기

모든 수를 더하는 대신 홀수만 더한다면, **그 결과는 언제나 제곱수가 됩니다.** 예를 들어, 1+3+5=9로, 3^2입니다. 각 홀수를 가운데서 한 번 꺾이는 정사각형의 띠라고 상상해보세요. 이 띠를 서로 붙이면 언제나 정사각형 모양이 됩니다.

두 정사각형의 면적 차이

두 정사각형의 면적 차이를 구하는 공식에 따르면, **두 제곱수의 차**는 다음과 같은 두 인수로 나뉠 수 있습니다.

$$a^2 - b^2 = (a+b)(a-b)$$

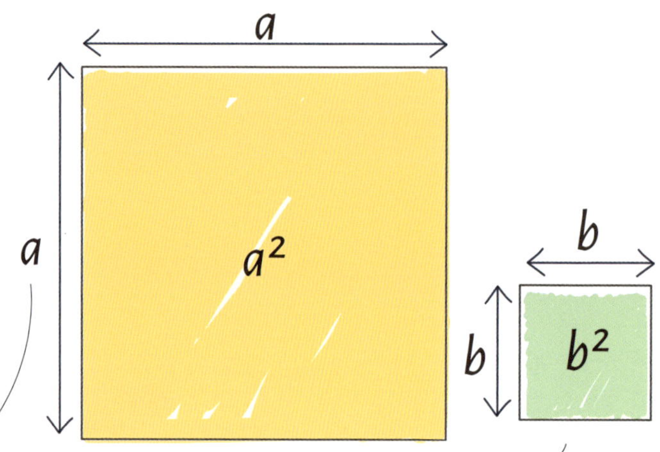

크기가 다른 두 정사각형을 이용하면 이를 시각적으로 보여줄 수 있습니다.

큰 정사각형의 한 변의 길이는 a이며, 면적은 a^2입니다.
작은 정사각형의 한 변의 길이는 b이며, 면적은 b^2입니다.
큰 정사각형에서 작은 정사각형을 뺍니다. 남은 면적을 두 조각으로 나눕니다.

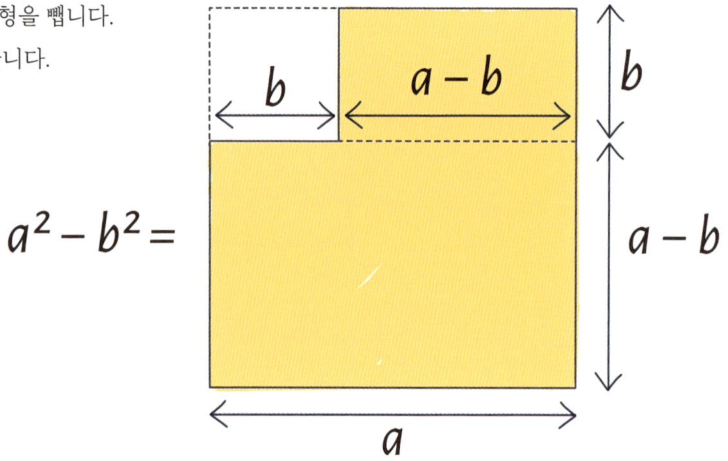

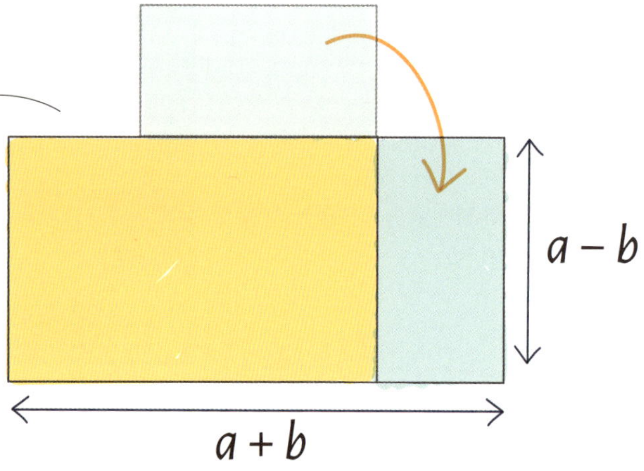

한 조각을 옆으로 옮기면 긴 변의 길이가 $(a+b)$이고 짧은 변의 길이가 $(a-b)$인 직사각형이 됩니다. 따라서 면적은 $(a+b)(a-b)$가 됩니다.

집합론

이미 우리는 집합이 수를 세거나(11쪽) 덧셈과 곱셈을 이해하는(29~30쪽) 데 쓰일 수 있다는 사실을 배웠습니다.
집합은 수많은 수학적 사고를 뒷받침하는 근본적인 개념입니다.
그리고 우리에게는 집합을 이해하고 다루는 데 필요한 도구가 많이 있지요.

우리는 중괄호를 이용해 집합을 나타냅니다. 중괄호로 집합에 속한 **원소**를 감싸는 형태입니다.

$$\{1, 2, 3, 4, 5\}$$

$$\{x, y, z, \{2, 3\}, \pi\}$$

집합의 원소는 수나 다른 수학적 대상, 심지어는 다른 집합이 될 수도 있습니다. 집합을 더하면 두 집합에 속한 원소를 모두 포함하는 새로운 집합이 생깁니다. 이렇게 집합을 더한 것을 **합집합**이라고 하며, A∪B라고 나타냅니다. 한 집합에서 다른 집합을 뺀 집합은 **차집합**이라고 하며, A-B처럼 나타냅니다. 그리고 두 집합 모두에 속한 원소의 집합을 **교집합**이라고 하며, A∩B라고 나타냅니다(이런 집합을 시각화하는 유용한 방법에 관해서는 74쪽을 보세요).

$$\{1, 2, 3\} \cup \{1, 2, 4\} = \{1, 2, 3, 4\}$$

$$\{1, 2, 3\} - \{1, 3, 4\} = \{2\}$$

$$\{1, 2, 3\} \cap \{1, 3, 4\} = \{1, 3\}$$

두 집합을 곱해 각 집합의 원소가 이루는 쌍을 원소로 갖는 새로운 집합을 만들 수도 있습니다.

$$\{1, 2\} \times \{A, B\} = \{(A,1), (A,2), (B,1), (B,2)\}$$

작은 집합이 큰 집합에 속할 때 그 작은 집합을 **부분집합**이라고 부릅니다. 예를 들어, 집합 {x, y}은 {x, y, z}의 부분집합입니다. {x, y}⊂{x, y, z}는 {x, y}의 모든 원소가 {x, y, z}에 속한다는 뜻입니다.

멱집합은 어떤 집합의 가능한 모든 부분집합으로 이루어진 집합입니다. 예를 들어, 원소가 3개인 집합의 멱집합은 원소가 8개입니다.

$$P(\{x, y, z\}) = \{\{\}, \{x\}, \{y\}, \{z\}, \{x, y\}, \{x, z\}, \{y, z\}, \{x, y, z\}\}$$

집합 표기법은 우리가 이미 실생활에서 사용하는 개념을 나타내는 형식적인 방법입니다. 실생활에서 우리는 공통의 성질을 지닌 대상을 쉽게 찾을 수 있습니다. 한 반에서 숙제를 해 온 학생들이나 식당 메뉴판에서 같은 범주로 묶을 수 있는 음식의 종류 등이 그런 사례지요.

집합은 유한할 수도 있고 무한할 수도 있습니다(18쪽 참고). 그리고 코딩과 컴퓨터과학에서 데이터를 저장하거나 다루는 데 쓰입니다.

집합은 수학 개념을 설명할 수 있는 공통 언어를 제공합니다. 74쪽에서 보았듯이 그래프는 마디점의 집합과 변의 집합으로 나타낼 수 있습니다. 또, 집합은 군과 체의 바탕이 되기도 합니다(대수 구조에 관해 더 자세한 내용은 180쪽을 보세요).

메뉴

1. 치즈 샌드위치 — 4달러
2. 베이컨 샌드위치 — 8달러
3. 후무스 샌드위치 — 7달러
4. 삶은 달걀과 샐러드 — 3달러
5. 닭고기 샐러드 — 5달러

채식 메뉴(V) = {1, 3, 4}
글루텐 프리 메뉴(G) = {4, 5}
5달러로 살 수 있는 메뉴(F) = {1, 4, 5}
닭고기가 든 메뉴(C) = {5}

나는 채식주의자고 5달러밖에 없어.
V∩F = {1, 4}

나는 글루텐을 못 먹고 닭고기를 좋아하지 않아.
G−C = {4}

하세 도형

집합 사이의 관계를 나타내는 또 다른 방법으로 하세 도형이 있습니다. 독일 수학자 헬무트 하세에서 따온 이름이지요. (하지만 하세 이전에도 다른 수학자가 사용하고 있었습니다.) 이 도형은 집합을 '순서'대로 놓는 방법을 보여줍니다.

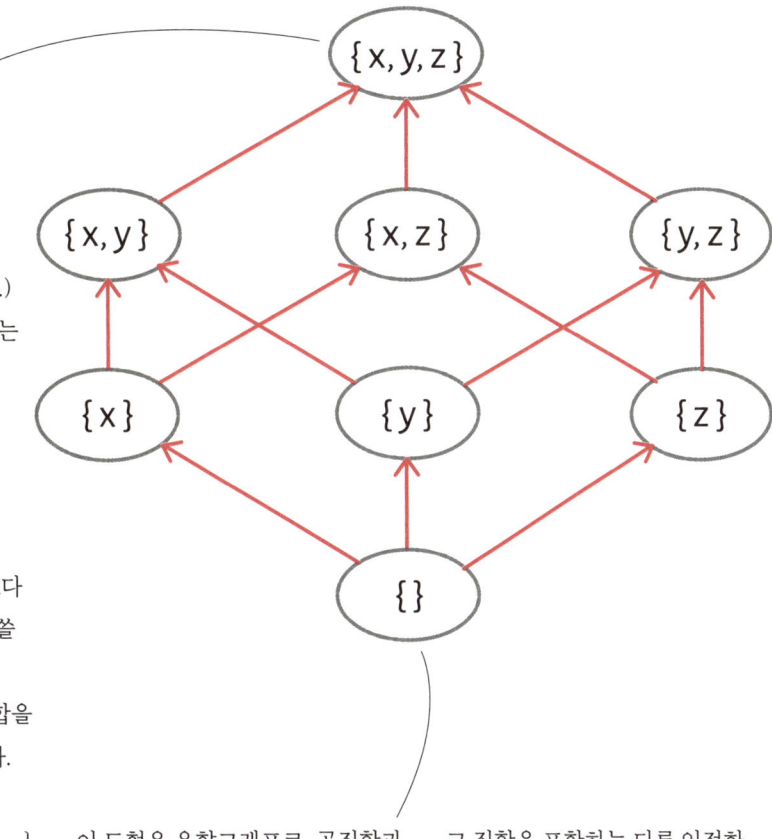

수를 순서대로 늘어놓는 것과 같은(예를 들어 우리는 3이 4보다 작다는 사실을 알고, 3<4라고 쓸 수 있습니다) 방법으로 우리는 집합의 포함 관계를 이용해 집합을 순서대로 늘어놓을 수 있습니다.

예를 들어, 우리는 $\{x, y\} \subset \{x, y, z\}$ 임을 알고 있습니다. 이것은 작다는 의미인 < 기호에 대응됩니다. 그리고 이 두 집합 사이에는 다른 집합이 없습니다. 둘의 원소 차이는 하나뿐이며, 따라서 두 집합은 인접한 이웃입니다.

이 도형은 유향그래프로, 공집합과 원소가 1, 2, 3개인 모든 가능한 집합을 포함해 $\{x, y, z\}$의 멱집합을 이루는 집합 사이의 관계를 보여주고 있습니다(유향그래프에 관해서는 77쪽을 보세요).
이 도형에서 화살표는 한 집합에서 그 집합을 포함하는 다른 인접한 집합을 향합니다. 따라서 $\{x, y\}$에서는 $\{x, y, z\}$로 화살표가 이어집니다. 예를 들어 $\{y\}$에서 $\{x, y, z\}$로는 화살표를 그리지 않습니다. 그 사이에 $\{x, y\}$와 $\{y, z\}$가 있기 때문입니다.

범자연수의 집합을 대상으로 작은 순서대로 비슷한 도형을 그리면 각 수에서 다음 수로 화살표가 이어지는 긴 하나의 선이 나올 겁니다. 1→2→3처럼요. 이렇게 선 하나로 나타나는 고유한 관계 때문에 **수가 정렬**되었다고 말합니다. 집합의 경우에는 이렇게 선 하나가 되지 않습니다. 이를 반순서 또는 **부분순서**라고 합니다. 이 도형은 서로 다른 집합이 어떤 관계를 맺고 있는지 보여줍니다. 하세 도형은 추상적인 구조를 이해하는 데 도움이 되며, 프로그래밍에도 쓰입니다.
멱집합의 경우 하세 도형은 입방체 구조입니다. 실제로 N개의 원소가 있는 집합의 멱집합은 N차원 입방체 구조입니다.

논리와 증명

✓ 다시 보기

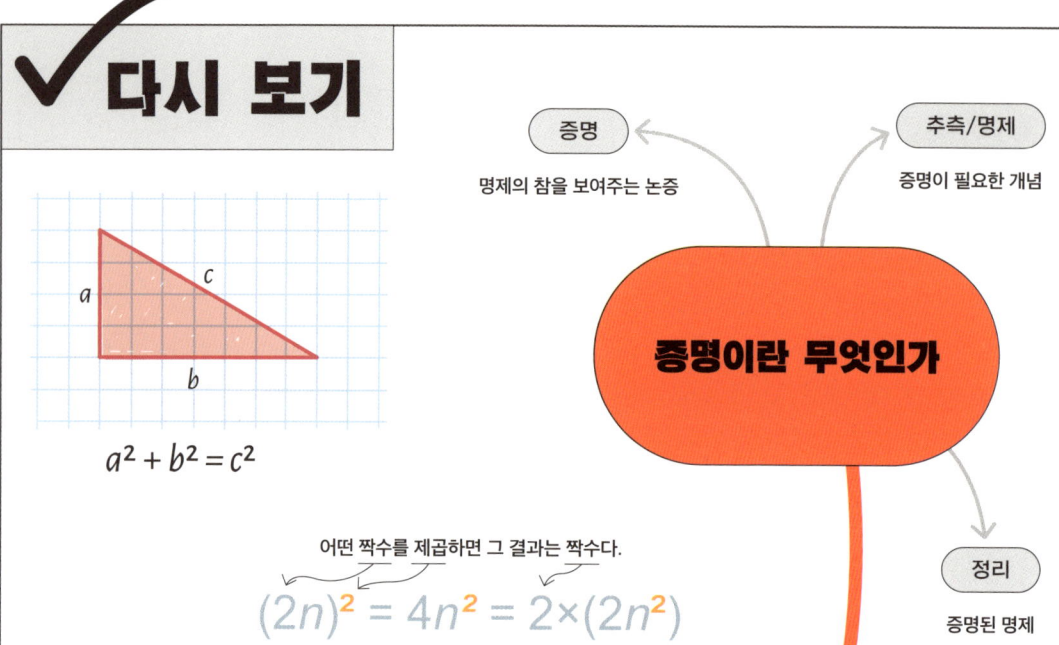

$a^2 + b^2 = c^2$

어떤 짝수를 제곱하면 그 결과는 짝수다.
$(2n)^2 = 4n^2 = 2×(2n^2)$

증명이란 무엇인가

- **증명**: 명제의 참을 보여주는 논증
- **추측/명제**: 증명이 필요한 개념
- **정리**: 증명된 명제

수리 논리학

- **명제 논리**: 연산자를 이용해 논리 명제를 결합하는 체계
- **논리곱(AND) 연산자**: 두 명제 모두가 참일 때 참이다.
- **전건 긍정**: 명제 A로부터 B를 끌어낸다. "A이면 B이다."
- **부정(NOT) 연산자**: 입력한 명제가 참이면 거짓이다.
- **논리합(OR) 연산자**: 두 명제 중 하나가 참이면 참이다.

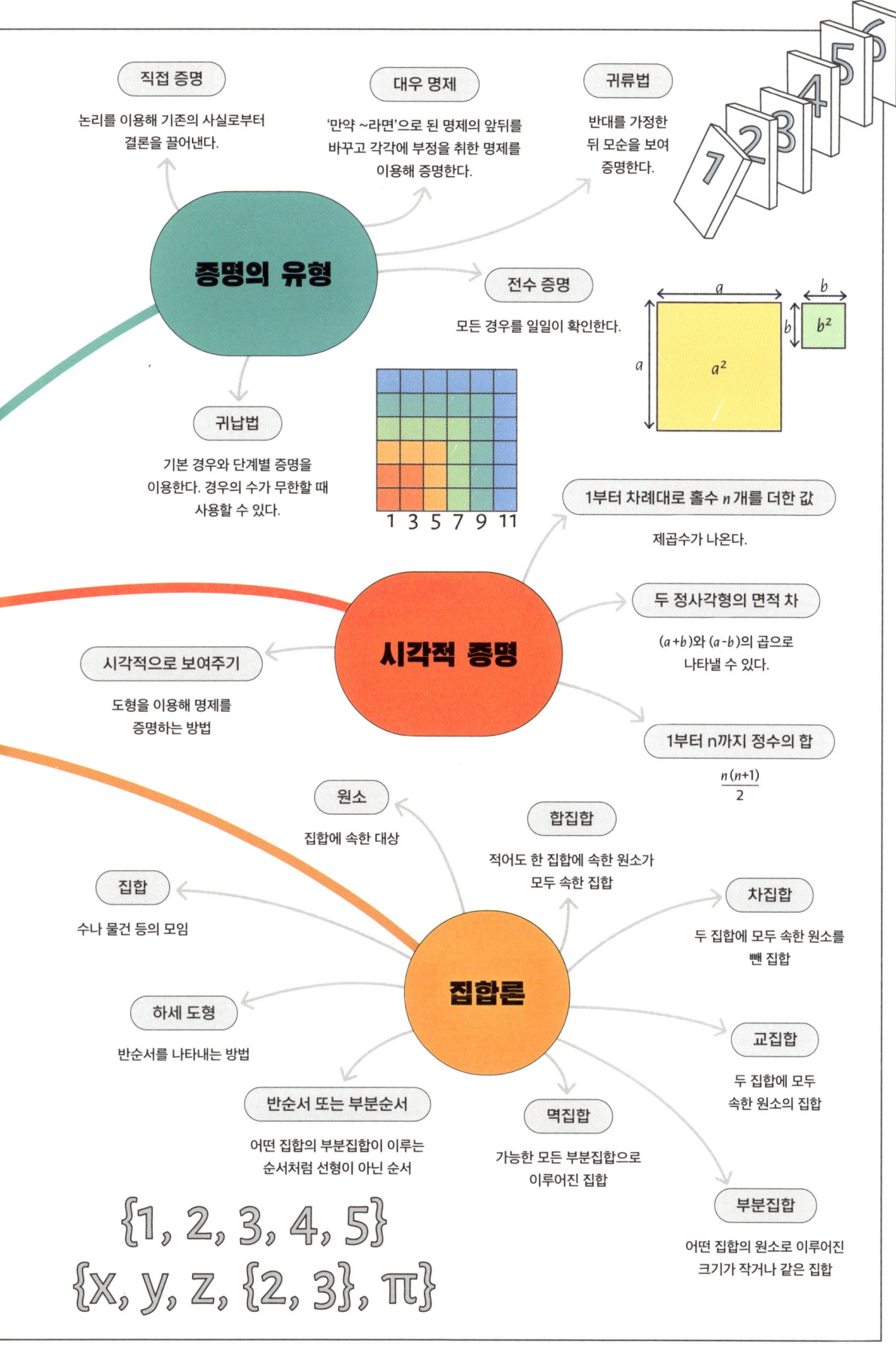

8장

수학의 역사

고대 이집트와 그리스에서 중국, 일본, 바빌로니아, 페르시아에 이르기까지 전 세계의 수많은 학자가 수학을 연구하고 기록했습니다. 몇몇 개념은 컴퓨터가 등장하기 전부터 놀라울 정도로 발달했습니다. 그리고 수학을 기록하고 서로 소통하는 방법은 수학의 전파에 매우 중요해졌습니다.

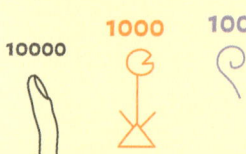

수학의 기원

수 세기, 측정, 계산 같은 수학의 많은 근본적인 개념은 오래전부터 존재했습니다.
세상을 이해하고, 여행하고, 서로 의사소통하기 위해 우리는 수의 힘을 필요로 했지요.

인간이 수학 활동을 했다는 가장 오래된 증거 중 하나로 **레봄보 뼈**가 있습니다. 고고학자들이 남아프리카에서 발견한 개코원숭이의 정강이뼈로 약 4만 4000년 전의 것으로 추정하고 있습니다.
이 뼈의 한쪽에는 29개의 표시가 되어 있는데요, 달의 주기를 기록한 결과로 보입니다. 혹은 월경 주기를 나타낸 것일 가능성도 있고요.

수학 개념을 제대로 표현할 수 있게 되기 전에도 인간이 수를 세고 측정했다는 건 분명합니다. 사람들은 기르는 양 떼의 수나 남은 식량의 양, 계절의 변화를 파악해야 하는 실용적인 필요성 때문에 수 세기와 덧셈을 이해하고 배워야 했습니다.

사회가 점점 복잡해지면서, 수학이 필요한 몇몇 이유는 점점 더 일상적이 되어갔습니다. **금융**처럼요. 만약 물건을 사고팔거나 밭에 물을 주거나 가진 땅의 넓이에 따라 세금을 매기려면 도형의 면적을 계산하거나 용기의 부피를 어림할 줄 알아야 합니다. 그래서 도형과 길이, 부피, 표면적 등을 연구하는 **측정법**이 발달했습니다.

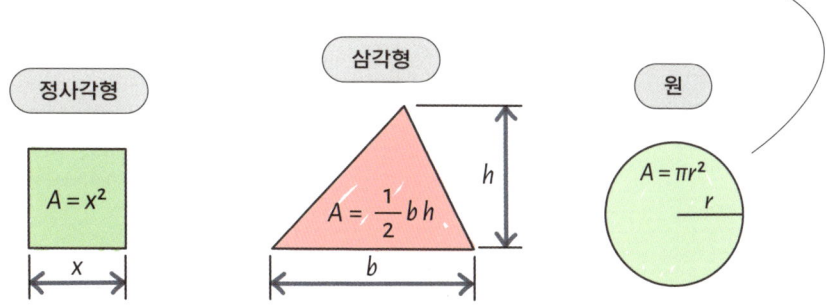

정사각형: $A = x^2$

삼각형: $A = \frac{1}{2}bh$

원: $A = \pi r^2$

천문학은 수학이 발달하게 된 중요한 계기 중 하나였습니다. 별을 관측하고 움직임을 예측하는 일은 많은 문명의 주요 관심사였습니다. 그리고 우주에서 지구의 움직임을 이해한 우리는 해시계나 시계 같은 더욱 정교한 시간 측정 기술을 개발할 수 있었습니다.

정확한 시간은 **항해**에도 중요한 요소였습니다. GPS도 없던 시절에 범선을 타고 대양에서 수천 킬로미터를 항해하며 세계의 지도를 그리는 일은 태양과 별을 참고로 하지 않으면 불가능했을 겁니다! 세심한 측정과 계산, 정확한 시계 덕분에 항해사는 배가 어디로 가야 할지 계산할 수 있었습니다. **육분의**는 배의 위도와 경도를 알아내기 위해 수평선과 하늘에 뜬 별 사이의 각도를 재는 도구였습니다.

이런 일은 모두 사람이 기초적인 수 세기와 연산 이상을 넘어서 수학을 공부하게 되는 동기가 되었습니다. 그러자 수학의 새로운 가능성이 열렸고, 과학자들은 현재의 지식 너머를 탐구하기 시작했습니다. 이는 또다시 수학의 새로운 분야가 발달하는 결과로 이어졌습니다.

수학 연구가 순수한 호기심 때문에 이루어졌다는 증거도 있습니다. 역사적으로 퍼즐과 수학적 장난감이 많이 발견되었거든요. 기원전 1850년경의 이집트 서적인 린드 파피루스에는 다음과 같은 퍼즐이 실려 있습니다.

"집 일곱 채에 고양이 일곱 마리가 있다. 고양이 한 마리는 쥐 일곱 마리를 죽인다. 쥐 한 마리는 곡식 이삭 일곱 개를 먹는다. 이삭 한 개에서는 밀 일곱 자루가 나온다. 이것의 총량은 얼마일까?"

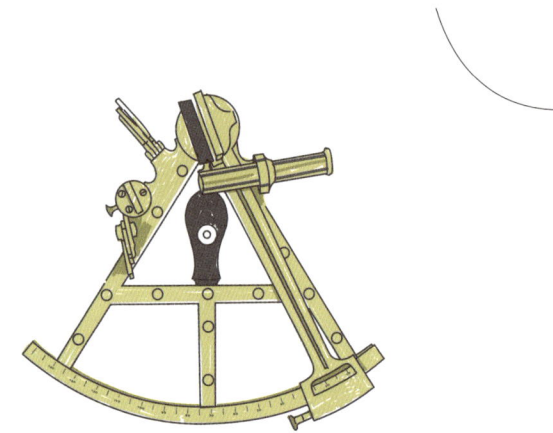

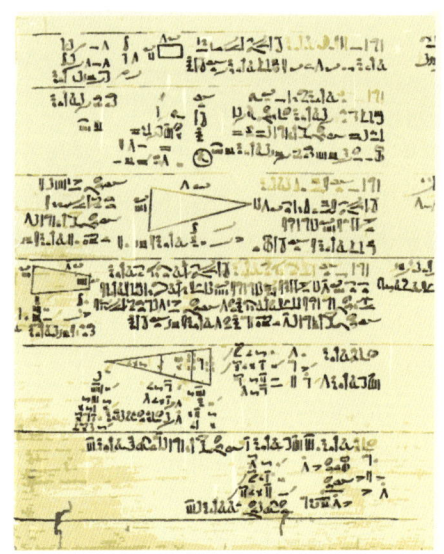

숫자의 변천

오늘날 세계의 대부분은 12쪽에서 설명한 십진법을 이용해 수를 나타냅니다. 하지만 언제나 그랬던 건 아니었습니다. 십진법은 인도와 페르시아에서 발달했고, 이후에 유럽 수학자들이 받아들인 힌두-아라비아 숫자를 사용합니다.

힌두-아라비아 숫자

힌두-아라비아 숫자는 기원전 400~100년의 인도에서 기원했으며, 서기 900년경 아라비아 수학자에 의해 오늘날 우리가 사용하는 체계로 발전했습니다. 숫자 표현 기호는 고대 인도의 브라흐미 문자에서 기원했습니다. 그리고 수 세기에 걸쳐 우리에게 익숙한 모습으로 바뀌었습니다.

0~9를 나타내는 숫자는 **자릿값 체계**와도 결합했습니다. 1과 10, 100, 1000을 나타내는 자리에 숫자를 쓰는 방식입니다. 그전에는 로마 숫자 같은 다양한 수 표기법을 사용했습니다. 로마 숫자는 자릿값을 이용하지 않았고, 0을 나타내는 기호도 없었습니다.

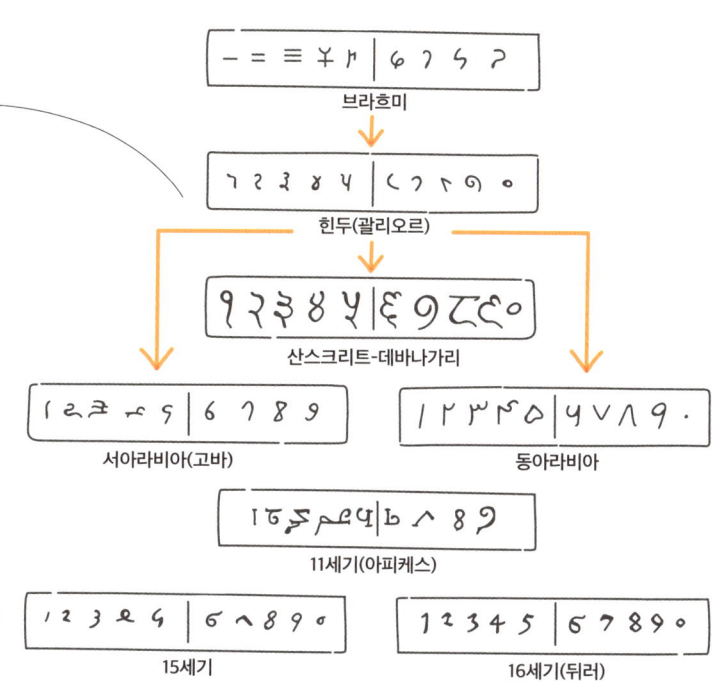

십진법은 알콰리즈미와 알킨디와 같은 페르시아 수학자의 저서를 통해 다른 세계로 퍼져 나갔습니다. 그리고 1500년경에는 유럽 전역에서 사용하는 방법이 되었습니다. 수학자 레오나르도 피보나치는 자신의 책 『리베르 아바치』에서 이 개념을 권장했습니다(피보나치의 다른 업적에 관해서는 51쪽을 보세요).

이집트 숫자와 분수

고대 이집트에도 십진법에 바탕을 둔 고유의 숫자 체계가 있었습니다. 힌두-아라비아 숫자보다 수천 년 앞서 있었지요. 이집트인은 1과 10, 100, 100 등을 나타내는 기호를 사용했습니다. 원하는 수를 나타내기 위해 각각의 기호를 여러 번 그렸습니다.

값	1	10	100	1000	10000	100000	1000000 혹은 더 큰 수
히에로글리프	|	∩	᧡	⚱	⎮	⌒	𓀀

이집트 숫자는 물체의 모습을 나타냅니다. 10은 소의 다리를 묶는 도구였던 호블이고, 100은 둘둘 감긴 밧줄입니다. 1000은 수련 혹은 연꽃이고, 10000은 구부러진 손가락입니다.

이집트인은 고유한 숫자 체계를 가지고 있었을 뿐 아니라 분수도 흥미로운 방식으로 나타냈습니다. 모든 분수를 오늘날 우리가 단위 분수라고 부르는 분수의 합으로 썼지요. **단위 분수**는 분자가 1인 분수를 말합니다. 숫자 위에 기호 ⬯를 쓰면 그 수가 분모인 분수를 나타냅니다. 이를 그 수의 역수라고 부릅니다.

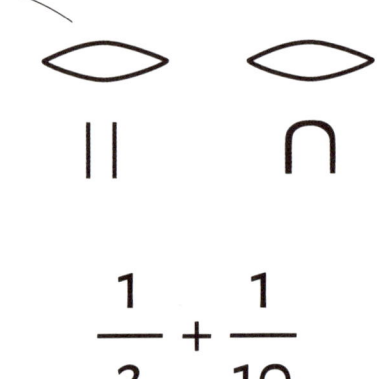

십진법을 사용하는 수 체계가 서로 다른 시대와 문명에서 독립적으로 나타나는 이유가 궁금할지도 모르겠네요. 아마도 사람의 손가락이 열 개이기 때문일 겁니다!

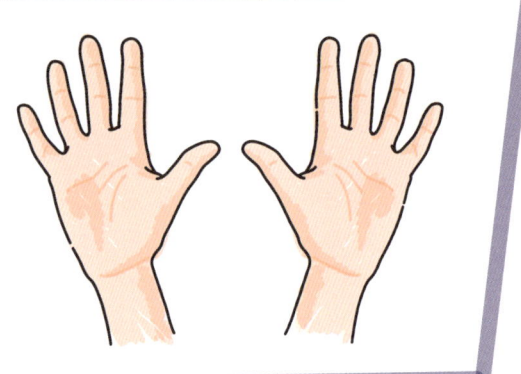

예를 들어, 분모가 1이 아닌 분수 $\frac{3}{5}$은 $\frac{1}{2}+\frac{1}{10}$로 나타낼 수 있습니다. 어떤 분수라도 단위 분수의 합으로 나타낼 수 있으며, 그 방법을 찾는 알고리즘(91쪽 참고)도 있습니다. 어떤 분수를 단위 분수의 합으로 표현하는 방법은 한 가지 이상이 있을 수 있습니다.

$$\frac{2}{3} = \frac{1}{3} + \frac{1}{3} \qquad \frac{2}{3} = \frac{1}{3} + \frac{1}{5} + \frac{1}{12} + \frac{1}{20}$$

이런 방식으로 분수를 쓰면 여러 사람이 물건을 똑같이 나눠 가지고 싶은 경우에 편리할 때가 많습니다. 예를 들어, 피자 다섯 판을 여섯 명이 나눠 먹을 때는 피자의 $\frac{5}{6}$보다는 $\frac{1}{2}+\frac{1}{3}$이 더 머리에 잘 그려집니다. 세 판을 반으로 자르고 나머지 두 판을 삼등분하면, 모두가 반 판과 3분의 1판을 가질 수 있습니다!

바빌로니아 숫자

흥미로운 수 체계를 사용했던 또 다른 고대 문명으로는 고대 바빌로니아가 있습니다. 바빌로니아인도 이집트인처럼 1과 10 등을 나타내는 기호를 사용했는데, 이 기호는 **쐐기문자**의 일부였습니다. 나무 첨필을 점토 조각에 눌러 무늬를 새기는 방식을 이용했지요. 바빌로니아인도 똑같은 기호를 여러 번 사용해 그 자리의 수를 나타냈습니다. 그러다가 10이 되면 10을 나타내는 기호로 바꾸었습니다.

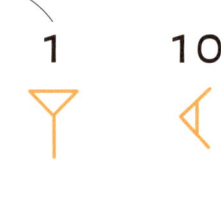

이집트인과 달리 바빌로니아인은 자릿값 체계를 사용했습니다. 하지만 기수가 60이었습니다. 10을 열 개 그리면 60의 자리로 옮겨 1을 나타낸다는 뜻입니다.

각 수는 10과 1을 이용해 나타냈고, 60 이상의 수는 왼쪽에 두 번째 기호를 새겨 나타냈습니다. 이 기호는 60이 몇 개 있는지를 뜻했지요. 그 왼쪽에 세 번째 기호를 추가하면, 그 기호는 $60^2 = 3600$의 배수를 나타내는 식입니다.

바빌로니아인은 숫자 체계를 이용해 태양과 달의 움직임을 바탕으로 1년의 길이가 360일인 달력을 만들었습니다.

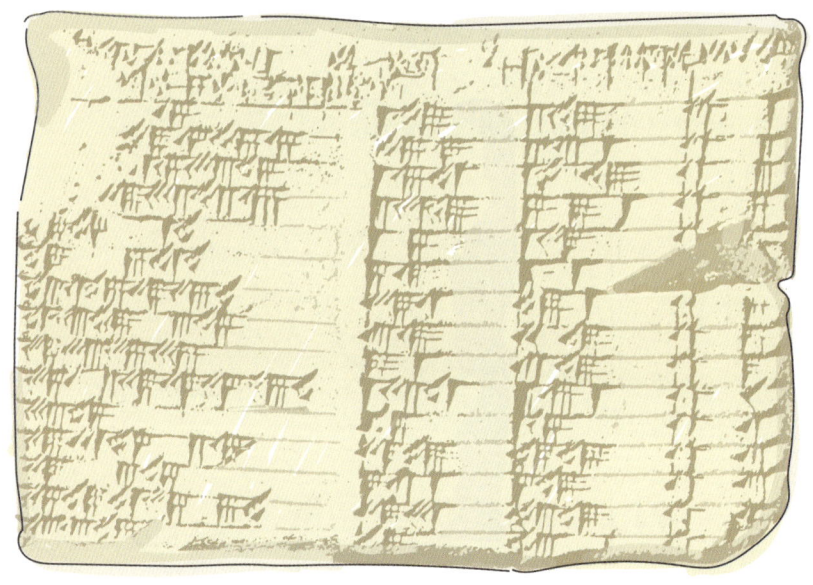

그림에서 보이는 플림톤 322는 수학에 관한 내용이 담긴 바빌로니아의 점토판입니다. 그중에는 **피타고라스의 수**도 있습니다. 피타고라스의 수는 세 자연수로 3, 4, 5처럼 직각삼각형의 변의 길이를 이룰 수 있는 수입니다. 이 점토판은 피타고라스가 태어나기 1000년도 더 전인 기원전 1800년경의 것으로 보입니다.

바빌로니아인이 사용했던 60진법은 현대에도 흔적을 남기고 있습니다. 시간 단위가 그것입니다. 1분은 60초이고, 1시간은 60분입니다. 또, 한 바퀴가 360도라는 사실도 아마 고대 바빌로니아인의 영향일 겁니다.

글로 쓴 수학

지금까지 대수학이 복잡한 시스템을 모형화하고 이해하는 강력한 도구라는 사실을 살펴보았습니다. 하지만 수학적 발견의 역사에서 대수학이 항상 중요한 역할을 했던 건 아닙니다. 대수학이 등장하기 전 수학자들은 추론한 내용을 글로 썼습니다. 오늘날 사용하는 대수학 기호와 표기법이 개발되는 데는 오랜 세월이 걸렸습니다.

초기의 수학자도 오늘날 우리가 사용한 것과 똑같은 수학 개념을 다루었습니다. 하지만 그것을 기록하는 방법은 사뭇 달랐지요. 현대의 학생은 **피타고라스 정리**를 배우며 $a^2+b^2=c^2$라고 씁니다. a와 b는 직각삼각형의 짧은 두 변의 길이이며, c는 긴 변의 길이입니다.

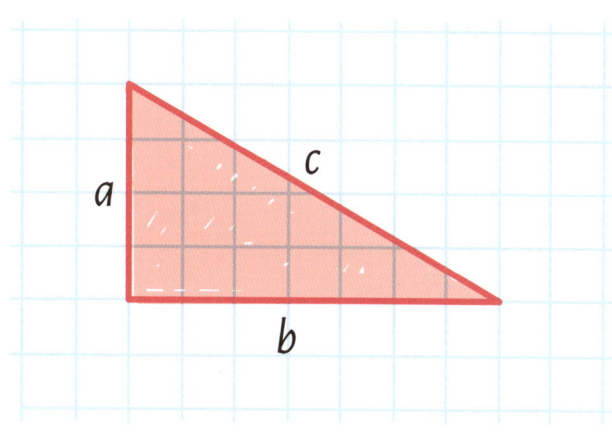

$$a^2 + b^2 = c^2$$

하지만 피타고라스 정리는 다음과 같이 쓸 수도 있습니다. "정삼각형의 빗변의 제곱은 다른 두 변의 제곱의 합과 같다." 고대 그리스인이라면 이렇게 썼을 겁니다.

오늘날의 대수학이라고 할 수 있는 주제를 다룬 초기의 주요 수학책으로는 9세기의 수학자 알콰리즈미가 쓴 『알키탑 알무크타샤르 피 히삽 알자브르 왈무카발라』가 있으며, 이를 번역하면 '복원과 대비의 계산'이라고 할 수 있습니다. 이 책을 줄여서 흔히 알자브라고 부릅니다. 대수학(알제브라)이라는 단어의 기원이지요.

이 책은 대수학의 여러 가지 기본 연산을 다루고 있습니다. 복원은 방정식의 양변에 똑같은 값을 더해 한 변에 있는 음의 항을 제거하는 과정을 말합니다. 그리고 대비는 짝이 맞는 항을 **없애는** 과정입니다. 양변에서 똑같은 값을 뺀다는 뜻이지요.

복원: $x^2=40x-4x^2$이 $5x^2=40x$가 됩니다.
대비: $x^2+5=40x+4x^2$이 $5=40x+3x^2$이 됩니다.

이 책은 대수학 표현을 다루고 비교하는 방법뿐만 아니라 다양한 도형의 넓이와 부피를 구하는 공식을 담고 있습니다. 파이(π)의 근삿값을 소수 네 자리까지 계산한 결과도 있습니다.

그러나 이 책의 어떤 표현도 대수학 기호를 사용하고 있지 않습니다. 뒷장에서 이 책에 나온 명제 중 몇 가지 사례와 그 명제를 오늘날의 기호로 나타낸 결과를 볼 수 있습니다.

"10과 2를 10보다 1 작은 수로 곱한다."

$$12 \times 9 (=108)$$

"어떤 수에 1을 더하면 2가 된다."

$$x+1 = 2 \text{ (따라서 } x=1)$$

"어떤 수의 제곱을 5배 하면 80이 된다."

$$5x^2 = 80 \text{ (따라서 } x^2=16)$$

"어떤 수의 제곱에 그 수의 10배를 더하면 39가 된다."

$$x^2 + 10x = 39$$

"10에 어떤 수를 더한 뒤 자기 자신과 곱한다."

$$(10+x)(10+x)$$

이 마지막 예시 뒤에는 완전한 계산식도 나와 있습니다.

"10 곱하기 10은 100이다. 10에 어떤 수를 곱하면 몇십이다. 그리고 또 10에 어떤 수를 곱하면 몇십이다. 그리고 어떤 수에 어떤 수를 곱하면 그 수의 양의 제곱수다. 따라서 모두 합하면 100과 몇 개의 20 그리고 양의 제곱수다."

이것은 $100+20x+x^2$을 가리킵니다.

이렇게 '말로 설명하는' 계산을 종종 **수사적 대수학**이라고 부르는데요, 읽고 이해하기가 어려워 대수적 관계를 머릿속에서 그리는 건 매우 힘든 일이었을 게 분명합니다.

시간이 흐르며 사람들은 계산을 좀 더 간단하게 나타내는 방법을 찾았습니다. 웨일스의 의사이자 수학자였던 로버트 레코드가 유명한 사례입니다. 레코드는 자신의 책 『기지의 서』(1557)에서 두 양을 비교할 때마다 '~가 ~와 같다'라고 쓰는 데 시간이 오래 걸린다고 이야기했습니다.

Howbeit, for easie alteratiō of *equations*. I will propounde a fewe exāples, bicause the extraction of their rootes, maie the more aptly bee wroughte. And to auoide the tediouse repetition of these woordes : is equalle to : I will sette as I doe often in woorke vse, a paire of paralleles, or Gemowe lines of one lengthe, thus:=======, bicause noe. 2. thynges, can be moare equalle.   And now marke these noumbers.

이 문단에는 다음과 같은 내용이 담겨 있다. "'~와 같다'라는 말의 지겨운 반복을 피하기 위해 나는 일할 때 으레 쓰듯이 평행선 한 쌍, 혹은 ====처럼 길이가 같은 여러 쌍둥이 선을 사용한다. 어떤 두 가지도 그보다 더 같은 수는 없기 때문이다."

그래서 레코드는 한 쌍의 평행한 선을 이용했습니다. 쌍둥이 선이라고도 불렸지요. 레코드의 표현대로라면 '어떤 두 가지도 그보다 더 같을 수는 없기 때문'이었습니다.

레코드의 책에 실려 있는 방정식 $14x+15=71$

15~16세기에 유럽을 포함한 세계 곳곳에서 다양한 수학 기호와 연산을 도입했습니다. 르네 데카르트는 자신의 책 『기하학』(1637)에서 처음으로 미지수를 나타내기 위해 x와 같은 기호를 사용했습니다. 레온하르트 오일러(139쪽 참고)는 자연로그의 밑을 나타내는 기호 e와 함수 기호 f, 그리고 허수(22쪽 참고)를 나타내는 기호 i를 도입했습니다. 시간이 흐르며, 수학 개념을 기록하고 서로 소통하기를 원했던 수학자들은 오늘날 우리가 사용하는 관습과 표기법에 안착했습니다. 덕분에 우리도 수학을 훨씬 더 쉽게 이해하고 더 빠르게 기록할 수 있으니 감사한 일이지요!

역사적인 수학자

오랜 세월 동안 많은 사람이 수학의 발전에 이바지했습니다. 때로는 어떤 내용에 그걸 처음 발견하거나 저술을 통해 폭넓게 소개한 수학자의 이름을 붙여 기리기도 합니다. 그래서 이름을 널리 알리게 된 수학자도 있습니다!

히파티아(370~415년)

그리스 알렉산드리아 출신의 히파티아는 플라톤의 가르침을 따르는 학교에서 수학과 철학을 연구하고 가르쳤습니다. 아버지인 알렉산드리아의 테온과 함께 다양한 수학 문헌에 **주석**을 달았지요. 다른 수학자의 연구에 메모를 추가해 원문의 아이디어를 확장하고 더욱 명확하게 설명했다는 뜻입니다.

이들이 작업한 문헌으로는 천체의 움직임을 다룬 톨레미의 『알마게스트』, 기하학의 기초를 세운 유클리드의 『원론』, 정수론과 몇몇 대수학 분야의 수많은 기초 개념을 다룬 디오판토스의 『산학』 등이 있습니다.

오늘날 히파티아의 연구는 전해지고 있지 않습니다. 다른 문헌에 등장하는 제목을 통해 존재를 알 수 있을 뿐이지요. 하지만 히파티아와 테온이 유클리드의 『원론』을 개선하고 추가한 내용은 나중에 나온 모든 판본의 일부가 되었을 것으로 보입니다.

알콰리즈미(780~850년)

아부 자파 무함마드 이븐 무사 알콰리즈미는 바그다드에서 살며 연구했던 이슬람 수학자입니다. 생애에 관해서는 알려진 게 많지 않지만, 알콰리즈미의 책 『알자브르』(135쪽 참고)는 대수학에서 가장 중요한 문헌으로 폭넓게 인정받고 있습니다. 이 책은 오랫동안 대수학의 교과서 역할을 했습니다.

알콰리즈미는 바그다드에 있는 지혜의 집에서 연구하며 알고리즘과 대수학뿐만 아니라 힌두-아라비아 숫자(131쪽 참고)에 관한 책도 썼습니다. 과거에 영을 나타내기 위해 썼던 점 대신 기호 0을 사용한 선구자로도 인정받고 있습니다.

천문학과 달력, 해시계 역시 연구했으며, 이 연구에 필요한 사인과 탄젠트 표를 만들기도 했습니다. 알콰리즈미는 지리학 책을 쓰며 세계 곳곳의 위도와 경도를 계산하고 대단히 정확한 지도도 제작했습니다.

레온하르트 오일러(1707~1783년)

오일러는 기하학과 삼각법, 미적분, 그래프 이론(75쪽 참고), 정수론을 비롯해 수많은 수학 분야에서 업적을 남긴 스위스 수학자입니다. 대학교를 졸업하고 젊은 나이에서부터 당대의 다른 많은 저명한 수학자와 연구하며 수많은 주제에 관한 논문을 다수 발표했습니다.

오일러가 풀어낸 수학 개념은 많습니다. 유명한 **바젤 문제**는 1부터 n까지 $\frac{1}{n^2}$의 합을 계산하는 문제인데요, 오일러는 n이 무한대에 가까워질수록 그 합이 $\frac{\pi^2}{6}$에 가까워진다는 사실을 증명했습니다.

다음과 같이 나타낼 수 있는 오일러 항등식도 있습니다.

$$e^{i\pi} + 1 = 0$$

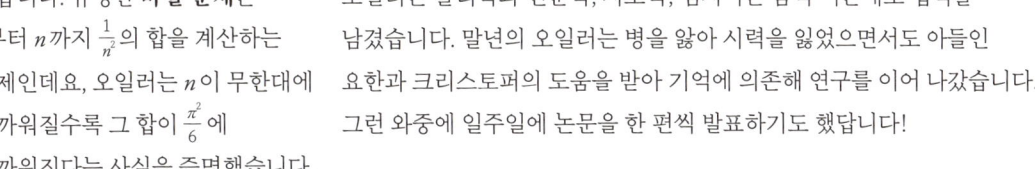

이 식의 e는 **자연로그의 밑**으로 '오일러 수'라고 불리기도 하며, 그 값은 2.71828…입니다.
이 항등식에는 0, 1, i (22쪽 참고), 가장 중요한 수학 상수인 π, 수학의 가장 근본적인 연산인 덧셈, 곱셈, 거듭제곱이 포함되어 있습니다.

오일러는 물리학과 천문학, 지도학, 심지어는 음악 이론에도 업적을 남겼습니다. 말년의 오일러는 병을 앓아 시력을 잃었으면서도 아들인 요한과 크리스토퍼의 도움을 받아 기억에 의존해 연구를 이어 나갔습니다. 그런 와중에 일주일에 논문을 한 편씩 발표하기도 했답니다!

에이다 바이런 러브레이스(1815~1852년)

에이다 러브레이스는 수학에 관심이 있었던 어머니의 뒷받침 아래 수학을 공부했습니다. 뛰어난 학생이었던 러브레이스는 수학에 끌렸습니다. 시인인 바이런 경의 딸로 많은 사교 파티에 참석하다가 수학자이자 과학자였던 메리 소머빌과 친구가 되었지요. 러브레이스는 여러 수학 강의와 과학 실험 시연에 참석했고, 수학자 오거스트 드 모르간과 편지를 주고받았습니다.

러브레이스의 가장 유명한 업적은 수학자이자 발명가였던 찰스 배비지와 협력했던 일입니다. 배비지는 차분 기관이라 불리는 기계 계산기를 개발했지요. 러브레이스는 18세에 배비지의 작업실을 방문했을 때 차분 기관의 초기 모형을 보았고, 이후에 개발하게 되는 좀 더 복잡한 해석 기관을 포함한 배비지의 연구에 빠져들었습니다.

배비지는 러브레이스에게 이탈리아의 공학자 루이지 메나브레아가 1842년에 해석 기관에 관해 쓴 논문을 번역해달라고 부탁했습니다. 하지만 러브레이스는 단순 번역을 넘어 기관의 작동 방법과 수학 계산에 있어 미래의 활용 가능성에 관해 자신만의 방대한 (원문 분량의 세 배에 해당하는) 주석을 추가했습니다.

러브레이스의 글에는 컴퓨터로 급수의 합을 계산하는 데 유용한 수열인 **베르누이 수**를 계산하는 알고리즘이 포함되어 있습니다. 덕분에 러브레이스는 세계 최초의 컴퓨터 프로그래머로 알려져 있습니다. 컴퓨터가 존재하지 않았던 시절에 코드를 작성했던 셈이니까요!

다시 보기

수학의 기원

- **레봄보 뼈**: 선사 시대의 수 세기를 보여주는 원숭이 뼈
- **금융**: 돈과 빚, 세금과 관련된 계산
- **육분의**: 수평선과 천체 사이의 각을 측정하는 도구
- **측정**: 도형과 변의 길이, 부피, 표면적에 관한 분야
- **항해**: 세계를 여행하기 위해 거리와 방향을 계산
- **천문학**: 우주에 있는 천체, 그 특성과 운동을 연구하는 학문

수학의 역사

숫자의 변천

- **힌두-아라비아 숫자**: 십진법과 자릿값 체계를 사용하는 수 체계
- **자릿값 체계**: 각 열이 기수의 각각 다른 거듭제곱을 나타내는 체계
- **단위 분수**: 분자가 1인 분수
- **역수**: 1을 어떤 수로 나눈 수
- **피라고라스 수**: $a^2+b^2=c^2$을 만족하는 수 a, b, c의 집합
- **쐐기문자**: 고대 바빌로니아는 첨필로 점토판에 글을 썼다.

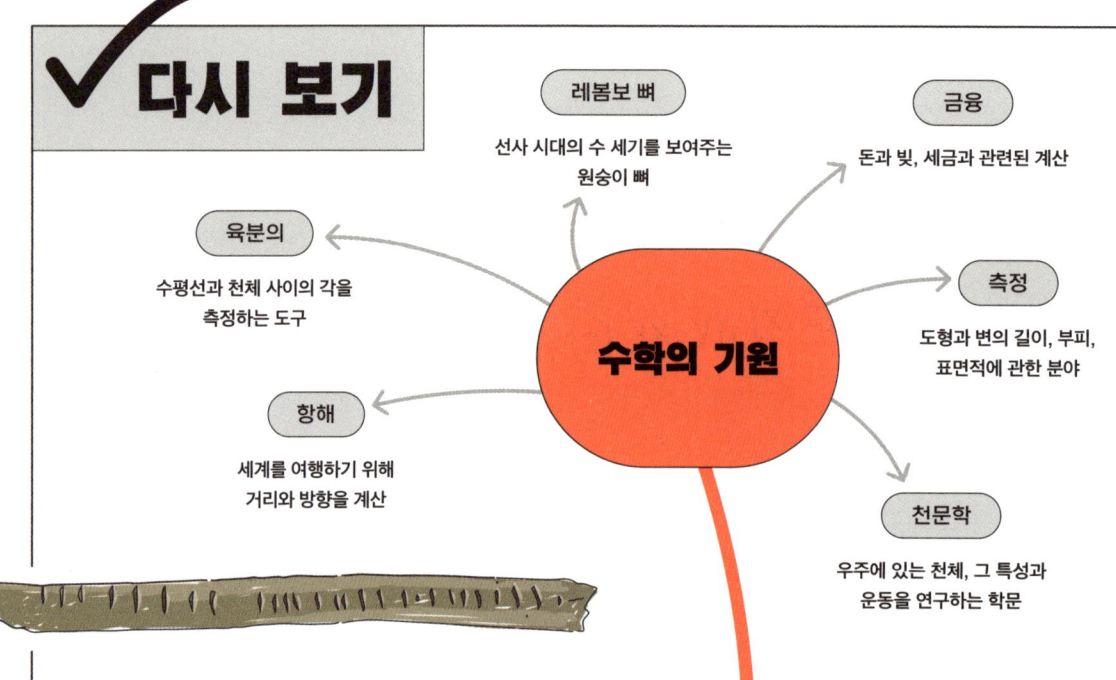

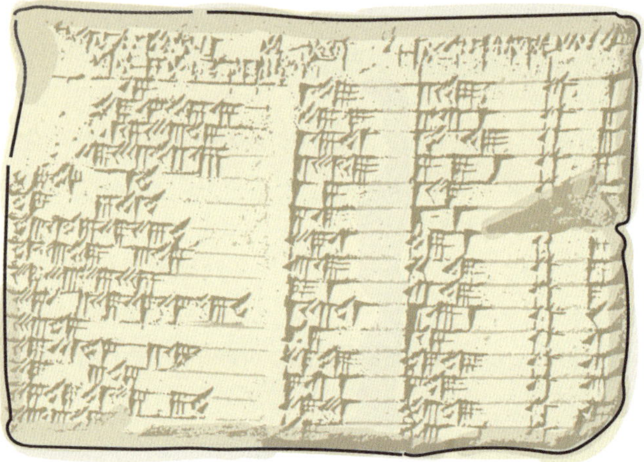

140

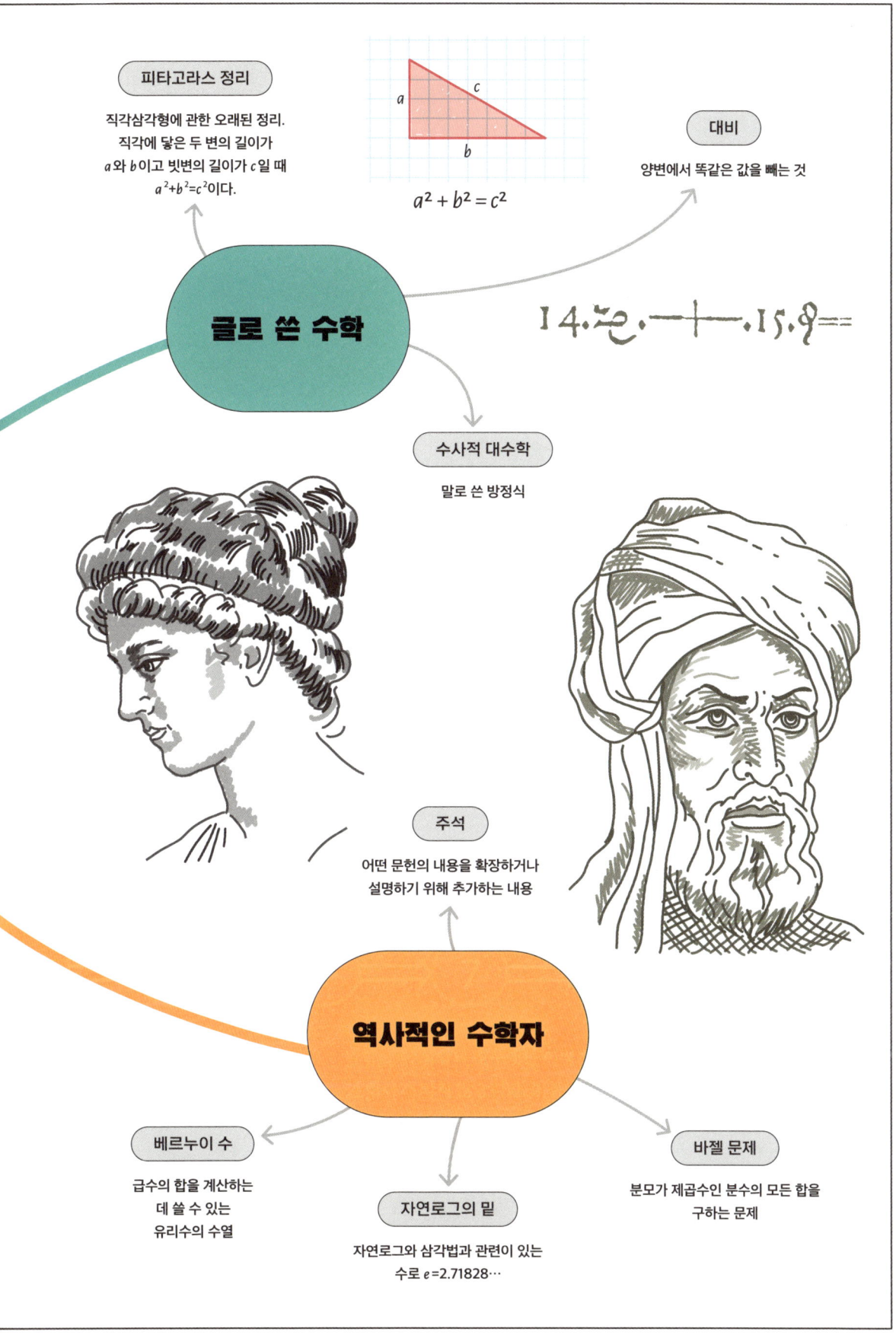

9장

모형화

수학은 하늘을 나는 물체의 움직임부터 날씨 같은 복잡한 시스템과 동물 집단의 상호작용에 이르기까지 우리 주변의 세상을 설명하는 데 사용할 수 있는 강력한 도구입니다. 공학과 의학, 과학 전반에 걸쳐 대상의 움직임을 기술하고 예측하는 데 쓰이고 있지요.

수학 모형은 세상을 이해하는 데 필수적입니다. 그 형태는 간단한 방정식에서 서로 상호작용하는 다수의 시스템에 이르기까지 다양합니다.

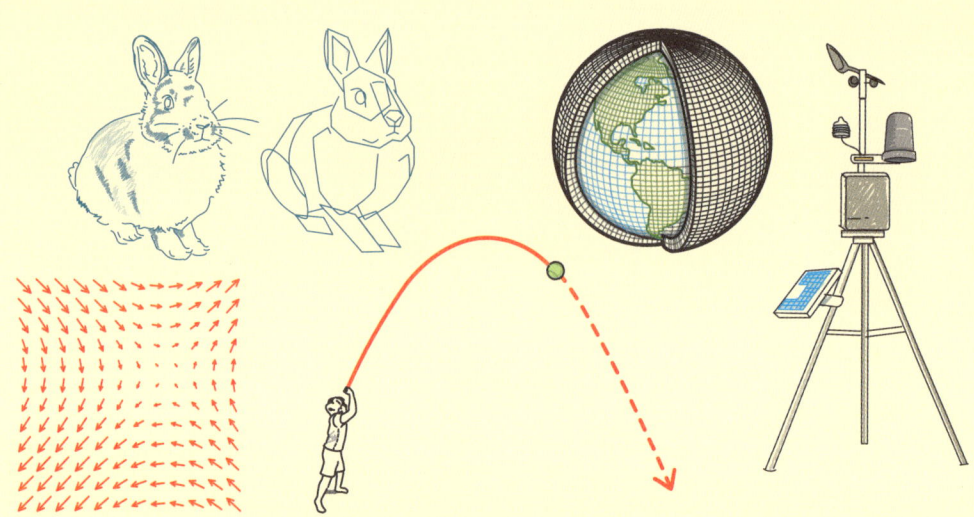

수학 모형이란 무엇인가?

응용 수학은 수학 개념과 구조를 사용해 현실 세계의 물체와 시스템을 연구하는 것을 말합니다. 우리는 함수를 이용해 수학 모형을 만듭니다. **수학 모형**은 실제 시스템의 작동 방식을 모형화하거나 비슷하게 나타냅니다.

현실 세계의 많은 존재는 복잡하게 상호작용하는 시스템의 일부입니다. 작동 방식을 이해하거나 앞으로 어떤 상태가 될지 예측하는 게 어렵다는 뜻이지요. 수학 모형은 모형화의 대상인 시스템을 단순화합니다. 모형을 만들기 위해 처음부터 영향력이 아주 작아서 중요하지 않은 몇몇 요소를 무시하거나 시스템의 작동에 대한 가설을 세웁니다.

예를 들어, 들에 사는 토끼의 개체수를 모형화하고 싶다고 합시다. 개체수가 증가하는 속도는 토끼의 번식 속도에 따라 달라지고 감소하는 속도는 포식자인 시라소니의 수에 따라 달라집니다. 토끼가 먹을 수 있는 먹이의 양도 개체 수에 영향을 끼칩니다.

우리는 이 모든 요소를 고려해 토끼 개체수의 변화 속도를 나타내는 모형을 만들 수 있습니다. 번식 속도를 나타내는 변수 a와 현재의 먹이 공급이 유지할 수 있는 토끼의 수 b, 스라소니에게 토끼가 잡아먹히는 속도 c를 변수로 이용하면 됩니다.

토끼 개체수의 변화를 H'로, 토끼의 수를 H로, 스라소니의 수를 L로 나타낸다면, 다음과 같은 방정식을 만들 수 있습니다.

$$H' = aH\left(1 - \frac{H}{b}\right) - cLH$$

로트카-볼테라 모형

이것은 1910~1920년대에 두 수학자 알프레드 J. 로트카와 비토 볼테라가 제안한 로트카-볼테라 방정식이라고 하는 인구수에 관한 수학 모형의 일부입니다. 이 방정식에는 스라소니의 개체 수 변화에 관한 모형 역시 담겨 있어 시간의 흐름에 따라 토끼와 스라소니의 개체수가 어떻게 변하는지 파악할 수 있게 해줍니다.

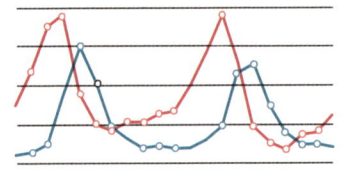

이 모형은 유용하지만, 중요할 수도 있는 세부 사항이 상당수 빠져 있습니다. 예를 들어, 토끼와 스라소니의 야생 수명을 고려하고 있지 않습니다. 질병이나 추위, 기후, 서식지 훼손 같은 다른 요소도 실제 개체 수에 영향을 줄 수 있습니다. 하지만 이런 모든 요소를 변수로 추가하면 모형이 훨씬 더 복잡해집니다. 몇몇 실제 세계의 상황에 관여하는 변수는 수천 개가 될 수도 있습니다. 모형이 복잡할수록 엄청난 양의 데이터를 입력해야 하고 각자가 다른 요소에 끼치는 영향을 파악하기 위해 수많은 상호작용 방정식을 이용해야 하기 때문에 쓰기 어려워집니다.

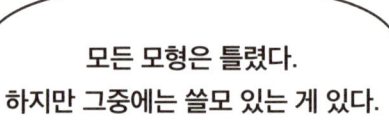

모든 모형은 틀렸다. 하지만 그중에는 쓸모 있는 게 있다.

모형화는 사실상 의미 있는 결과를 얻을 수 있을 정도로 복잡한 모형과 막대한 연산 능력이 없어도 결과를 계산할 수 있을 정도로 간단한 모형 사이에서 균형을 찾는 행위입니다. 언제나 이 둘 사이에서 타협해야 하지요. 통계학자 조지 박스의 말처럼 "모든 모형은 틀렸습니다. 하지만 그중에는 쓸모 있는 게 있습니다."

실제 시스템의 모형화

수학을 처음 연구하기 시작했을 때부터 사람들은 주변의 사물을 기술하고 이해하기 위해 이용해 왔습니다. 간단한 수 세기는 물체의 수를 나타냈고, 수학이 점점 발전하면서 더욱 복잡한 물리 현상을 나타낼 수 있게 되었지요. 컴퓨터가 발달하면서 대량의 데이터를 처리해 예측값을 뽑아내는 게 가능해졌고, 수학 모형은 현실 세계를 이해할 수 있게 해주는 강력한 도구가 되었습니다.

행성의 운동

과거에는 하늘을 움직이는 행성의 움직임을 나타내는 수학 모형이 몇 가지 있었습니다. 초기에는 지구가 우주의 한 점에 놓여 있고 다른 모든 천체가 지구 주위를 돈다고 가정하고 모형을 만들었습니다. 하지만 수학자이자 천문학자였던 니콜라스 코페르니쿠스는 태양이 태양계의 중심에 놓이는 좀 더 정확한 모형을 제시했습니다.

태양계

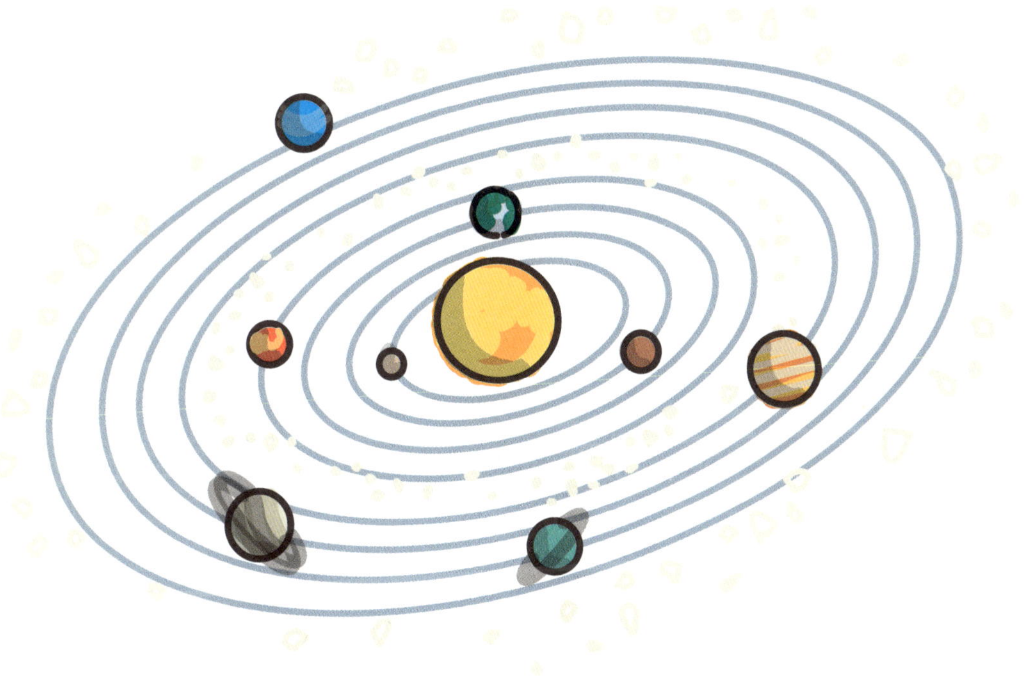

행성과 같은 천체는 중력의 끌림을 받습니다. 지구가 중력으로 우리를 지구 표면으로 끌어당기듯이 행성은 서로 끌어당깁니다. 우리는 뉴턴의 방정식을 이용해 이 관계를 나타낼 수 있습니다.

$$F = \frac{Gm_1m_2}{r^2}$$

여기서 m_1과 m_2는 두 행성의 질량이고, r은 둘 사이의 거리입니다. G는 만유인력 상수로, $6.674 \times 10^{-11} \text{N} \cdot \text{m}^2 \text{kg}^{-2}$입니다. 이 힘은 두 천체에 작용해 서로 끌어당기게 합니다. 우리는 수식을 사용해 행성이 태양 주위를 도는 데 얼마나 걸리는지, 중력의 끌림을 받는 천체가 움직이는 속도를 계산할 수 있습니다.

이런 수식 덕분에 다른 더 큰 천체가 다가와 영향을 끼쳐도 수학자는 천체가 우주에서 움직이는 방식을 모형화하고 앞으로 어떻게 움직일지 예측할 수 있습니다.

날씨 예보

날씨를 예보하려면 온도에서 풍속, 습도, 강수량, 기압 등 수많은 요소를 고려해야 합니다. 지상의 기지와 기상 풍선, 기상 위성 등에서 이런 데이터를 측정하고 수집해 모형에 입력하면 날씨가 앞으로 어떻게 변할지 예측할 수 있습니다.

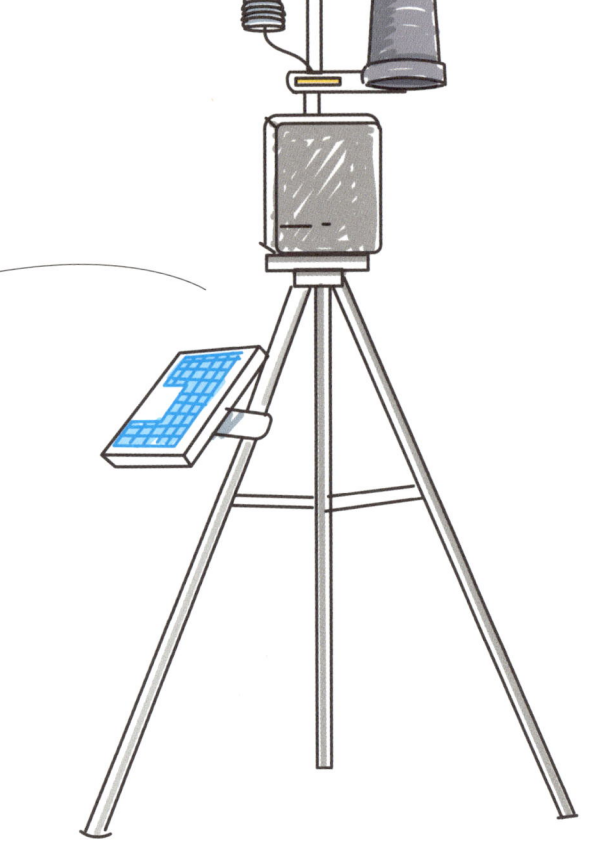

지구의 대기권은 위도와 경도, 고도를 이용해 3차원 격자로 나눌 수 있습니다.
이 격자의 각 '셀'에 대해 우리는 데이터를 수집하고 날씨를 예측합니다.
이웃한 셀과의 상호작용도 날씨 예측에 쓰일 수 있습니다.

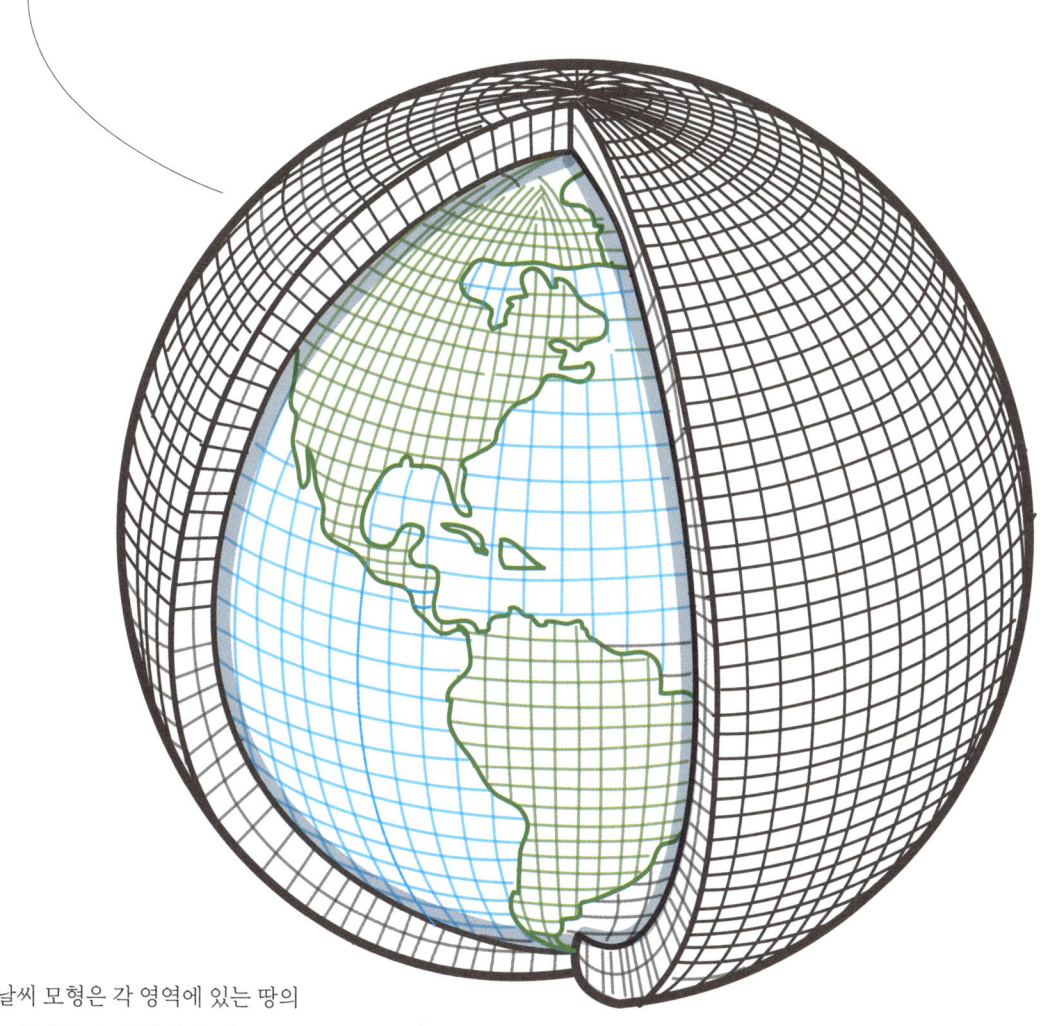

날씨 모형은 각 영역에 있는 땅의 모양과 높이, 태양에서 오는 열복사도 고려합니다.

기후학자는 이런 수학 모형을 이용해 현재 6일 뒤까지 정확하게 맞힐 수 있는 단기 예보와 그보다 부정확한 장기 예보를 내놓습니다. 세계의 날씨를 한꺼번에 예측하는 세계 모형을 만들 수도, 더 작은 지역을 살펴보는 국지 모형을 만들 수도 있습니다.

모형으로 예측한 결과는 단지 예측일 뿐입니다. 날씨가 우리 예측대로 움직일지는 확실하지 않습니다. 그래서 날씨 예보에는 흔히 예측대로 될 가능성을 나타내기 위해 확률을 함께 표기합니다. 예를 들어, 비 올 확률이 60%라고 하면 비가 오지 않을 가능성보다 비가 올 가능성이 크다는 뜻입니다. 하지만 기후 시스템은 복잡해서 확실하게 예측하기 매우 어렵습니다.

유체역학

유체역학은 유체의 움직임을 다룹니다. 유체란 액체나 기체처럼 원자와 분자 같은 아주 작은 개개의 물질로 이루어진 것을 말합니다. 작은 규모에서 이런 입자의 상호작용을 이용해 유체의 움직임을 예측할 수 있지만, 수학자는 종종 유체를 하나의 물체로 보고 전체 시스템의 질량과 에너지가 움직이는 규칙을 이용해 모형화합니다.

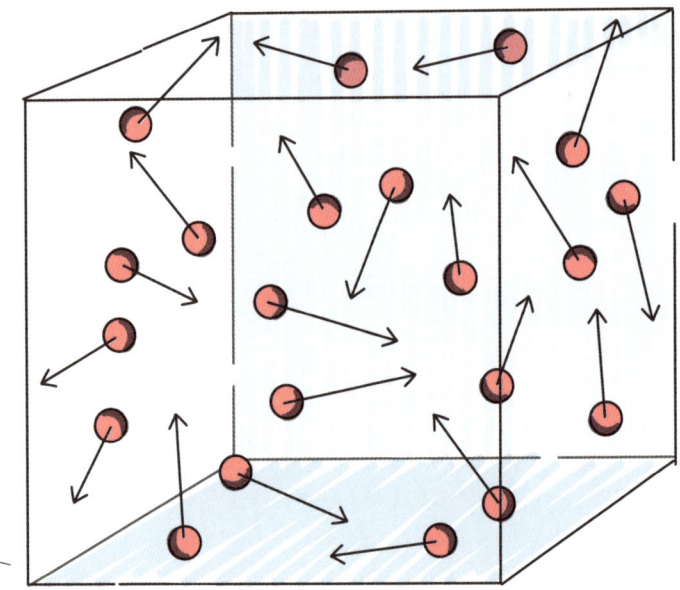

유체를 모형화하는 방정식에는 흐르는 속도, 압력, 밀도, 온도, 시간의 흐름에 따른 이들의 변화에 관한 정보가 담겨 있습니다. 똑같은 방정식을 사용해 관 속을 흐르는 물, 피나 꿀처럼 점성이 있는 액체, 또는 비행기 날개 위를 흐르는 공기의 움직임을 모형화할 수 있습니다.

수학 모형이 으레 그렇듯이 유체 모형도 변화의 속도(양이 얼마나 빨리 변하는지)를 측정해 시간의 흐름에 따른 시스템의 진화를 연구하는 데 쓰입니다.

이것은 **미적분** 덕분에 가능해졌습니다. 미적분은 위치와 온도 같은 측정값을 시간의 흐름에 따른 변화량과 비교하고 이에 대한 방정식을 만들 수 있게 해줍니다. 나비에-스토크스 방정식 같은 **미분방정식**을 이용해 우리는 뉴턴 유체(점성도가 일정한 유체)의 행동을 모형화할 수 있습니다.

페르미 추정

엔리코 페르미는 원자로와 원자폭탄을 연구한 물리학자였습니다. 페르미가 원자폭탄 실험을 보며 종이 한 장을 떨어뜨렸던 일화는 유명합니다. 종이가 날아간 거리를 이용해 폭발의 위력을 추정했지요. 페르미 추정이라는 이름이 붙은 이유입니다.

수학자는 측정하고 세는 일을 좋아하지만, 세상에는 정확히 세는 게 불가능한 것도 있습니다. 지구에 있는 모래알의 수, 혹은 개미의 수를 알아내려면 어떻게 해야 할까요?

페르미 추정은 아주 큰 수를 대략적으로 추측하게 해주는 기법입니다. 추정치가 꼭 정확한 건 아니지만, 규모를 짐작하게 해준다는 목적에는 충분할 정도로 가깝습니다. 먼저 어떤 정보가 필요한지 정해야 합니다. 그리고 계산에 쓸 값을 대략적으로 추정합니다.

예를 들어, 욕조를 마시멜로로 채우고 싶다고 가정하지요. 그러기 위하여 마시멜로가 몇 개 필요한지 알고 싶습니다. 먼저 대략적인 마시멜로 한 개의 크기를 추정할 수 있습니다. 아마 각 변의 길이가 몇 센티미터 정도겠지요. 이제 욕조의 길이와 폭, 깊이를 추정할 수 있습니다. 길이는 사람의 평균 키와 비슷할 테고, 폭은 한 사람의 어깨가 들어가고 조금 여유가 남을 정도일 겁니다.
정확한 측정값은 아니지만, 추정이라는 우리의 목적에는 충분합니다. 이제 욕조 안 공간의 부피와 마시멜로 한 개의 부피를 계산해서 나누면 추정치를 구할 수 있습니다.

페르미 추정 문제는 흔히 기술 기업이 직원을 뽑을 때 사용하곤 합니다. 지원자에게 사람의 심장이 평생 뛰는 횟수나 엠파이어스테이트 빌딩의 무게, 혹은 비행기 안에 실을 수 있는 소의 수 등을 물어보며, 세상에 관한

지원자의 전반적인 지식과 양을 가늠하는 능력, 즉석에서 사고하는 능력을 판단했지요.

일부는 너무 크고, 일부는 너무 작아서 좀 더 작은 양에 관한 페르미 추정이 부정확할 수는 있지만, 전체적으로는 틀린 추정이 상쇄되어 놀라울 정도로 정확한 결과가 나오기도 합니다. 10의 자리까지 정확하게 나오는 경우도 흔하지요. 물론 진짜 답을 구하는 게 불가능하기 때문에 추정치가 얼마나 정확한지 절대 알 수 없는 경우가 많지만요!

벡터와 벡터장

액체나 기체, 혹은 중력장이나 자기장의 움직임을 모형화할 때 우리는 흔히 **벡터장**을 사용합니다. 여러 개의 개별 벡터로 이루어진 벡터장은 전체 영역에서 물체가 어떻게 움직이는지 또는 힘이 어떻게 작용하는지를 한눈에 나타낼 수 있습니다.

벡터

벡터는 공간 속의 화살표로 생각할 수 있습니다. 좌표 위의 한 점에서 시작해 좌표 위의 떠 다른 한 점인 목적지를 향해 일직선으로 나아가는 화살표입니다.

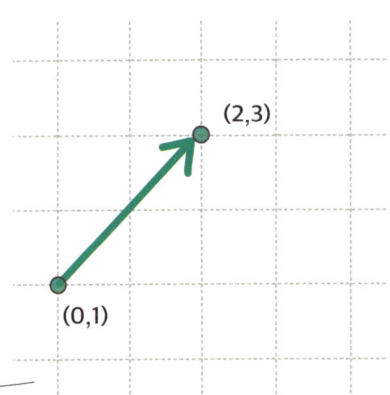

벡터를 그냥 화살표로만 생각해도 됩니다. 어디서 시작했는지와 상관없이 각 방향으로 정해진 거리만큼 이동하는 화살표입니다. 흔히 우리는 괄호 안에 숫자를 '쌓아서' 벡터를 나타냅니다.

위 그림의 벡터는 두 차원에서 작용합니다. 위의 수는 벡터가 수평으로 움직인 거리이고, 아래 수는 수직으로 움직인 거리입니다. 예를 들어, 벡터 $\binom{3}{1}$은 오른쪽으로 세 칸, 위로 한 칸 움직인다는 뜻입니다.

벡터는 원하는 만큼의 차원을 가질 수 있으며, 물리학에서 흔히 힘과 운동을 모형화할 때 쓰입니다. 예를 들어, 움직이는 물체의 **속도**는 그 물체의 속력과 움직이는 방향을 알려줍니다. 이를 벡터로 저장할 수 있지요. 다른 많은 수학 개념과 마찬가지로 벡터도 더할 수 있습니다. 벡터를 더할 때는 위의 수끼리 더하고 아래 수끼리 더합니다.

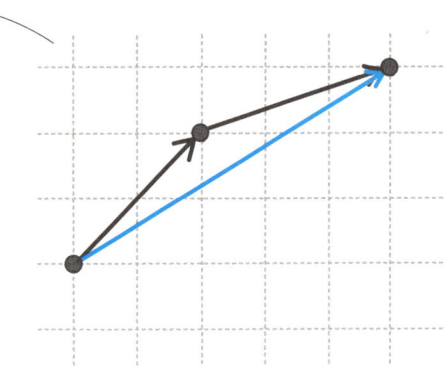

$$\binom{2}{2} + \binom{3}{1} = \binom{5}{3}$$

벡터에 **스칼라**라고 부르는 실수를 곱하면 방향은 같지만 길이가 다른 벡터를 얻습니다. 각 요소에 스칼라를 곱하면 됩니다. 혹은 화살표의 복제본을 그 수만큼 길게 붙인다고 생각할 수도 있습니다.

벡터곱이나 **스칼라곱**을 비롯해 벡터의 곱셈을 정의하는 방법도 있습니다. 각각은 두 벡터를 비교하는 서로 다른 방법을 제공하며, 두 방법 모두 공학과 컴퓨터그래픽에 유용하게 쓰입니다. 벡터곱은 두 벡터가 평행한지 확인할 수 있게 해줍니다. 두 벡터가 평행하다면 벡터곱은 0이 됩니다. 스칼라곱으로는 두 벡터 사이의 각도를 알아낼 수 있습니다.

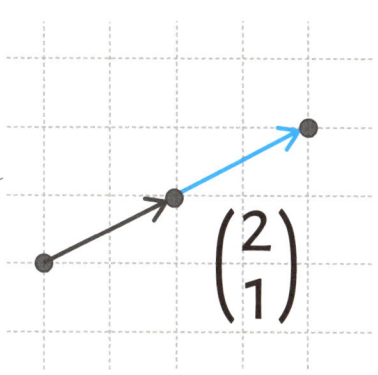

벡터장

벡터장은 공간 속의 각 점에 벡터가 붙어 있는 공간입니다. 제각기 다른 방향을 가리키는 짧은 털로 덮인 표면을 상상하면 됩니다.

공기와 액체는 벡터장으로 기술할 수 있습니다. 벡터는 각 입자의 속력과 방향을 나타내게 되지요. 또, 벡터장을 이용해 중력장이나 자석 주위에 철가루를 뿌렸을 때 볼 수 있는 것과 같은 자기장을 모형화할 수 있습니다.

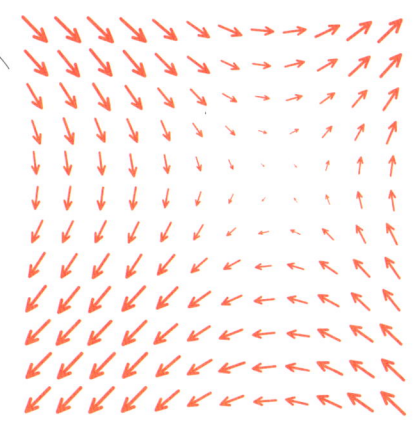

벡터장을 연구하면 자기장이나 공기의 흐름 같은 복잡한 시스템을 이해할 수 있습니다. 미적분을 이용해 장 안의 힘이 상호작용하는 방식을 측정하고 유체의 흐름을 연구할 수 있습니다. 유체역학에 관한 더 자세한 내용은 148쪽을 보세요.

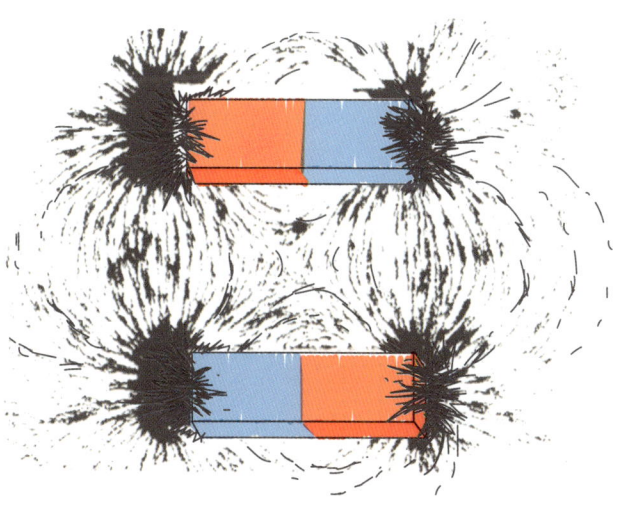

털 난 공 정리는 벡터장과 관련 있는 주제로 표면의 모든 점에 벡터가 달려 있는 구가 특정 규칙을 따를 수밖에 없다는 내용입니다. 머리에 난 머리털과 비슷한데, 머리는 모든 점에서 평평하게 빗을 수 없습니다.

털 난 공 정리에 따르면 반드시 한 점에서는 벡터가 표면과 반대쪽으로 곧추서야 합니다. 대략 구와 비슷한 사람의 머리에서는 이런 부분을 **소가 핥은 머리**라고 부릅니다. 머리 꼭대기에서는 머리털이 위로 뻗치며, 그 주위에 소용돌이가 생깁니다.

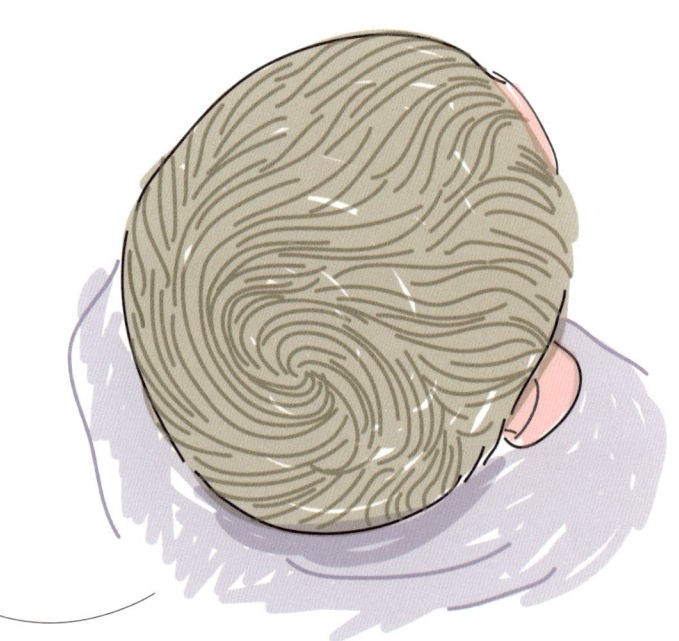

지구 표면의 각 지점에서 측정한 사람의 속도가 이루는 벡터장을 생각해보면, 털 난 공 정리에 따라 어느 때라도 바람이 전혀 불지 않는 지점이 적어도 한 군데는 반드시 있어야 합니다.

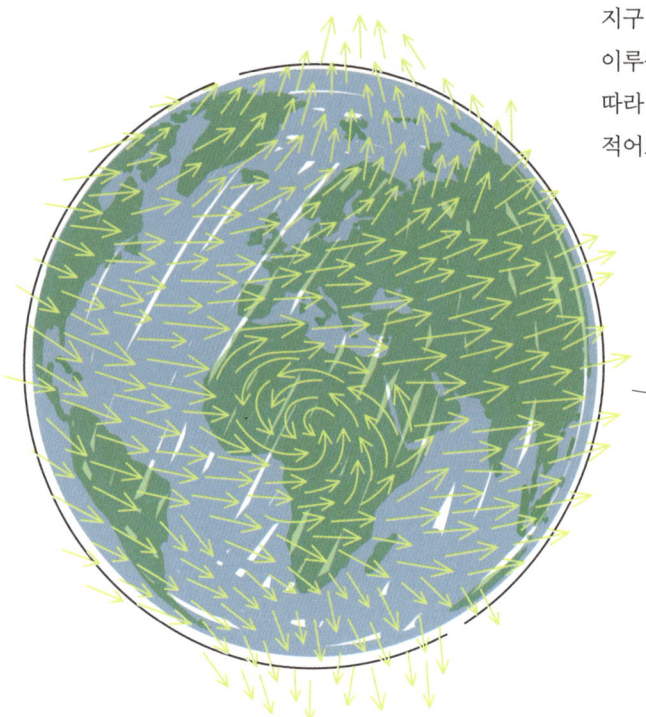

포물선 운동

간단히 모형화할 수 있는 실제 세계의 시스템 한 가지로 허공을 움직이는 물체가 있습니다. 떨어뜨렸든 던졌든 엔진의 추력으로 날아가든 대포에서 발사됐든 우리는 그 물체가 어떻게 움직여 어디에 떨어질지를 방정식으로 나타낼 수 있습니다.

현실 세계의 많은 시스템은 모형화하기에 복잡하지만, 움직이는 물체는 비교적 간단합니다. 물체가 충분히 작다면 우리는 **공기의 저항** 같은 효과를 무시할 수 있습니다. 실제로는 움직임에 영향을 끼치겠지만, 그 영향이 작아서 모형에 차이를 가져올 정도는 아닙니다.

떨어지는 물체

떨어지는 물체는 중력의 영향을 받아 가속합니다. 이를 **중력에 의한 가속**이라고 합니다. 지상에서는 매초 초속 9.8미터만큼 가속합니다. 만약 어떤 물체가 특정 속력으로 곧장 떨어지기 시작한다면, 1초 뒤에는 원래 속력보다 초속 9.8미터만큼 빨라진다는 뜻입니다. 즉, 물체가 떨어졌을 때의 속력을 알고 있다면 몇 초 뒤에 그 물체의 속력을 알 수 있습니다. 만약 초기 속력이 0m/s인 상태로 물체를 떨어뜨리면, t초 후 그 속력은 초속 $9.8t$ m/s가 됩니다.
실제로는 충분히 큰 물체가 오랫동안 떨어지면 공기의 저항을 받아 계속해서 빨라지지 않습니다. 이 최고 속력을 **종단속도**라고 부르며, 중력과 공기의 저항이 균형을 이룰 때 도달합니다.

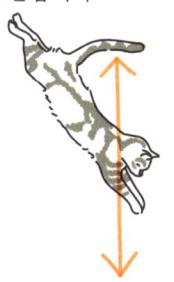

던진 물체

어떤 물체를 비스듬하게 위쪽으로 던지면 그 물체의 운동을 이차방정식으로 나타낼 수 있습니다. 물체가 허공을 움직이는 모습을 보면 그 궤적이 이차방정식의 그래프(85쪽 참고)와 흡사합니다. 처음에는 점점 높아지다가 중력 때문에 올라가는 속력이 줄어들고 마침내 올라가기를 멈추기 때문입니다. 그 뒤에는 다시 아래로 떨어지며 떨어지는 물체와 똑같은 움직임을 보입니다. 처음에는 느리지만, 점점 빨라지지요. 속도는 속력과 방향을 모두 포함한다는 사실을 기억하세요. 수평으로는 일정한 속도로 움직입니다. 하지만 물체의 수직 속도는 처음에는 위를 향한 채 느려지다가 0이 되고, 그 뒤 물체는 아래로 움직이며 점점 빨라집니다. 그 결과가 **포물선**이라고 부르는 이차곡선입니다.

공기 저항까지 고려하면 움직이는 물체의 좀 더 복잡한 모형이 됩니다. 예를 들어, 하늘을 나는 비행기의 움직임에는 날개의 양력, 중력에 의한 무게, 엔진에 의한 추력, 공기 저항에 의한 항력이 관여합니다. 이 모든 게 균형을 이룰 때 비행기는 일정한 속력으로 날아갑니다. 좀 더 복잡한 모형이라면 **회전**과 같은 힘을 고려할 수 있습니다. 물체가 표면을 따라 미끄러지고 있다면 **마찰** 역시 운동에 영향을 끼칩니다. 이 모든 요소는 매 시각 물체의 위치와 속력을 계산하는 방정식을 이용해 수학적으로 모형화할 수 있습니다.

금융 수학

금융 분야에서 수학은 다양하게 쓰입니다.
회계, 보험, 은행은 모두 각기 다른 수학 기법을 이용해 돈이 막힘없이 흘러가게 합니다.

회계사는 사업상의 **수입**과 **지출**을 계산하고 추적해야 합니다. 또한, 회계 기록을 정확하게 작성하고 예산 계획을 보조합니다.

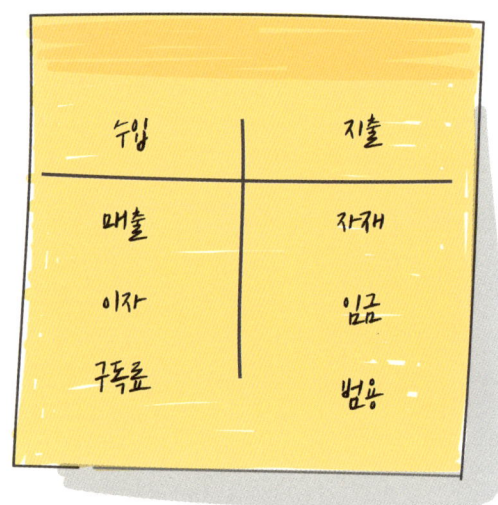

투자 은행은 흔히 **주식**을 거래합니다. 회사의 일부를 사고파는 것이지요. 주식 가치가 올라가거나 내려가는 시기를 잘 맞춰서 사고팔면 이익을 얻을 수 있습니다.

외환 거래소는 외화를 사고팝니다. 외화도 주식과 비슷하게 각 나라의 경제가 얼마나 잘 돌아가고 있는지에 따라 가치가 오르내릴 수 있습니다.

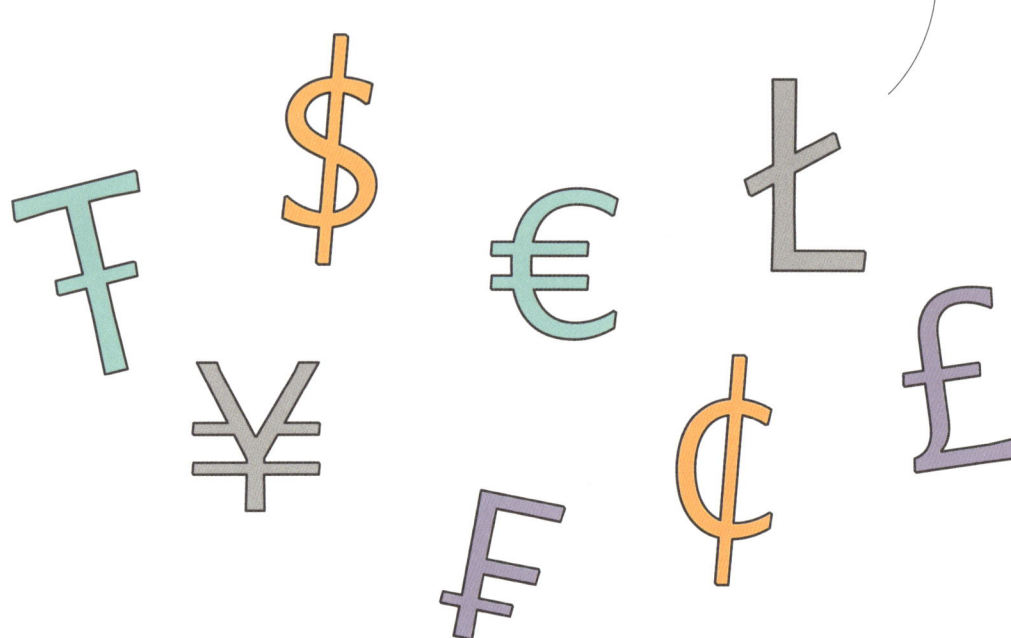

은행은 고객에게 **모기지**와 같은 대출을 제공합니다. 고객은 돈을 빌려서 집과 같은 비싼 물건을 산 뒤 천천히 갚아나가는 겁니다. 은행은 빌린 돈에 더해 **이자**를 청구합니다. 빌린 돈의 일정 비율을 계산해 추가로 더 갚아야 한다는 뜻입니다.

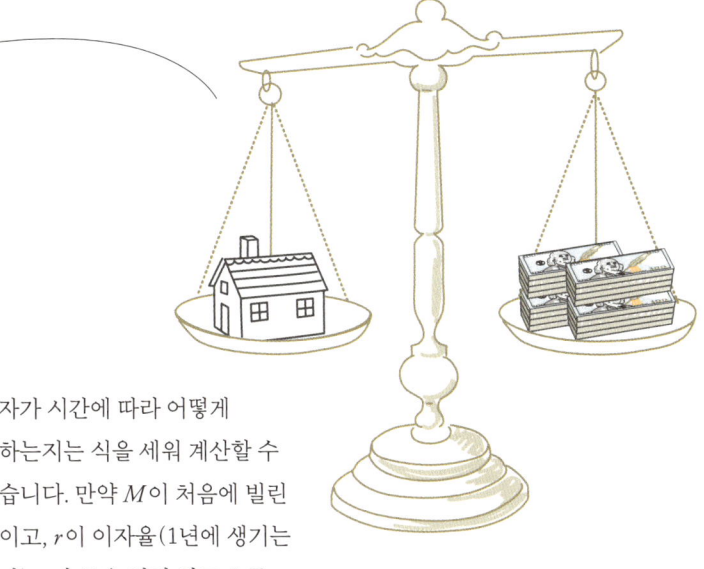

이자는 연 단위처럼 정기적으로 계산합니다. 게다가 빚에 더해진 이자에 대한 이자까지 내야 합니다. 예를 들어, 연이자 5%로 10만 달러를 빌렸다면, 10만 5000달러(10만 달러의 5%는 5000달러이므로)를 갚아야 합니다. 다음 해에는 이자로 5250달러(10만 5000달러의 5%)가 더 생기므로 총 11만 250달러를 갚아야 합니다. 이것을 **복리 이자**라고 합니다.

이자가 시간에 따라 어떻게 변하는지는 식을 세워 계산할 수 있습니다. 만약 M이 처음에 빌린 돈이고, r이 이자율(1년에 생기는 이자), t가 돈을 빌린 뒤로 흐른 시간(년)이라면 도중에 한 번도 갚지 않았다고 할 때 빚의 총액은 다음과 같습니다.

$$M \times (1+r)^t$$

은행 역시 고객이 예금한 돈에 대해 이자를 지급합니다. 이 이자도 비슷하게 늘어날 수 있지만, 보통은 대출 이자보다 이율이 낮습니다.

사람들은 **연금펀드**에도 돈을 넣을 수 있습니다. 고용주도 이 돈을 함께 부담합니다. 펀드를 투자하면 돈을 더 불릴 수 있고, 그 이익은 연금 주인과 펀드를 운영한 트레이더나 회사가 나누어 갖습니다. 연금 주인이 은퇴하면 그 돈을 가지고 은퇴 생활을 영위합니다.

보험계리학은 어떤 투자가 돈을 벌지 잃을지 어떤 물건이 도둑맞거나 손상을 입을지 등의 위험을 수학적으로 평가하는 분야입니다. 보험계리사는 보험회사에서 일하며 사람들이 재산이나 수입을 보호하기 위해 드는 보험의 대가로 얼마를 내야 할지 결정하기도 하고 금융회사에서 투자 위험을 평가하는 일을 하기도 합니다.

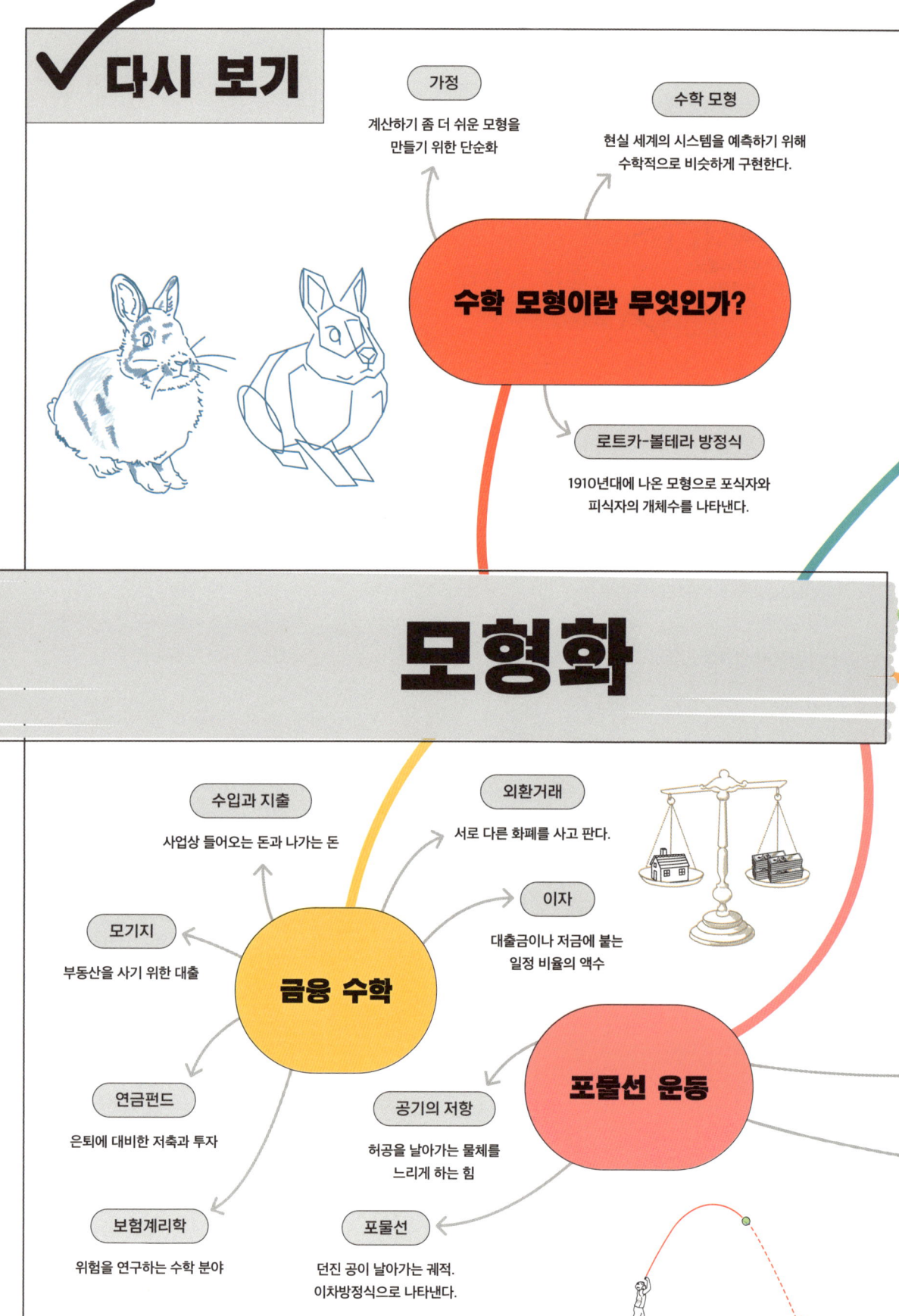

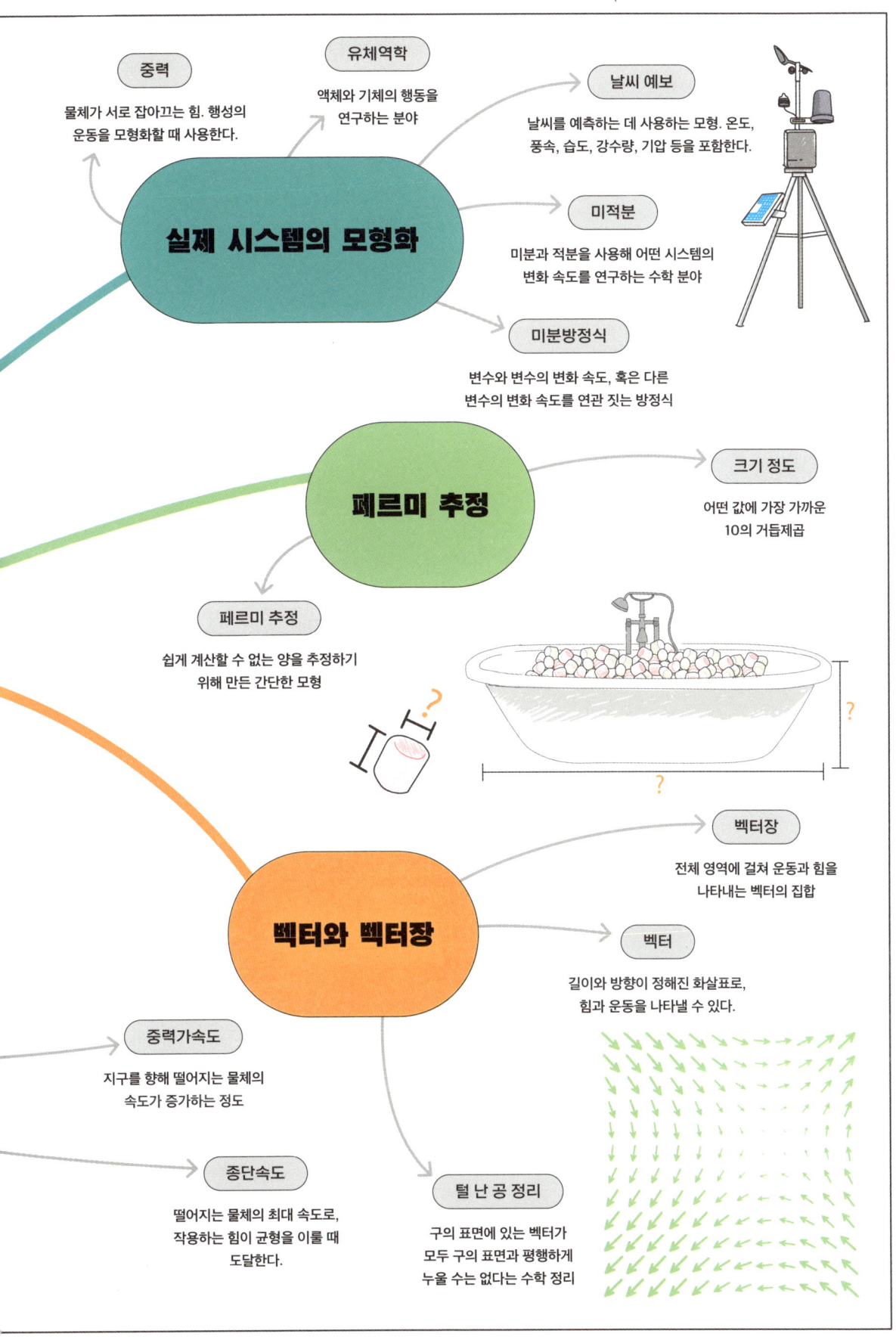

10장

동역학

우리가 수학 모형으로 만들고 싶은 실제 세계의 많은 시스템은 시간의 흐름에 따라 변하는 것과 관련이 있습니다.
이런 시스템을 연구하는 한 가지 방법이 동역학입니다. 만약 어떤 시스템이 특정 규칙을 따르고 있다면, 우리는 그 규칙을 반복적으로 적용하면서 시간이 흐르며 어떻게 변하는지 알아볼 수 있습니다. 이런 시스템의 움직임을 이해하면 실제 세계를 예측할 수 있을 뿐 아니라 예상치 못한 아름다운 결과를 얻을 수도 있습니다.

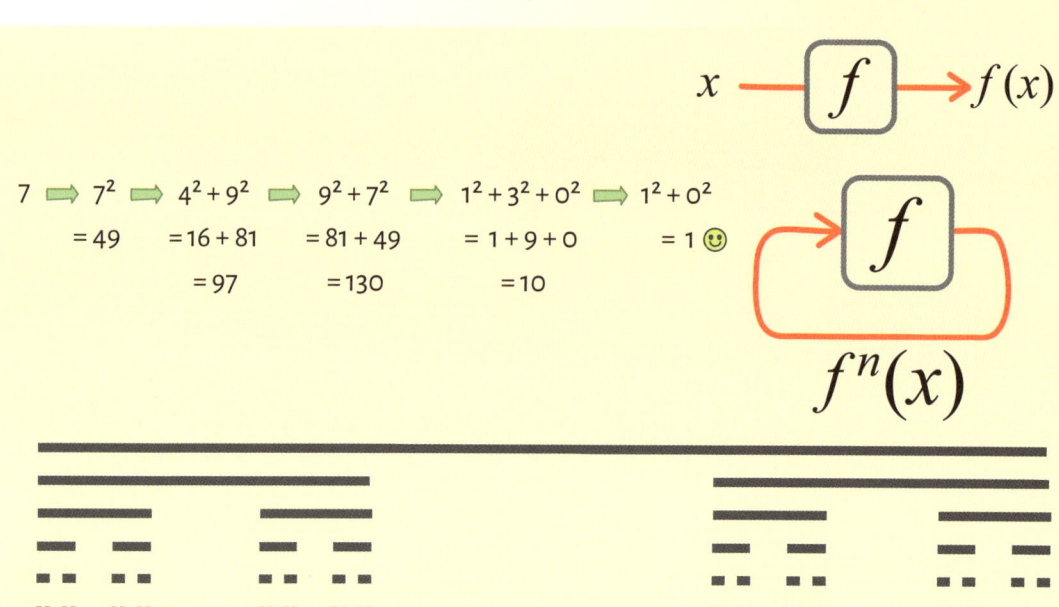

동역학계

동역학계는 시간이 흐르며 시스템이 어떻게 변하는지에 관해 주어진 규칙을 따르는 시스템입니다.
이를 이용해 특정한 상황을 모형화하기도 하고, 흥미로운 패턴을 발견하기도 합니다.

동역학계의 기본 개념은 함수에서 시작합니다. 특히 내놓는 출력값과 똑같은 종류의 입력값을 받아들이는 함수입니다. 이것은 우리가 함수에 입력값을 넣고, 얻은 출력값을 다시 똑같은 함수에 넣는 일을 원하는 만큼 계속해서 반복할 수 있다는 뜻입니다.

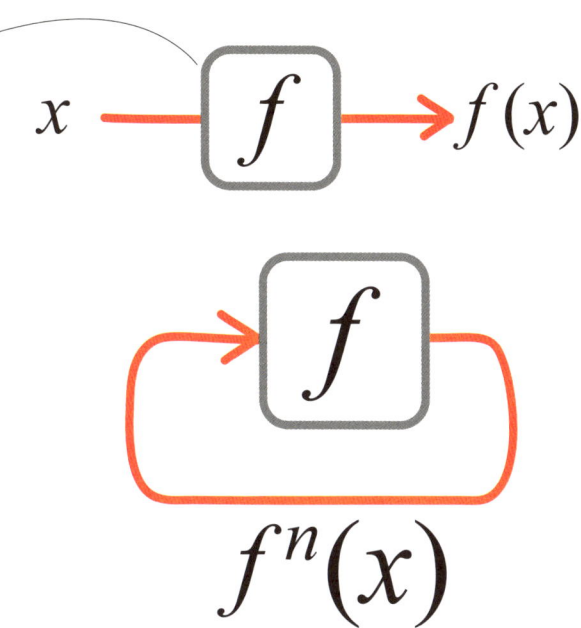

함수 f에 입력값 x를 넣으면 출력값 $f(x)$가 나옵니다. f에 다시 $f(x)$를 입력하면 출력값으로 $f(f(x))$가 나옵니다. $f^2(x)$이라고 쓸 수도 있습니다. 원하는 만큼 이것을 반복할 수 있으며, n번 반복한 결과를 $f^n(x)$으로 나타냅니다. 함수 f의 n회 **반복**이라고 부릅니다.

이런 시스템은 **결정론적**입니다. 다시 말해, 초기 조건이 있을 때 함수가 계속 반복된다면 시간이 지나며 전체 시스템이 어떻게 변할지 정확히 알 수 있다는 뜻입니다. 만약 어떤 함수가 적은 횟수의 반복 단계로 실제 시스템을 나타낸다면, 그 함수를 이용해 시간이 흐름에 따른 전체 시스템의 행동을 예측할 수 있습니다.

우리는 수에 관한 함수를 이용해 간단한 동역학계를 만들 수 있습니다. 예를 들어, 47쪽에서 살펴보았듯이 **행복수**는 어떤 수의 각 자릿수를 제곱한 뒤 더해서 새로운 수를 얻는 함수로 정의할 수 있습니다. 첫 번째 수에서 시작해 이 함수를 계속 적용하며 어떻게 되는지 볼 수 있지요.

13으로 시작하면 10이 나옵니다. 그다음은 1입니다. 7에서 시작하면 49가 나오고, 그다음에는 97, 그다음에는 130이 나오며 계속 이어집니다. 우리는 관찰한 결과를 바탕으로 첫 번째 수가 행복수인지 아닌지 나눌 수 있습니다. 이에 관해서는 161쪽에서 좀 더 자세히 살펴보겠습니다.

$$13 \Rightarrow 1^2 + 3^2 = 1 + 9 = 10 \Rightarrow 1^2 + 0^2 = 1 \ ☺$$

$$7 \Rightarrow 7^2 \Rightarrow 4^2 + 9^2 \Rightarrow 9^2 + 7^2 \Rightarrow 1^2 + 3^2 + 0^2 \Rightarrow 1^2 + 0^2$$
$$= 49 \quad = 16 + 81 \quad = 81 + 49 \quad = 1 + 9 + 0 \quad = 1 \ ☺$$
$$= 97 \quad\quad = 130 \quad\quad = 10$$

159

좀 더 일반적으로 말하면, 동역학계에는 입력값과 출력값이 여럿일 수도 있으며, 유체역학(148쪽 참고) 같은 실제 세계의 과정을 모형화하는 복잡한 시스템의 일부일 수도 있습니다. 시스템을 정의하는 함수는 입력값과 출력값이 일대일로 대응하는 수에 관한 함수일 수도 있고, 다차원의 입력값을 받을 수도 있으며, 변화의 속도를 다루는 미분방정식일 수도 있습니다.

동역학계 연구는 우리가 실제 세계의 시스템을 이해하는 데 도움이 됩니다. 그리고 우리는 컴퓨터 시뮬레이션을 이용해 미래를 예측할 수 있습니다. 또한, 혼돈 이론(164쪽 참고)과 같은 수학 개념을 이해하는 통찰력을 제공하고, 과학과 공학의 많은 분야에 응용됩니다.

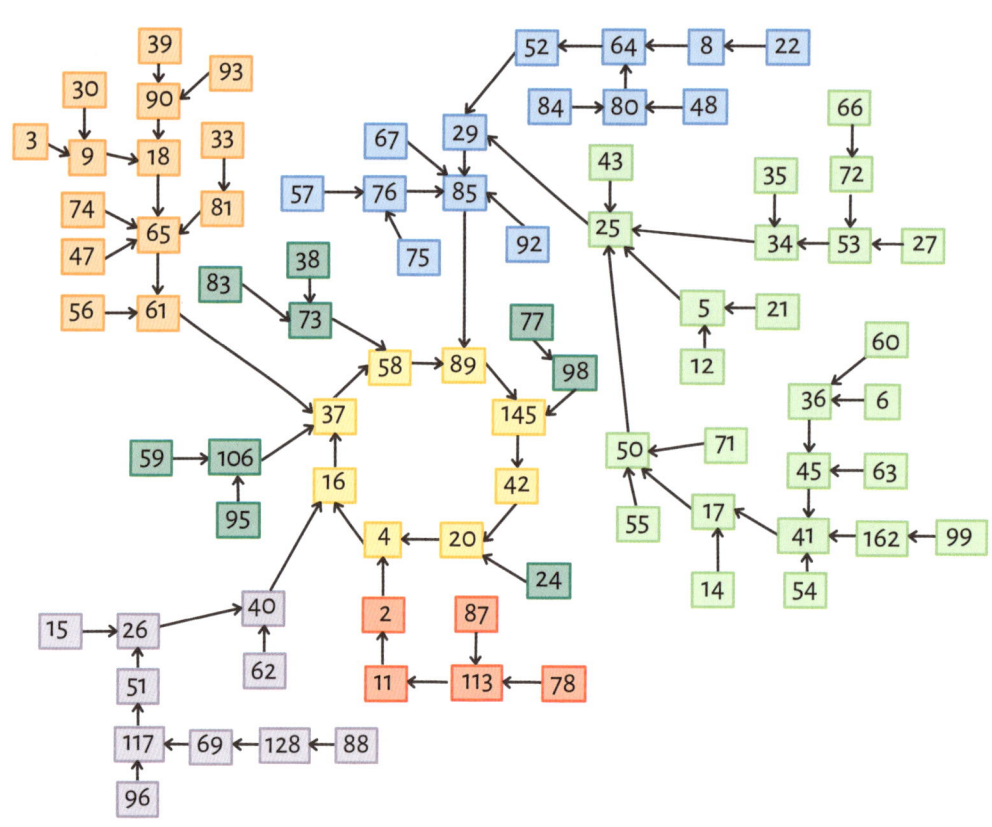

고정점과 궤도

동역학계를 이해하는 데 있어 중요한 측면 중 하나는 흥미로운 성질이 있는 특정 입력값을 찾는 일입니다.
입력값으로 어떤 값을 사용하면 비정상적인 행동이 나오는 때가 있습니다.
시스템을 더욱 일반적으로 이해하고자 할 때는 이런 점이 흥미의 대상이 됩니다.

행복수의 정의를 떠올려 보세요(47쪽 참고). 어떤 수의 각 자릿수를 제곱해서 더하는 과정을 반복하며 어떤 수가 나오는지 계속 지켜봅니다. 어떤 수는 결국 1에 도달하고, 어떤 수는 4를 포함한 순환고리에 빠져 버린다는 사실을 우리는 알고 있습니다.

이를 시각화하고 싶다면, 이동 방향을 가리키는 화살표가 있는 그래프를(77쪽 참고) 그릴 수 있습니다.

이 시스템에는 눈에 띄게 다르게 행동하는 입력값이 하나 있습니다. 바로 1입니다. 각 자릿수를 제곱해서 더하면 그냥 $1^2=1$이 됩니다. 이를 동역학계의 **고정점**이라고 부릅니다. 시스템을 반복해도 항상 같은 값을 유지하는 점을 말합니다. $f(x)=x$라고 씁니다. 이 시스템에는 순환하는 점도 있습니다. 4에서 시작해 16-37-58-89-145-42-20을 거쳐 다시 4가 됩니다(160쪽 그래프처럼). 만약 4를 입력하고 함수를 일곱 번 반복하면, 우리는 다시 4를 얻습니다. $f^7(4)=4$라고 쓸 수 있지요. 이를 **주기적 궤도**라고 부르며, 이 궤도의 모든 점에 대해 $f^7(x)=x$입니다.

실제 세계의 시스템을 나타내는 동역학계에서 주기적 궤도는 서로 공전하는 행성의 궤도나 용수철의 진동처럼 반복적인 행동을 나타낼 수 있습니다.

앞주기점은 주기적인 순환으로 이어지는 점입니다. 예를 들어, 56에서 시작하면 우리는 61을 거쳐 37에 도달합니다. 37은 순환고리 안에 있으므로 우리는 그 안에 갇히게 됩니다.

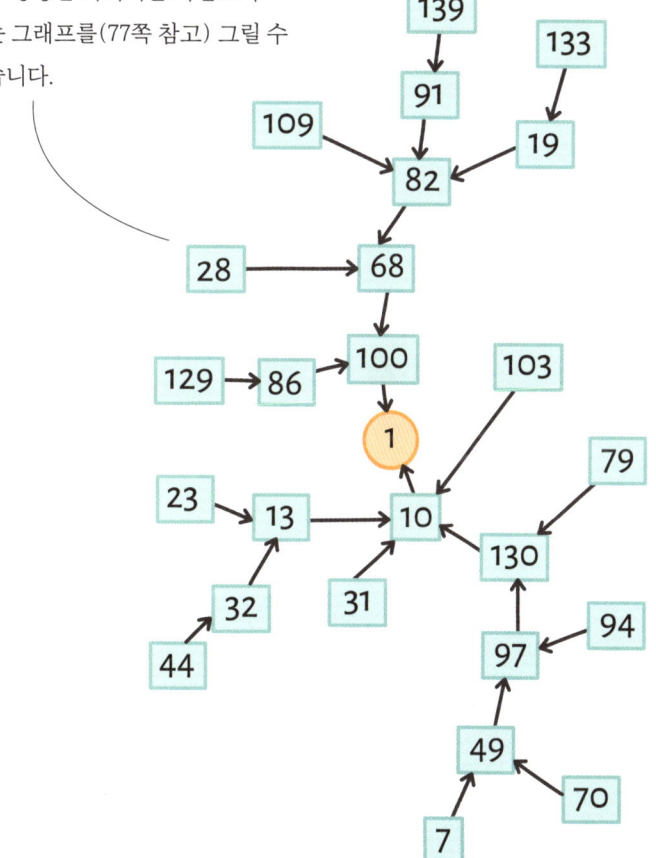

로지스틱 사상

동역학계의 또 다른 사례는 로지스틱 사상으로, 다음과 같이 정의합니다.

$$f(x) = 2x(1-x)$$

이 함수는 0과 1 사이의 값에 정의되어 있으므로 입력값과 출력값은 모두 이 범위 안에 있습니다. 만약 고정점을 찾고 싶다면, $f(x)=x$를 계산하면 됩니다.

$$2x(1-x) = x$$
$$2x - 2x^2 = x$$
$$x - 2x^2 = 0 \quad \text{양변에서 }x\text{를 뺀다.}$$
$$x(1-2x) = 0$$

그러나 0은 아니지만 0에 가까운 입력값으로 시작하면 결과는 0이 아닌 $\frac{1}{2}$에 점점 더 가까워집니다.

이때 $\frac{1}{2}$을 **유인 고정점**이라고 부릅니다. 그에 가까운 첫 입력값이 함수를 반복적으로 적용하면 점점 가까워지기 때문입니다. 반대로 고정점 0은 유인하지 않기 때문에 **반발 고정점**입니다.

$x=0$ 또는 $(1-2x)=0$이어야 하므로 이를 만족하는 x는 0 또는 $\frac{1}{2}$입니다. 이 둘 모두 고정점입니다. 이 값을 함수 $2x(1-x)$에 넣으면, 똑같은 값이 나옵니다. $f(0)=0$이고, $f(\frac{1}{2})=\frac{1}{2}$이지요.

반발 고정점은 언덕 꼭대기에 놓인 공과 같습니다. 정확히 가운데 놓인 볼은 가만히 있겠지만, 조금이라도 가운데에서 벗어나면 굴러 떨어지고 맙니다.

만약 이 두 고정점과 똑같지는 않지만 아주 가까운 값을 첫 입력값으로 선택한다면, 우리는 흥미로운 현상을 보게 됩니다. $\frac{1}{2}$에 가까운 입력값으로 시작해 함수를 반복해서 적용하면, 출력값은 점점 $\frac{1}{2}$에 가까워져 갑니다.

x	0.5	0.45	0.6
$f(x)$	0.5	0.495	0.48
$f^2(x)$	0.5	0.49995	0.4992
$f^3(x)$	0.5	0.499999995	0.49999872

x	0	0.05	0.1
$f(x)$	0	0.095	0.18
$f^2(x)$	0	0.17195	0.2952
$f^3(x)$	0	0.284766395	0.41611392
$f^4(x)$	0	0.4073489906	0.4859262512
$f^5(x)$	0	0.4828315809	0.4996038592
$f^6(x)$	0	0.4994104908	0.4999996861

유인 고정점은 구덩이 아래에 빠진 공으로 생각할 수 있습니다. 가운데에서 조금이라도 벗어나면 다시 원래대로 굴러 내려옵니다.

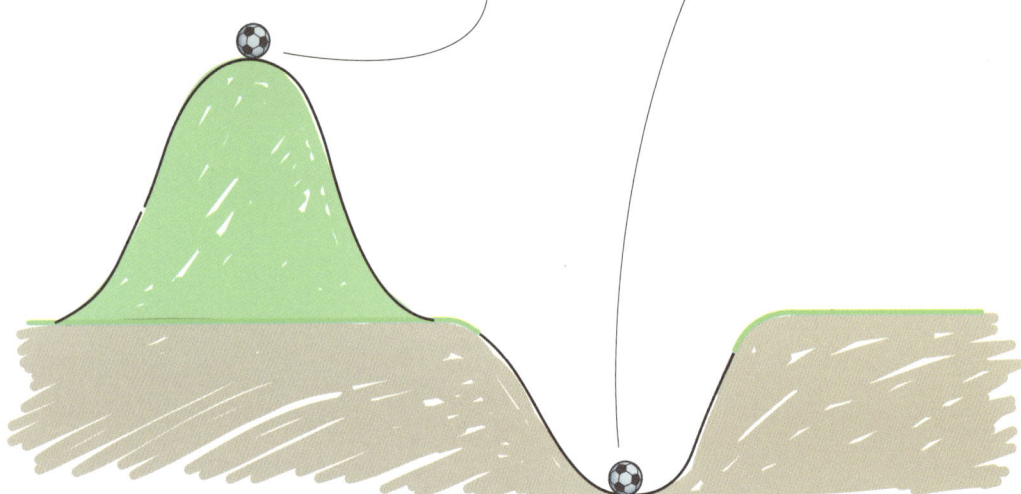

동역학 시각화

> 함수를 통해 시간에 따른 시스템의 변화를 충분히 알 수 있지만, 때때로 수학자들은 함수를 바꾸었을 때 무슨 일이 벌어지는지, 그게 전체 시스템에 어떤 영향을 끼치는지를 보고 싶어 합니다.

앞서 우리는 로지스틱 사상인 $f(x)=2x(1-x)$에 관해 알아보았습니다. 사실 이 함수는 2를 우리가 바꿀 수 있는 수인 **매개 변수**로 대체해 정의하면 얻을 수 있는 좀 더 큰 사상 모임의 일부입니다. 매개 변수는 x 같은 변수와는 다릅니다. 매개 변수의 값이 바뀌면 함수가 바뀌고, 이는 모임 안의 다른 함수와 다르게 행동할 수 있습니다.

일반적인 로지스틱 사상은 다음과 같습니다.

$$f(x) = rx(1-x)$$

여기서 r값이 바뀌며 서로 다른 사상을 정의할 수 있습니다 (앞서 우리는 $r=2$인 경우를 살펴보았습니다). 이 사상은 인구 동역학 모형에 쓰일 수 있으며, 이때 r은 **재생산율**을 나타냅니다. 142쪽에서 본 매개 변수가 여러 개였던 인구(개체수) 모형을 단순화한 형태입니다.

$r=0.5$

$f(x)=0.5x(1-x)$일 때 고정점을 찾으면 ($0.5x(1-x)=x$를 풀면), 유인 고정점은 $x=0$이고 반발 고정점은 $x=-1$입니다.

$r=2$

$f(x)=2x(1-x)$일 때 고정점은 $x=0$(반발)과 $x=\frac{1}{2}$(유인)입니다.

$r=2.5=\frac{5}{2}$

$f(x)=\frac{5}{2}x(1-x)$일 때 고정점을 찾으면 $x=0$(반발)과 $x=\frac{3}{5}$(유인)입니다.

$r=3.2$

$f(x)=3.2x(1-x)$일 때 고정점을 찾으면 $x=0$(반발)이며, $x \approx 0.6875$에 하나가 더 있습니다.

고정점 외에도 이 r값에 대해 특별한 양상을 보이는 점이 있습니다. $x \approx 0.513045$를 입력값으로 사용하면, 다음과 같은 결과가 나옵니다.

x	0.513045
$f(x)$	0.799455
$f^2(x)$	0.513045
$f^3(x)$	0.799455
$f^4(x)$	0.513045
$f^5(x)$	0.799455
$f^6(x)$	0.513045

이 사상에서 $x \approx 0.513045$와 $x \approx 0.799455$는 **주기적 궤도**를 이룹니다. 이 두 점 중 하나에서 시작해 함수를 계속 적용하면 둘 사이를 왔다 갔다 하게 됩니다.

매개 변수 r을 바꾸면 로지스틱 사상의 행동이 바뀝니다. 그리고 서로 다른 로지스틱 사상마다 뚜렷한 차이가 있습니다. $r=0.5$와 $r=2$ 사이 어딘가에서 고정점 $x=0$이 유인 고정점에서 반발 고정점으로 바뀌는 변화나 $r=2.5$와 $r=3$ 사이 어딘가에서 주기적 궤도가 추가되는 변화가 그런 사례입니다. 이런 유형의 변화를 **분기**라고 부릅니다.

이런 변화를 관찰하고 이해하기 위해 우리는 **분기도**를 이용합니다. 분기도는 함수의 고정점과 주기점이 매개 변수에 따라 어떻게 변하는지를 보여주는 그래프입니다. 여기에는 비교적 찾기 쉬운 유인 고정점만 나타납니다.

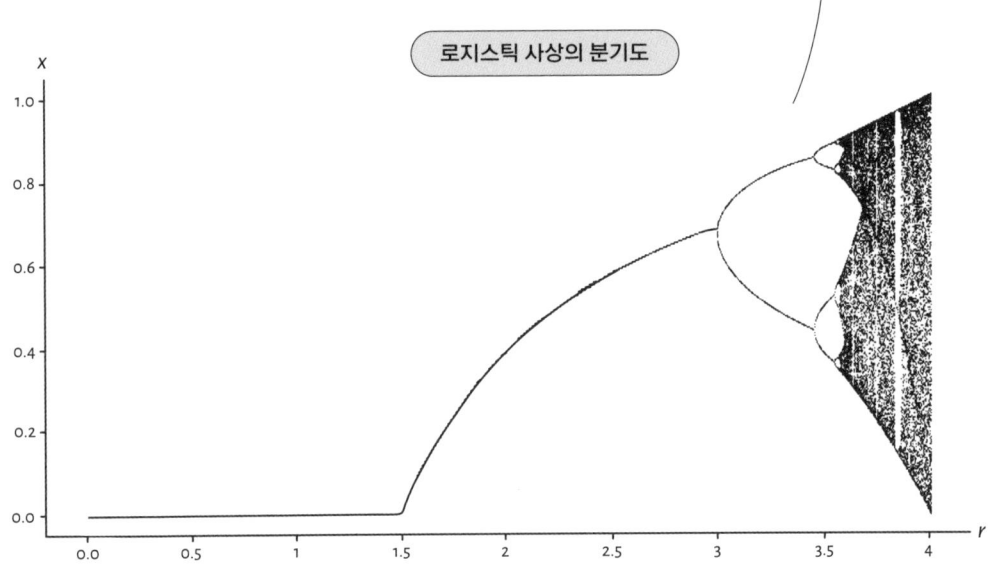

로지스틱 사상의 분기도

처음에는 유인 고정점이 $x=0$임을 알 수 있습니다. 하지만 $r=1.5$ 근처에서부터 증가하다가 $r=3$에 도달하면 주기적 2 궤도로 나뉩니다. 앞서 살펴보았듯이 $r=3.2$일 때 점 $x \approx 0.513045$와 $x \approx 0.799455$는 주기적 궤도를 형성하지요. 이는 $r=3.4$에서 다시 주기적 4 궤도로 나뉩니다. 그리고 $r=3.5$부터는 동역학계가 훨씬 더 복잡해집니다.

이것은 **혼돈계**의 사례입니다. 보통 '혼돈'이라는 말은 예측할 수 없는 것을 뜻합니다. 하지만 여기서는 시스템이 결정론적이기 때문에 언제나 미래를 예측할 수 있습니다.

프랙털과 동역학

프랙털은 진기한 수학적 대상으로 무한이라는 수수께끼와 복잡성이라는 아름다움,
추상적인 개념을 시각화함으로써 얻을 수 있는 이해를 모두 담고 있습니다.
우리는 다양한 방법으로 프랙털을 정의하고 있지만, 모두 공통적인 성질을 지니고 있습니다.

동역학계와 마찬가지로 많은 프랙털도 간단한 과정을 반복하는 방식으로 정의할 수 있습니다. 간단한 프랙털 하나를 만들어 볼까요? 시작은 정삼각형입니다. 정삼각형을 더 작은 정삼각형 네 개로 나누고 가운데 정삼각형을 제거해 원래의 정삼각형과 모양이 똑같은 세 개의 정삼각형만 남깁니다.

이는 우리가 삼각형을 넷으로 나누고 가운데를 제거하는 똑같은 과정을 더 작은 규모에서도 반복할 수 있다는 뜻입니다. 계속해서 반복한다면, 우리는 **시에르핀스키 삼각형**이라고 부르는 프랙털을 얻을 수 있습니다.

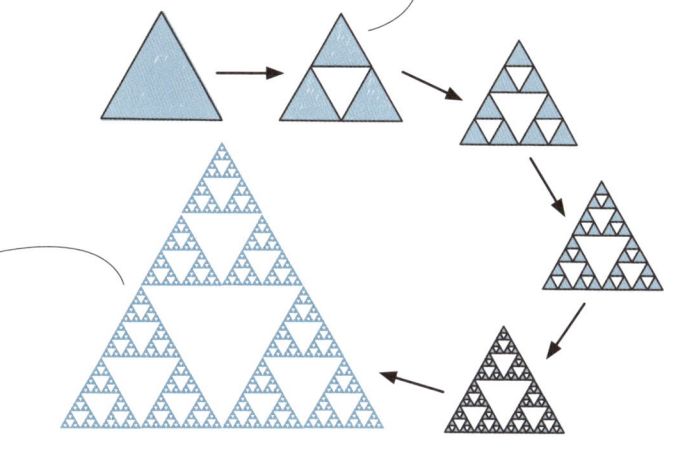

이 도형에는 모든 프랙털이 공통적으로 갖는 여러 가지 성질이 있습니다.

- **자기유사성**: 자기 자신의 작은 복제를 포함하고 있다는 뜻입니다. 이 삼각형의 경우 세 조각 각각은 전체와 구조가 똑같습니다.

- **어떤 규모에서도 보이는 형태**: 많은 도형은 일부분을 확대하면 특별한 형태가 보이지 않습니다. 프랙털은 다릅니다. 아무리 확대해도 흥미로운 형태를 발견할 수 있습니다.

시에르핀스키 삼각형 역시 흥미로운 성질이 있습니다. 원래의 삼각형은 넓이를 분명히 구할 수 있는 도형입니다. 하지만 시에르핀스키 삼각형을 만드는 과정에서 제거한 삼각형의 넓이를 모두 합하면 전체 삼각형의 넓이와 같습니다.

이는 프랙털의 표면적이 0이라는 뜻입니다. 하지만 비슷한 방식으로 계산하면 둘레, 모든 구멍을 둘러싼 길이가 무한하다는 사실을 보일 수 있습니다. 따라서 프랙털의 윤곽선을 그리려면 연필이 무한히 필요하지만, 안쪽을 칠하는 데는 페인트가 전혀 들지 않겠지요.

이런 흥미로운 성질은 우리가 같은 과정을 (시에르핀스키 삼각형의 경우 가운데 삼각형을 제거하는 일을) 반복하기 때문에 가능합니다. 만약 우리가 10번이나 100번쯤 한 뒤에 그만둔다면, 결과물은 프랙털이 되지 않고 이런 성질도 갖지 않습니다.

이와 비슷한 1차원의 수학 개념으로 **칸토어 집합**이 있습니다. 처음에 선분 한 개가 있습니다. 이 선분을 3등분한 뒤 가운데 부분을 제거합니다. 남은 선분으로 이 과정을 반복합니다. 그러면 무한히 많은 점의 집합이 남습니다. 제거한 부분의 합이 원래 선분의 길이에 무한히 가까워지므로 남은 선분의 길이는 0이 됩니다.

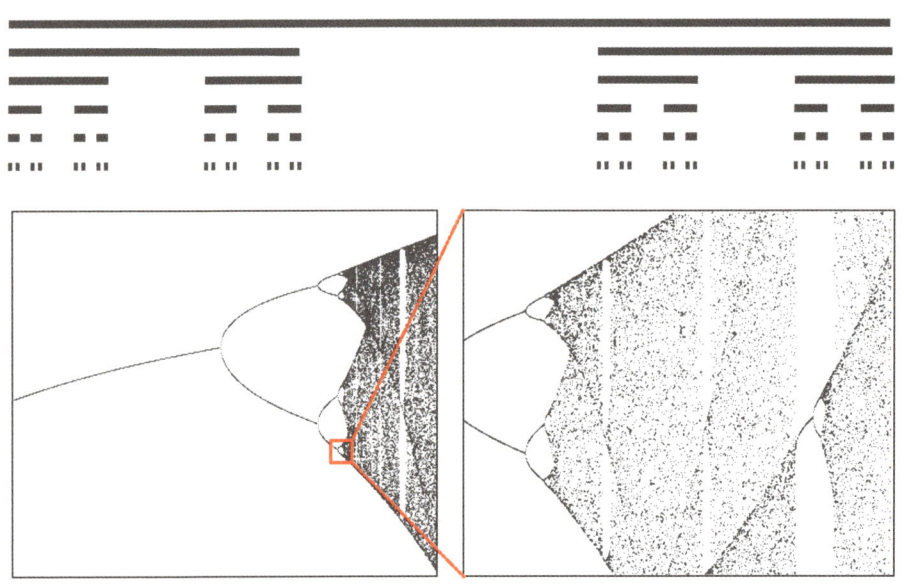

칸토어 집합에는 신기한 성질이 있습니다. $\frac{1}{3}$이나 $\frac{7}{9}$처럼 제거한 부분의 양 끝점은 모두 집합에 남아 있으며, 집합의 어느 두 점 사이에서도 우리는 집합에 속한 다른 점을 찾을 수 있습니다.

또한, 끝점이 아닌 수도 포함하고 있습니다. 예를 들어, 우리는 $\frac{1}{4}$이 절대 제거되지 않는다는 사실을 보일 수 있습니다.

프랙털을 만드는 과정은 동역학계의 반복 과정을 떠올리게 합니다. 하지만 둘의 관계는 그보다 훨씬 더 깊습니다. 예를 들어, 로지스틱 사상을 이야기하며 살펴보았던 것과 같은 분기도의 혼돈 영역은 프랙털과 같은 성질이 있습니다. 더 작으면서 구조가 비슷한 영역을 찾아볼 수 있지요.

줄리아 집합

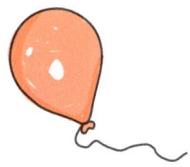

동역학계를 연구하다 보면 흔히 우리가 함수를 수없이 많이 반복할 때 입력값이 어떻게 되는지를 생각하곤 합니다. 이를 시스템의 **장기간 행동**이라고 합니다. 고정점은 항상 그대로인 반면, 어떤 점은 급격히 커지거나 시작점에서 점점 멀어집니다. 가능한 입력값 중에서 이런 식으로 행동하는 점의 집합을 **무한의 유역**이라고 부릅니다.

예를 들어, $f(x) = 2x$라는 간단한 함수가 있을 때 아무 입력값을 넣고 함수를 반복해 적용하면 출력값은 급격히 커집니다. 따라서 무한의 유역은 입력값 전체의 집합입니다. 우리는 어떤 함수에 대한 **줄리아 집합**을 무한의 유역 가장자리에 있는 점의 집합으로 정의합니다. 줄리아 집합 안팎의 점은 서로 다른 행동 유형을 보이며, 줄리아 집합은 흔히 프랙털과 같은 성질을 갖습니다.

텐트 사상이라 불리는 동역학계는 다음 함수로 정의할 수 있습니다.

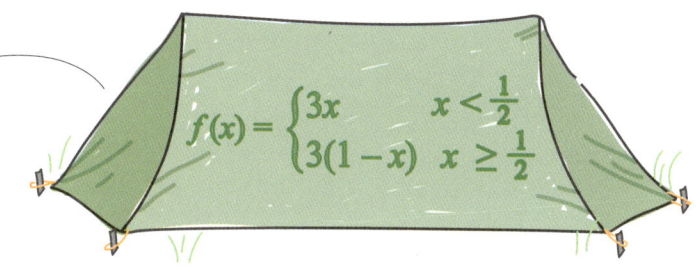

$$f(x) = \begin{cases} 3x & x < \frac{1}{2} \\ 3(1-x) & x \geq \frac{1}{2} \end{cases}$$

입력값이 $\frac{1}{2}$보다 작을 때 $f(x)=3x$이고, 입력값이 $\frac{1}{2}$ 이상일 때 $f(x)=3(1-x)$입니다. 이 사상에 대해 줄리아 집합은 칸토어 집합과 똑같습니다. 만약 0.6처럼 칸토어 집합에 있지 않은 점에서 시작하면, 값은 양수 또는 음수 쪽으로 점점 커집니다. 그러나 시작점이 칸토어 집합 안에 있다면, 계속 작은 상태를 유지하며 주기적 궤도에 합류하거나 고정점에 도달합니다.

2차원 함수

로지스틱 사상처럼 텐트 사상도 1차원 함수이므로 입력값은 실수선 위에 있습니다. 따라서 줄리아 집합은 단지 그 선의 부분집합입니다.

우리는 2차원 함수 역시 정의할 수 있습니다. 2차원 함수는 복소평면(22쪽 참고) 같은 2차원 집합에서 입력값을 받습니다. c는 복소수 매개 변수이고 z는 복소수 입력값인 함수의 모임 $f(z)=z^2+c$는 c 값에 따라 서로 다른 줄리아 집합을 갖습니다.

$c=0$일 때 줄리아 집합은 원입니다. 시작값 z가 원 안에 있으면 계속 작은 상태를 유지하지만, 시작값이 원 밖에 있으면 영원히 커집니다.

$c=0.2+0.2i$처럼 c가 0이 아닐 때 줄리아 집합은 가장자리에 흥미로운 프랙털 곡선을 이룹니다.

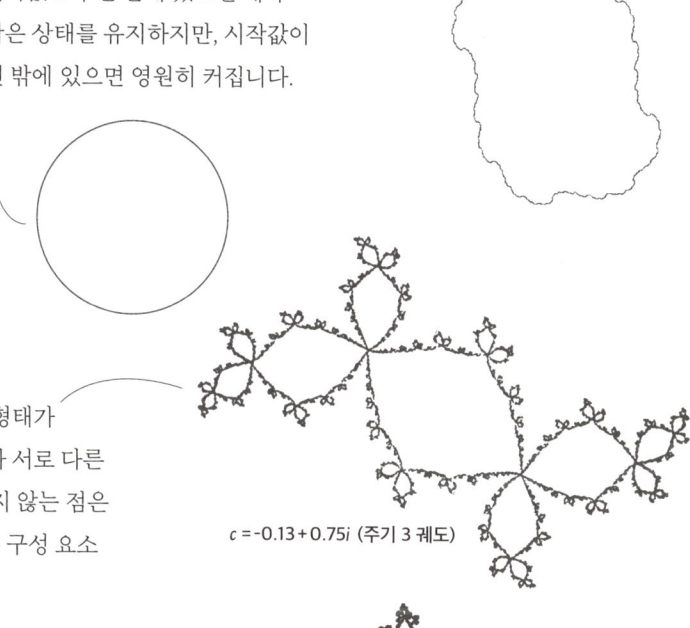

c가 다른 작은 값일 때는 줄리아 집합의 형태가 다양해집니다. c가 어떤 값일 때는 주기가 서로 다른 주기적 궤도를 만들며, 무한으로 탈출하지 않는 점은 이 아름다운 구조 안에 놓인 채 서로 다른 구성 요소 사이를 오갑니다.

$c = -0.13 + 0.75i$ (주기 3 궤도)

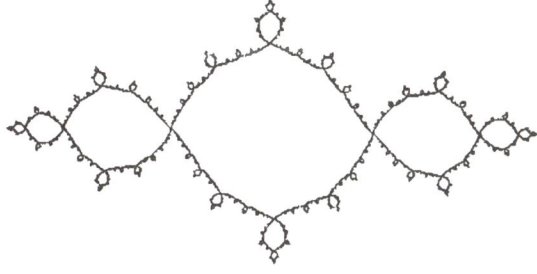

$c = -1 + 0.03i$ (주기 2 궤도)

$c = -0.62 + 0.42i$ (주기 7 궤도)

✓ 다시 보기

동역학계
반복적으로 적용되는 함수에 기반을 둔 모형

결정론적
초기 조건이 정의되면 시스템의 모든 미래 상태를 정확하게 알 수 있다.

동역학계

반복
함수를 계속해서 적용하는 것처럼 한 과정을 계속해서 되풀이하는 일

동역학

텐트 사상
줄리아 집합이 칸토어 집합일 때 동역학계를 정의하는 함수

줄리아 집합
무한의 유역 경계

프랙털과 동역학

시에르핀스키 삼각형
정삼각형의 가운데를 반복적으로 제거해서 만드는 프랙털

무한의 유역
계속해서 반복할 때 무한히 커지는 입력값의 집합

장기간 행동
함수를 여러 번 반복적으로 적용할 때 입력값이 변하는 양상

칸토어 집합
선분을 삼등분한 가운데 부분을 반복적으로 제거해 만드는 프랙털

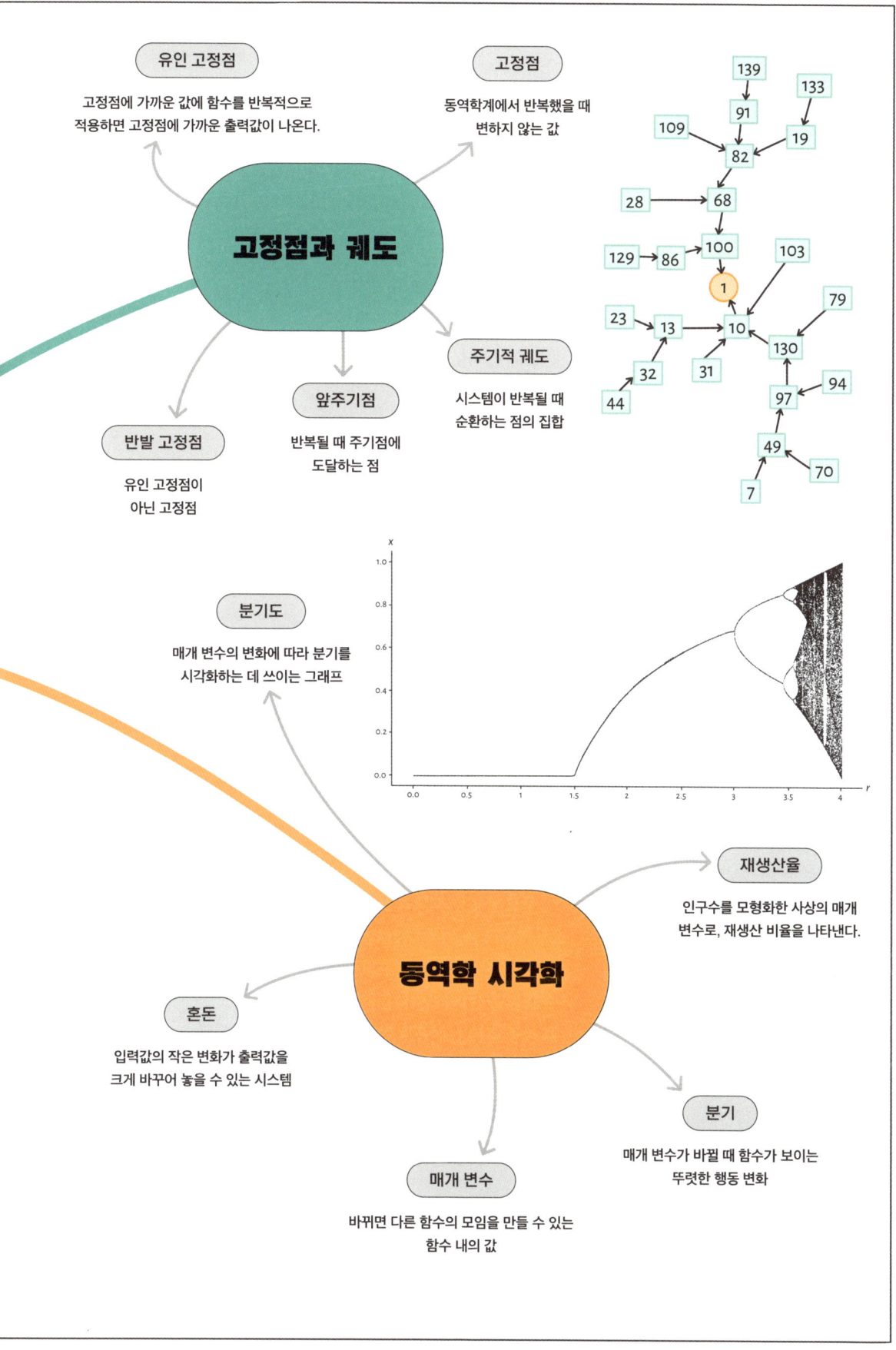

11장

이산수학

수학에서 **이산적**이란 말은 명확하게 분리된 부분이나 단계에서 일어나며, 정수처럼 고정된 값의 집합 중 어느 하나만을 가질 수 있다는 뜻입니다. 실수선 위의 어느 점이든 될 수 있는 높이나 시간 같은 연속적인 것과 다르지요. 이산수학은 정수론, 집합론, 논리, 조합론, 그래프이론 등을 포함합니다. 그리고 특정 유형의 문제를 푸는 데 매우 유용합니다.

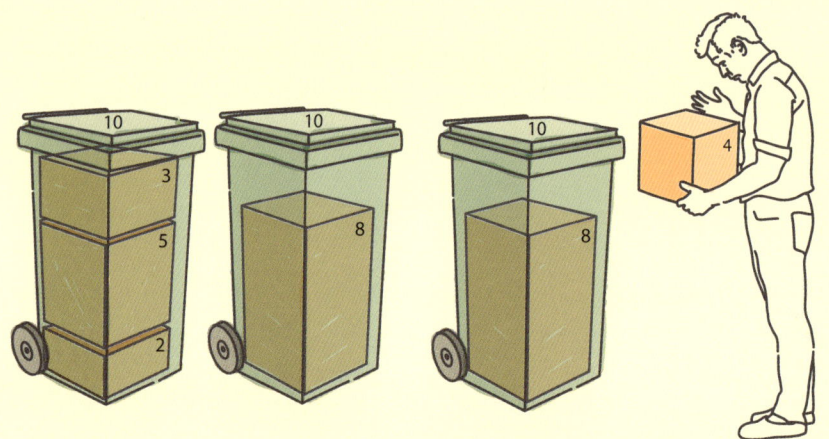

이산수학이란 무엇인가?

이산수학은 다양한 유형의 수학을 아우릅니다. 이들은 공통적으로 뚜렷이 구분된 부분으로 이루어진 대상을 기술한다는 특징이 있습니다. 범자연수와 그 수들을 조합하는 방법에서 집합과 그래프 같은 구조에 이르기까지 이산수학은 문제를 모형화하고 기술합니다. 그리고 정보를 주고받는 시스템을 설계하는 여러 가지 방법에 쓰입니다.

우리는 수학에서 점진적으로 변하며 끊어지지 않는 곡선을 그리는 함수를 설명하고, 물리적인 물체의 무게나 유체의 운동, 혹은 두 점 사이의 거리처럼 실수선 위의 어느 값이든 가질 수 있는 변수를 설명하기 위해 '연속적'이라는 말을 사용합니다.

이와 달리 **이산변수**는 창고에 쌓인 재고의 수나 네트워크 안의 노드 사이의 연결처럼 범자연수를 이용해 세거나 설명할 수 있는 모든 것을 나타냅니다. 대상을 개별적인 용어로 설명할 수 있는 현실 세계의 상황을 모형화하는 데 유용하지요. 놀라울 정도로 많은 시스템과 상황이 이런 특성을 지니고 있습니다.

예를 들어, **정보 이론**은 우리가 정보를 저장하고 소통하는 방법에 관한 학문입니다. 이진수(24쪽 참고)와 같은 코드와 신호 전송 중에 오류가 생기지 않게 하는 체크 디지트와 오류 수정 같은 기발한 수학적 기법을 사용하지요.

바코드와 QR코드는 수학적 기법을 사용해 주고받는 정보의 정확성을 보장합니다. 예를 들어, 바코드에서 마지막 자리는 다른 자릿수를 더해서 만든 **체크섬**입니다. 13자리 표준 바코드의 경우 홀수 자릿수(첫 번째, 세 번째 등의 자리)의 합에 짝수 자릿수의 합을 세 번 더합니다. 총합은 10의 배수여야 하며, 그렇게 되도록 마지막 자릿수를 선택합니다(위의 사례에서는 2입니다).

이산수학에는 집합론(123쪽 참고)과 조합론(172쪽 참고), 그래프 이론(74쪽 참고), 수리 논리학(115쪽 참고)도 있습니다.

$$(0 + 2 + 4 + 6 + 8 + 0 + 2) + 3 \times (1 + 3 + 5 + 7 + 9 + 1) = 100$$

조합론

이산수학의 유용한 한 가지 분야가 **조합론**입니다. 조합론은 유한한 사물의 집합을 조합하고 재배열할 수 있는, 가능한 방법의 수를 연구하는 분야입니다. 컴퓨터과학뿐 아니라 언어 연구, 일정 관리, 시스템 디자인과 같은 많은 분야에서 대상의 조합 및 재배열과 관련 있는 현실 세계의 시나리오를 모형화하는 데 쓰일 수 있습니다.

순열은 사물의 순서를 바꾸는 방법의 가짓수입니다. 순서대로 놓아야 하는 물체 네 개가 있다고 상상해보세요.

우리는 넷 중 아무거나 하나를 맨 앞에 놓을 수 있습니다. 첫 번째를 고르고 나면 다음으로는 셋 중 하나를 고를 수 있습니다. 그다음에는 둘 중 하나, 마지막으로 남는 것이 끝자리를 차지합니다.

우리가 순서대로 놓을 수 있는 경우의 수는 모두 4×3×2×1=24가지입니다. 이를 4!로 나타내며, **팩토리얼**이라고 부릅니다. '4 팩토리얼'은 1부터 4까지를 모두 곱한 결과를 뜻하며, 물체 네 개를 배열할 수 있는 경우의 수와 같습니다.

순열의 바탕이 되는 수학에 관해 더 자세히 알고 싶다면, 182쪽을 보세요.

1 2 3 4 5

조합은 어떤 집합에서 대상을 골라내는 방법입니다. 예를 들어, 다섯 개의 물체 중에서 세 개를 골라야 한다고 할 때 우리는 다섯 개 중 한 개를 첫 번째로 고를 수 있습니다. 두 번째로는 네 개 중에서 한 개를 고를 수 있습니다. 세 번째로는 세 개 중에서 한 개를 고를 수 있으니 다섯 개에서 세 개를 고르는 경우의 수는 5×4×3=60가지가 됩니다.

그러나 이렇게 하면 같은 물체지만 순서만 다른 경우도 다른 경우로 치게 됩니다. 목록에는 가능한 순서의 수가 모두 포함되어 있으므로 만약 고유한 조합의 수를 세고 싶다면, 물체 세 개를 재배열할 수 있는 가짓수로 이 결과를 나누어야 합니다. 그러면 $\frac{60}{3!}=10$이 되고, 이것이 다섯 개 중에서 세 개를 고르는 경우의 수입니다.

이 두 방법을 조합해 사용하면 카드 게임에서 나올 수 있는 패의 수나 가진 재료로 만들 수 있는 샌드위치의 수 등을 계산할 수 있습니다. 그뿐만 아니라 산업과 일정 관리, 컴퓨터 분야에서도 다양하게 쓰입니다.

1	2	3
1	2	4
1	2	5
1	3	4
1	3	5
1	4	5
2	3	4
2	3	5
2	4	5
3	4	5

최적화 문제

수학적 기법은 가장 나은 방법을 찾아내는 데 유용합니다.
어떤 일을 하는 가장 효율적인(시간과 자원을 가장 적게 들이는) 방법이나 이익을 가장 많이 얻을 수 있는 방법처럼요.
최적화 문제는 변수를 최대화하거나 최소화하고 가장 나은 해결책을 찾는 문제입니다.

가장 간단히 설명하자면, 최적화는 어떤 것이 가질 수 있는 최댓값을 찾는 일입니다. 공장에서 물건을 생산하는 데 필요한 재료의 비용과 양 같은 시스템을 나타내는 방정식이 있을 때 우리는 방정식을 풀어 생산성의 최댓값을 찾을 수 있습니다.

예를 들어, 1미터짜리 울타리 20개가 있을 때 울타리로 둘러쌀 수 있는 최대 넓이는 몇일까요?

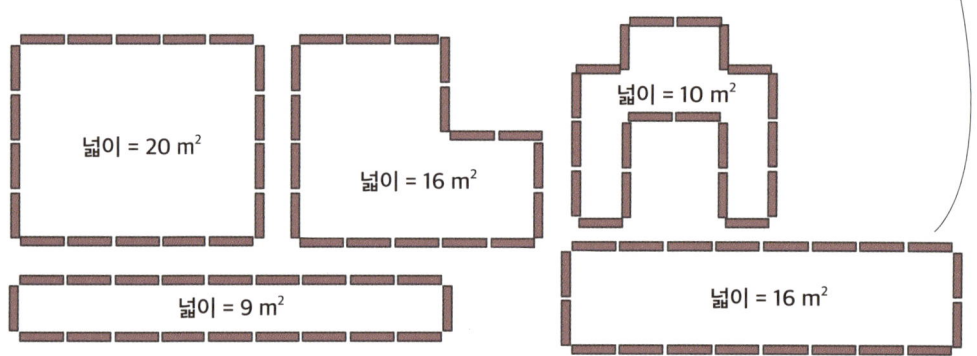

최적화 문제는 흔히 그래프로도 나타낼 수 있습니다(74쪽 참고). 예를 들어, 그래프는 각 도시 사이의 거리(비행시간 등)와 함께 교통망을 나타낼 수 있습니다. 이와 관련해 **순회하는 외판원 문제**에 답해보세요. 만약 여러분이 외판원이며 물건을 팔기 위해 모든 도시를 방문해야 한다면, 어떤 경로로 움직여야 모든 도시를 방문하고 출발점으로 돌아올 수 있을까요? 그리고 주어진 최대 거리보다 짧은 경로를 찾을 수 있을까요?

이런 문제는 보통 풀기 어렵습니다. 네트워크의 크기가 커질수록 확인하고 비교해야 할 가능한 경로의 수가 급격히 늘어나며, 고려해야 할 가능성이 많기 때문입니다.

운용과학은 최적화와 통계학, 수학적 모형화를 이용해 현실 세계, 특히 산업과 공학에서 결정해야 할 문제를 다루는 수학의 한 분야입니다.

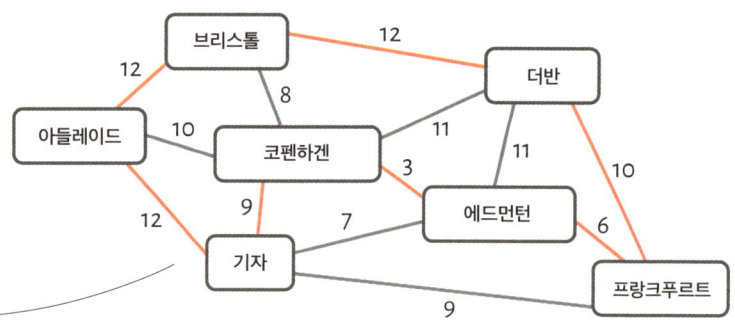

아들레이드 ➡ 브리스톨 ➡ 코펜하겐 ➡ 더반 ➡ 에드먼턴 ➡ 프랑크푸르트 ➡ 기자 ➡ 아들레이드=69시간
아들레이드 ➡ 코펜하겐 ➡ 브리스톨 ➡ 더반 ➡ 에드먼턴 ➡ 프랑크푸르트 ➡ 기자 ➡ 아들레이드=68시간
아들레이드 ➡ 기자 ➡ 코펜하겐 ➡ 에드먼턴 ➡ 프랑크푸르트 ➡ 더반 ➡ 브리스톨 ➡ 아들레이드=64시간

채우기 문제

최적화를 이용해 풀 수 있는 이산수학의 좋은 사례 중 하나는 **채우기 문제**입니다. 일정한 공간에 물체를 채워 넣는 문제지요. 현실에서도 당연히 쓸모 있을 뿐만 아니라 개념적인 유용성도 있습니다.

커다란 쓰레기통이 여러 개 있고 그 안에 높이가 서로 다른 상자를 쌓아야 한다고 상상해보세요. 상자의 총 높이가 쓰레기통 안의 높이보다 살짝 작다면 상자를 모두 쌓는 게 불가능할 수 있습니다. 만약 그렇다면 상자를 모두 넣을 수 있는 배열을 찾는 건 어려운 일일지도 모릅니다.

상자를 무작위로 쌓아볼 수 있습니다. 하지만 그러면 쓰레기통 안 남은 공간에 상자가 모두 들어가지 않을 수도 있습니다.

꽤 효율적인 방법 하나가 **최악 내림차순 알고리즘**입니다. 크기가 줄어드는 순서로 상자를 늘어놓고 각 상자를 공간이 가장 많이 남은 쓰레기통에 넣는 방법입니다.

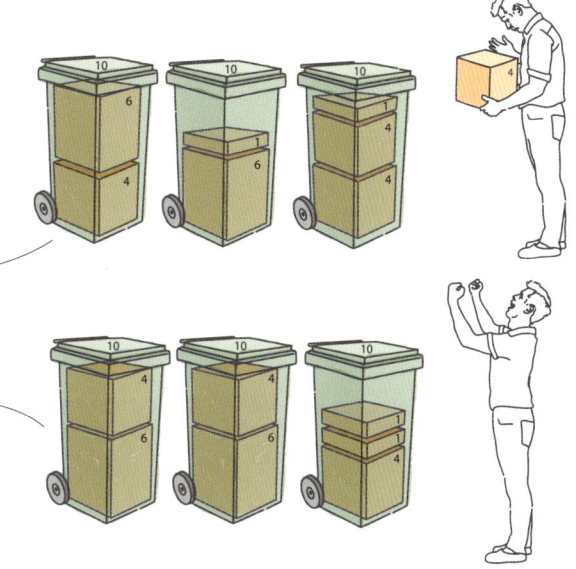

배낭 문제

채우기 문제의 또 다른 유형으로 **배낭 문제**가 있습니다. 크기가 서로 다른 물건을 공간이 일정한 배낭 안에 넣는 방법을 찾는 문제입니다. 각 물건에 유용함이나 금전적인 가치를 매길 수도 있습니다. 가장 작은 공간을 남긴 채 배낭에 들어갈 수 있는 가장 가치 있는 물건의 집합을 찾는 알고리즘이 존재합니다.

일반적으로 '높이'나 '크기'는 배낭에 넣는 물건의 합리적인 측정값이 될 수 있습니다. 무게 제한이 있는 가방에 넣는 물체의 무게나 데이터를 정하는 데 필요한 컴퓨터 저장 장치의 크기 등이 그런 사례입니다. 일정 관리에도 똑같은 기법을 사용할 수 있습니다. 어떤 일을 하는 데 걸리는 시간이 '크기'가 되는 셈이지요. 오래 걸리는 일을 앞에 배치하는 건 시간을 효율적으로 사용하는 방법입니다. 우리는 미처 깨닫지도 못한 채 이미 최적화 기법을 사용하고 있는 걸지도 모릅니다!

계산 복잡도

알고리즘 또는 명령어 집합의 **계산 복잡도**는 실행에 필요한 자원을 나타냅니다.
컴퓨터 알고리즘의 경우 완료까지 해야 하는 계산의 횟수와 필요한 기억 장치의 크기를 측정합니다.
알고리즘의 계산 복잡도를 연구하면 알고리즘을 더욱 효율적으로 만들 수 있습니다.

우리는 흔히 알고리즘을 이용해 문제를 해결합니다. 특히 수학 분야에서는 컴퓨터로 모든 가능한 경우를 확인하는 게 가장 쉬운 방법인 경우가 많습니다. 이런 알고리즘이 얼마나 효율적인지 확인하는 일은 중요하며, 이는 복잡도와 관련이 있습니다.

두 수를 곱하는 과정을 생각해보지요. 표준 계산법으로 두 행으로 써서 계산하는 방법이 있습니다.

$$\begin{array}{r} 24 \\ \times\ 1_26 \\ \hline 144 \\ +\ 240 \\ \hline 384 \end{array}$$

24×16을 계산하기 위해 먼저 24×6을 계산합니다. 한 열씩 계산할 수 있습니다. 4×6=24이므로 4를 1의 자리에 쓰고, 2를 10의 자리로 올립니다. 그리고 2×6=12가 되고, 앞의 계산에서 넘어온 2를 더하면 14가 됩니다. 14를 1의 자리에 있는 4 왼쪽에 씁니다.

다음 행에서는 1의 자리에 0을 씁니다. 16의 1이 사실이 10이기 때문입니다. 그리고 1×4와 1×2를 계산해 240을 얻습니다.

마지막으로 144+240을 합니다. 마찬가지로 열끼리 더하고 필요하면 수를 윗자리로 넘깁니다.

컴퓨터는 각 단계를 개별적으로 수행해야 합니다. 두 자리 수 두 개를 곱할 때 우리는 한 자리 수 곱셈 네 번과 덧셈 네 번을 수행했습니다. 마지막 덧셈 때 자릿수 올림이 더 필요한 경우에는 덧셈이 늘어날 수도 있습니다.

또한 각각의 계산값과 자리 올림수를 저장해야 합니다. 여기에는 여덟 자리의 저장 공간이 필요합니다.

우리가 컴퓨터에게 수행을 요구하는 계산은 제각기 계산 복잡도가 다릅니다. 입력값의 크기에 따라 계산 횟수는 늘어납니다. 세 자리 수 두 개를 곱셈하려면 우리는 곱셈 아홉 번과 최대 13번의 덧셈을 해야 합니다.

입력의 크기가 n일 경우 알고리즘이 필요로 하는 단계는 $5n$이나 n^2, 심지어는 10^n일 수도 있습니다. 우리는 $5n$이나 n^2처럼 n의 다항식으로 복잡도를 나타낼 수 있는 계산에 **다항 시간**이 걸린다고 표현합니다.

수학에서 중요한 미해결 문제 중 하나로 P-NP 문제가 있습니다. 문제를 푸는 것과 답이 옳은지를 확인하는 것의 차이에 관한 문제입니다. 예를 들어, 순회하는 외판원 문제를 생각해보지요(174쪽 참고). 도시가 n개 있는 네트워크에서 가능한 경로의 수는 $n!$개입니다. 이 수는 n의 다항식보다 훨씬 빨리 커집니다. 다항 시간 안에 답을 찾는 게 어렵다는 뜻입니다. 하지만 이미 답을 찾았다면, 우리가 찾은 경로가 주어진 최댓값보다 짧은지 확인하는 데는 비교적 짧은 시간이 걸립니다.

P-NP 문제는 다항 시간 안에 확인할 수 있는 문제가 다항 시간 안에 풀릴 수도 있는지를 묻는 문제입니다. 지금은 그렇지 않을 것이라는 추측이 대세지만, 이게 참인지 아닌지를 안다면 우리는 계산 복잡도를 더욱 근본적으로 이해할 수 있습니다. 게다가 이 문제의 답을 찾으면 클레이 수학 연구소로부터 100만 달러의 상금을 받을 수 있습니다. P-NP 문제는 2000년에 클레이 수학 연구소가 수학에서 가장 중요한 문제로 선정한 밀레니엄 문제 중 하나입니다. 총 일곱 문제 중 한 문제는 이미 풀렸습니다. 상금을 받고 싶다면 서두르는 게 좋을 거예요!

도시	가능한 경로의 수
4	24
6	720
10	3,628,800

다시 보기

이산수학

이산수학이란 무엇인가?

이산변수
셀 수 있거나 범자연수로 나타낼 수 있는 값

정보 이론
정보를 저장하고 주고받는 방법을 연구한다.

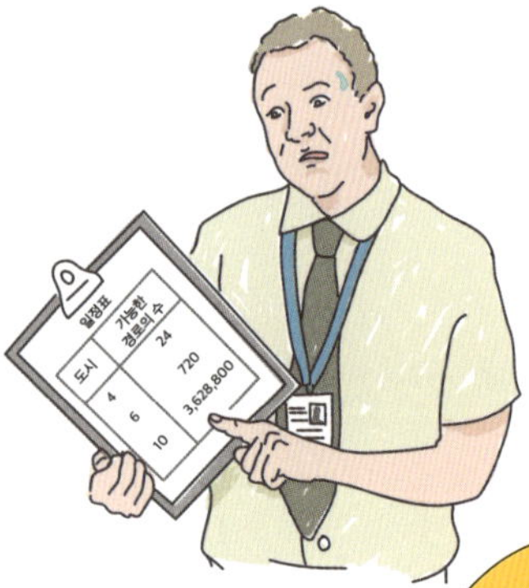

체크섬
저장한 수를 확인하거나 올바르게 읽는 데 사용하는 계산

계산 복잡도

P-NP 문제
계산 복잡도와 관련된 미해결 문제

최악 내림차순 알고리즘
물체를 크기 순서대로 나열한 뒤 가장 큰 공간에 순서대로 놓는다.

채우기 문제
정해진 공간에 물체를 채우는 문제

계산 복잡도
알고리즘을 수행하는 데 필요한 자원의 양

다항 시간
입력값 크기의 다항식 함수만큼 계산 복잡도가 늘어나는 알고리즘

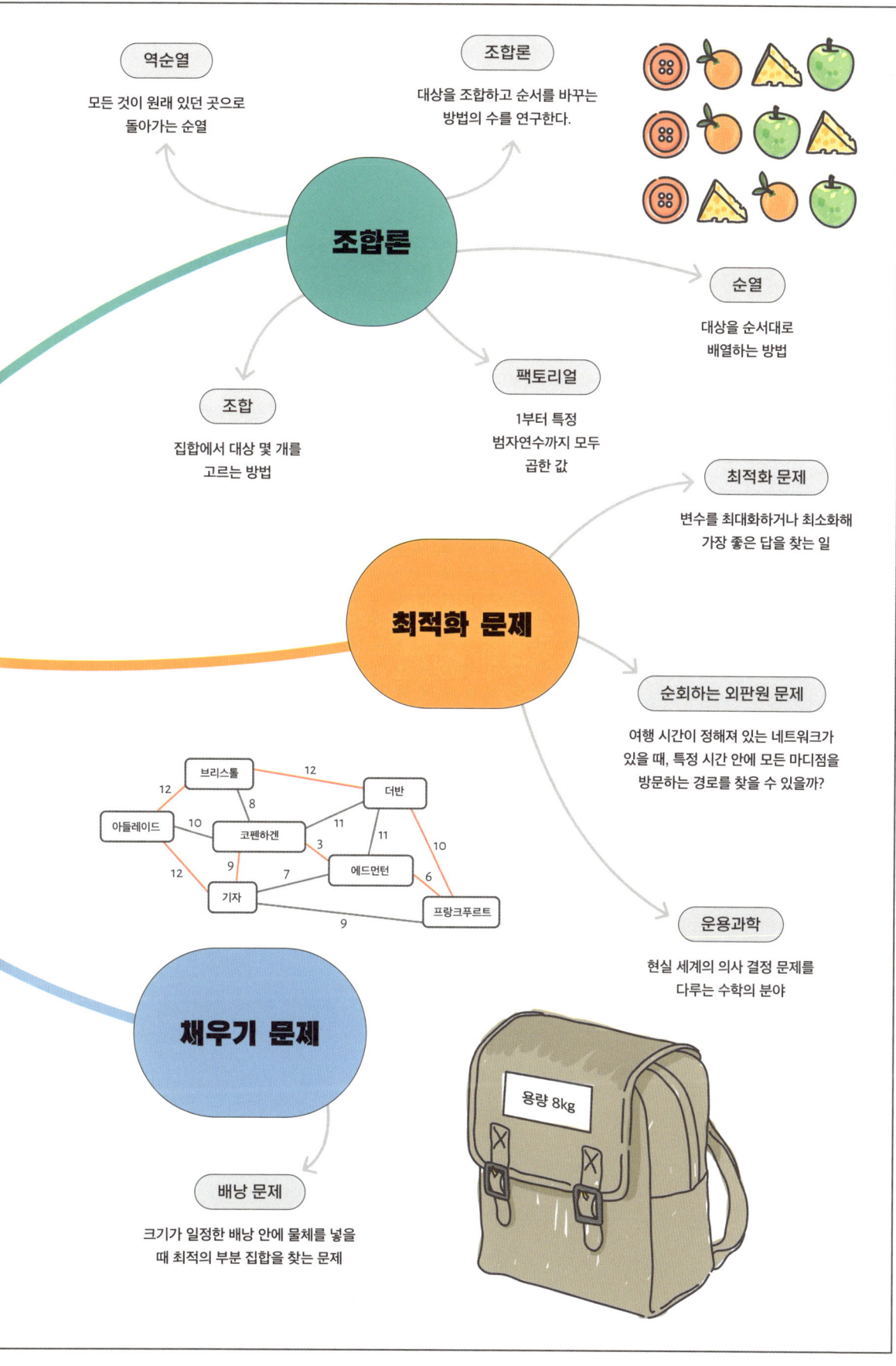

12장

추상 구조

수학에서 '대수학'이라는 용어는 지금까지 이 책에서 살펴보았듯이 미지수 변수가 있는 방정식이 관련된 내용을 가리킵니다. 하지만 대수학은 더욱 복잡하고 추상적인 수학 구조를 다루는 수학 분야에도 쓰입니다. **선형대수학**은 우리가 아는 평범한 방정식을 좀 더 큰 시스템으로 확장하며, **추상대수학**은 순열과 모듈러 산술이 관련된 군과 같은 구조를 다룹니다.

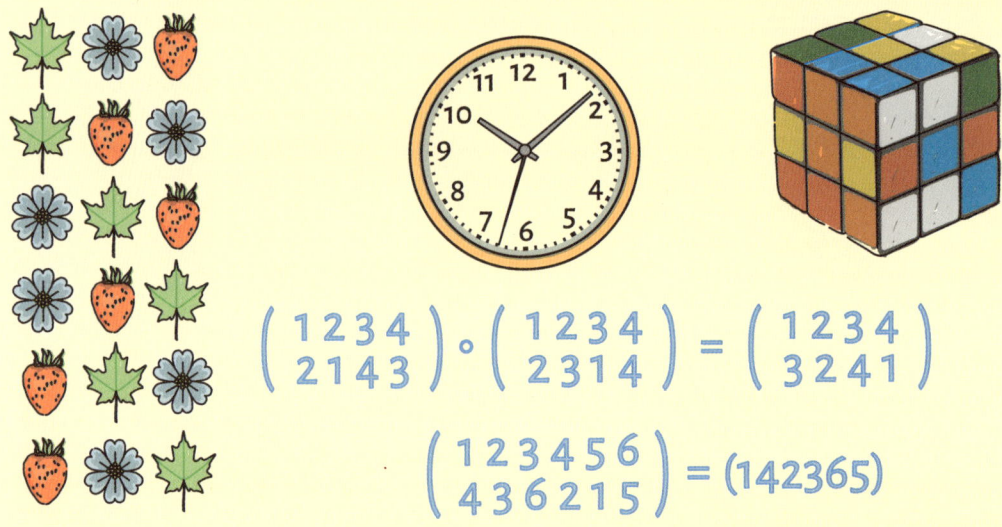

선형대수학

우리는 대수학이 수와 변수 사이의 관계를 나타내는 방정식을 다룬다는 사실을 살펴보았습니다. 만약 변수의 거듭제곱이 없는 방정식인 **선형 방정식**만을 생각한다면, 우리는 그 조합을 이용해 특정 구조를 나타내는 시스템을 만들 수 있습니다.

연립방정식은 같은 시스템을 나타내는 방정식의 집합입니다. 이름에서 알 수 있듯이 선형 방정식은 $y=2x+4$처럼 직선을 나타내는 방정식입니다. 선형대수학은 모두 선형인 연립방정식 집합을 다룹니다.

$$10x + 2y + 3z = 0$$
$$8x - 4y + 13z = 4$$
$$x + 3y - z = 2$$

어떤 가게에서 실로폰을 2달러에, 요요를 5달러에 판매한다고 합시다.
x와 y를 각각 판매된 실로폰과 요요의 개수라고 할 때, 가게에서 총 55개의 물건을 판매했고 총 매출이 206달러였습니다.
이를 식으로 나타내면: $x+y=55$, $2x+5y=206$
이 두 방정식을 함께 풀면 각 품목이 몇 개씩 판매되었는지 계산할 수 있습니다.

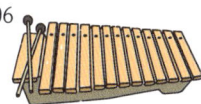

이런 방정식은 한 시스템에 있는 여러 양 사이의 다양한 관계 또는 최적화(174쪽 참고)가 필요한 문제를 나타내거나 컴퓨터 모형의 일부일 수 있습니다.

150쪽에서 우리는 벡터를 살펴보았습니다. 벡터는 행렬의 특수한 경우로, 열이 하나밖에 없습니다. 벡터끼리 더하고 벡터에 스칼라를 곱할 수 있듯이 우리는 똑같은 방식으로 행렬을 결합할 수 있습니다. 행렬과 벡터를 곱해 방정식을 만들 수도 있습니다.

이 행렬 방정식은 앞서 나온 연립방정식을 나타냅니다. 예를 들어, 행렬의 한 행에 있는

이런 방정식을 효율적으로 처리하기 위해 **행렬**을 사용할 수 있습니다. 행렬은 수를 행과 열로 나타낸 것을 말합니다.

$$\begin{pmatrix} 10 & 2 & 3 \\ 8 & -4 & 13 \\ 1 & 3 & -1 \end{pmatrix} \begin{pmatrix} x \\ y \\ z \end{pmatrix} = \begin{pmatrix} 0 \\ 4 \\ 2 \end{pmatrix}$$

수를 벡터의 변수(x, y, z)에 곱하면 $10x+2y+3z$가 되며, 그 값은 오른쪽 벡터에서 대응하는 값인 0과 같아야 합니다. 서로 크기가 맞는 행렬끼리는 서로 곱할 수도 있습니다. 한 행렬의 각 행은 다른 행렬의 각 열과 결합합니다.

$$\begin{pmatrix} 10 & 2 & 3 \\ 8 & -4 & 13 \\ 1 & 3 & -1 \end{pmatrix}$$

행과 열의 수가 같은 정사각 행렬은 특정한 조건에서 **역행렬**을 가집니다. 역행렬에 원래 행렬을 곱하면 **항등행렬**이 됩니다.

항등행렬은 대각선의 원소가 모두 1이고, 나머지는 0인 행렬입니다. 특정 크기의 역행렬은 군을 형성합니다(184쪽 참고).

$$\begin{pmatrix} 1 & 0 & 0 \\ 0 & 1 & 0 \\ 0 & 0 & 1 \end{pmatrix}$$

순열

172쪽에서 보았듯이 **순열**은 대상의 집합을 재배열하는 방법입니다. 하지만 추상대수학에서는 순열 자체를 대상으로 생각하고 서로 결합해 다른 순열을 만들 수 있으며, 그 결과 우아한 수학적 구조를 형성할 수 있습니다.

물체가 n개 있을 때 순서대로 배열하는 가짓수를 계산하는 방법을 우리는 알고 있습니다. 바로 $n!$입니다. 물체 세 개가 있다면, $3!=6$가지의 순서가 가능합니다. 물체 세 개를 각기 다른 순서로 그려서 확인해볼 수 있습니다.

좀 더 수학적으로 정확한 방법으로 순열을 나타내고 싶다면, 맨 위 행에 원래 순서를 쓰고 그 아래에 각 숫자의 새로운 위치를 표시하면 됩니다.

$$\begin{pmatrix} 1\,2\,3 \\ 1\,2\,3 \end{pmatrix} \quad \begin{pmatrix} 1\,2\,3 \\ 1\,3\,2 \end{pmatrix} \quad \begin{pmatrix} 1\,2\,3 \\ 2\,1\,3 \end{pmatrix} \quad \begin{pmatrix} 1\,2\,3 \\ 2\,3\,1 \end{pmatrix} \quad \begin{pmatrix} 1\,2\,3 \\ 3\,1\,2 \end{pmatrix} \quad \begin{pmatrix} 1\,2\,3 \\ 3\,2\,1 \end{pmatrix}$$

1은 그대로 있고,
2가 3으로, 3이 2로 간다.

e	(23)	(12)	(123)	(132)	(13)
항등 순열, 아무것도 변하지 않습니다.	2와 3이 바뀝니다.	1과 2가 바뀝니다.	1이 2로, 2가 3으로, 3이 1로 갑니다.	1이 3으로, 3이 2로, 2가 1로 갑니다.	1과 3이 바뀝니다.

물체의 전체 목록을 두 번 쓰는 대신 어떤 원소가 이동하고 어디로 이동하는지를 적고 제자리에 머무는 건 언급하지 않으면 순열을 좀 더 간결하게 쓸 수 있습니다.

이것을 **순환 표기법**이라고 부릅니다. 괄호 안에 들어 있는 원소는 모두 이동하기 때문입니다. 예를 들어, 원소가 여섯 개인 순열이 (12)(354)라면, 이 순열에서 1과 2는 서로 바뀌며, 3은 5로, 5는 4로, 4는 3으로 갑니다. 6은 제자리에 머뭅니다. 두 줄 표기법을 사용하면 이는 다음과 같습니다.

$$\begin{pmatrix} 1\,2\,3\,4\,5\,6 \\ 2\,1\,5\,3\,4\,6 \end{pmatrix}$$

두 순열을 결합하는 것을 **합성**이라고 부르며 한 순열에 따라 대상을 새로운 위치로 옮기고 그 결과에 다른 순열을
적용하는 것으로 생각할 수 있습니다. 예를 들어, 1과 2를 바꾸는 순열이 있고 2를 3으로 보내는 순열이 있다면
전체 순열은 1을 3으로 보냅니다.

$$\begin{pmatrix} 1 & 2 & 3 & 4 \\ 2 & 1 & 4 & 3 \end{pmatrix} \circ \begin{pmatrix} 1 & 2 & 3 & 4 \\ 2 & 3 & 1 & 4 \end{pmatrix} = \begin{pmatrix} 1 & 2 & 3 & 4 \\ 3 & 2 & 4 & 1 \end{pmatrix}$$

여기서 우리는 왼쪽 순열을 먼저 적용한다. 두 순열을 거치며 원소의 변화를 추적하면 된다. 1은 2가 되고, 2는 3이 되므로 1이 3이 되는
결과가 나온다. 마찬가지로 2는 1이 되고, 1은 2가 되므로 2는 그대로 2가 된다.

똑같은 대상의 집합에 대한 순열만 서로 합성할 수 있습니다. 그리고 합성 행위를 덧셈이나 곱셈 같은 연산으로 생각할 수 있습니다. 순열의 합성을 나타낼 때는 흔히 ∘ 기호를 사용합니다.

만약 순열이 긴 주기를 따라 모든 대상을 이동시킨다면, 그 순열은 **순환**합니다.
만약 다른 대상은 모두 가만히 있는데 특정 두 대상만 서로 자리를 바꾸면 이것을 **호환**이라고 부릅니다. 호환을 결합해 다른 순열을 만들 수 있습니다.

$$\begin{pmatrix} 1 & 2 & 3 & 4 & 5 & 6 \\ 4 & 3 & 6 & 2 & 1 & 5 \end{pmatrix} = (142365)$$

이 순환 순열에서
1->4->2->3->6->5->1로 간다.

$$\begin{pmatrix} 1 & 2 & 3 & 4 & 5 \\ 1 & 3 & 2 & 5 & 4 \end{pmatrix} = (23)(45)$$

이 순열에서 2는 3과 4는 5와 바뀐다.

순열의 반대는 그 순열의 **역원**입니다. 대상을 원래 있던 곳으로 보내지요.
만약 어떤 순열을 그 역원과 합성하면 항등 순열을 얻습니다.

$$\begin{pmatrix} 1 & 2 & 3 \\ 2 & 3 & 1 \end{pmatrix} \circ \begin{pmatrix} 1 & 2 & 3 \\ 3 & 1 & 2 \end{pmatrix} = \begin{pmatrix} 1 & 2 & 3 \\ 1 & 2 & 3 \end{pmatrix}$$

항등행렬과 마찬가지로 모든 호환 순열은 자기 자신의 역원입니다. 순환 순열은 반대 방향으로
움직이는 똑같은 순환 순열의 역이고, 호환 순열은 자기 자신의 역원입니다.

군

덧셈으로 수를 결합하는 방법을 이해하는 건 사람이 배우는 수학의 첫 단계입니다. 하지만 똑같이 작동하는 여러 가지 사례가 있습니다. 이들을 **군**이라고 부르는데, 가장 보편적이고 유용한 추상 구조입니다.

군은 **원소**라고 부르는 대상과 항상 원래의 집합에 속한 것을 만들어내는 결합 연산의 집합을 말합니다. 덧셈으로 결합된 수의 집합 또는 합성으로 결합된 순열의 집합, 혹은 회전과 반사처럼 순서대로 적용함으로써 결합된 도형의 대칭 등이 군이 될 수 있습니다.

$$2 + 3 = 5 \qquad \begin{pmatrix} 1\,2\,3\,4 \\ 2\,1\,4\,3 \end{pmatrix} \circ \begin{pmatrix} 1\,2\,3\,4 \\ 2\,3\,1\,4 \end{pmatrix} = \begin{pmatrix} 1\,2\,3\,4 \\ 3\,2\,4\,1 \end{pmatrix}$$

군이 되기 위해서는 다음이 필요합니다.

- **항등원**: 군의 다른 원소와 결합했을 때 바뀌지 않는 것을 말합니다. 덧셈의 경우 0이 항등원이며, 항등 순열도 항등원입니다.

- 모든 원소는 고유한 **역원**을 가져야 합니다. 원소가 자신의 역원과 결합하면 항등원이 나옵니다. 예를 들어 4의 덧셈 역원은 –4입니다.

- 군의 원소를 결합하는 연산은 결합성(33쪽 참고)이 있어야 합니다.

군의 원소를 결합할 때 연산은 **교환 가능**합니다. 똑같은 원소를 순서를 바꾸어 결합해도 똑같은 결과가 나온다는 뜻입니다. 덧셈으로 이루어진 군에서는 이것이 참입니다. 2+4=4+2니까요. 하지만 순열에서는 참이 아닙니다. 똑같은 두 순열을 순서를 바꾸어 결합하면 다른 결과가 나옵니다.

$$\begin{pmatrix} 1\,2\,3 \\ 1\,3\,2 \end{pmatrix} \circ \begin{pmatrix} 1\,2\,3 \\ 3\,1\,2 \end{pmatrix} = \begin{pmatrix} 1\,2\,3 \\ 3\,2\,1 \end{pmatrix}$$

$$\begin{pmatrix} 1\,2\,3 \\ 3\,1\,2 \end{pmatrix} \circ \begin{pmatrix} 1\,2\,3 \\ 1\,3\,2 \end{pmatrix} = \begin{pmatrix} 1\,2\,3 \\ 2\,1\,3 \end{pmatrix}$$

군의 구조를 시각화하고자 할 때 우리는 수학자 아서 케일리의 이름을 딴 **케일리 표**를 이용할 수 있습니다. 이 표는 군에 속한 두 원소를 결합하면 어떤 결과가 나오는지를 보여줍니다. 한 원소는 행을, 다른 원소는 열을 표시합니다.

두 원소에 대한 순열군을 나타내는 케일리 표는 단순합니다. 순열은 e로 나타내는 항등 순열과 1과 2를 바꾸는 순열 두 개뿐입니다. 만약 (12)를 자기 자신과 결합하면 다시 e를 얻습니다.

삼각형의 대칭군에는 원소가 여섯 개 있습니다. 회전 세 개와 반사 세 개입니다. 케일리 표는 이들이 어떻게 결합하는지를 보여줍니다.

군은 사물이 구조적으로 결합한 여러 상황을 나타낼 수 있습니다. 유명한 사례로 루빅스 큐브가 있습니다. 1970년대에 발명된 퍼즐로, 큐브를 이리저리 돌리면 조각의 배열과 색이 달라집니다. 큐브를 움직일 수 있는 가능한 방법의 집합을 고려해 차례대로 움직임을 결합하면, 이 구조는 43,252,003,274,489,856,000개의 원소가 있는 군을 형성합니다.

모듈러 산술

우리는 실수선 위의 수 혹은 간단히 정수만 가지고 계산하는 데 익숙합니다. 앞서 살펴보았듯이 수는 사실 군입니다. 군의 두 원소를 결합하는 연산은 덧셈처럼 우리가 사용하는 표준 연산이지요. 그런데 만약 좀 더 작은 수 집합에서 똑같은 연산을 사용한다면 어떨까요?

모듈러 산술은 정수의 일부와 표준 덧셈, 곱셈을 사용해 산술의 축소판을 만듭니다. 우리가 계산에 사용하는 모든 수는 하나의 작은 집합에 속해 있으며, 만들어내는 결과 역시 마찬가지입니다. 이를 위해 우리는 **모듈러**를 사용합니다. 모듈러는 우리가 수를 되돌려 다시 출발점으로 돌아가는 지점을 말합니다.

예를 들어, 모듈러 5를 사용하고 있다고 합시다. 그러면 평범한 수 세기처럼 1부터 시작해 2, 3, 4까지 셉니다. 그런데 'mod 5'(모듈러 5)를 사용하고 있으므로 다시 0으로 돌아갑니다. 따라서 4 다음에는 0이 나오고 다시 1부터 셉니다.

마치 시계처럼 원을 따라 수를 두르는 것과 같습니다. 만약 24시간제에서 12시간제로 바꾼 적이 있다면, 모듈러 12에 익숙할 테니 15시가 오후 3시라는 사실과 매일 밤 시간이 11시 59분에서 0시로 넘어간다는 사실을 알 수 있을 겁니다.

...4 0 1 2 3 4 0 1 2 3 4 0 1 2 3 4 0 1

모듈러 산술에서 이루어지는 계산은 모듈러를 빼는 것으로 생각해도 됩니다. 더 뺄 수 없을 때까지 빼면 됩니다. 혹은 모듈러로 나누어서 그 나머지만 생각하는 것도 같습니다.

예를 들어, 57 mod 10은 7입니다. 우리가 10에 도달할 때마다 다시 0으로 돌아가기 때문입니다. 비슷하게, 44 mod 11은 0이고, 45 mod 11은 1입니다. 이는 45를 11로 나눈 나머지와 같습니다.

모듈러 산술에서 우리는 세 줄로 된 등호를 사용합니다. 57=7을 뜻하는 건 아니지만, 7 mod 10과는 동치입니다.

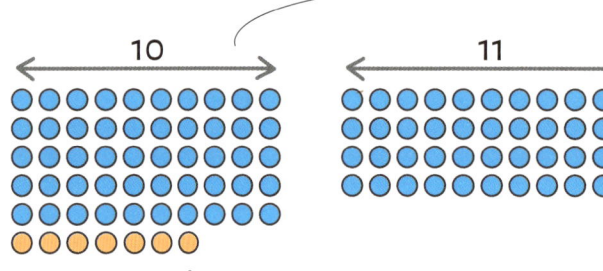

57 ≡ 7 mod 10   44 ≡ 0 mod 11

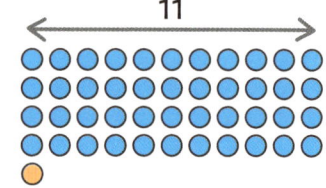

45 ≡ 1 mod 11

모듈러 산술을 사용하면 우리는 유한한 수의 집합만 볼 수 있습니다. 0부터 모듈러보다 1만큼 작은 수까지만 볼 수 있지요. 만약 덧셈 연산을 사용하면 이 수들은 군을 이룹니다. 군에 속한 임의의 두 수를 더하고 군의 크기로 모듈러 연산하면 군에 속한 다른 수가 나옵니다. 예를 들어, 모듈러 11에 대해 7+8≡4입니다. 15는 4 mod 11과 같기 때문입니다. 덧셈에 대해 모든 원소는 확실한 역원을 갖습니다. 그리고 항등원은 0입니다.

모듈러 산술에서 곱셈을 할 때 수의 집합이 항상 군을 형성하는 건 아닙니다. 모듈러 산술에서 곱셈을 정의할 수는 있지만, 어떤 수가 항상 역원을 갖지는 않습니다. 보통 곱셈에서 어떤 수 n의 역원은 $\frac{1}{n}$입니다. $n \times \frac{1}{n} = 1$로, 곱셈의 항등원이기 때문입니다. 하지만 여기서는 그렇지 않습니다. 어떤 원소는 역원을 갖습니다. 예를 들어, 모듈러 9에 대해 모듈러 연산할 때 $2 \times 5 = 10 \equiv 1 \bmod 9$입니다. 따라서 2는 5의 역원입니다. 하지만 항상 이렇지는 않습니다. 원소 3은 역원이 없습니다. 3의 배수는 모두 0 또는 3, 6 mod 9로, 결코 1이 되지 않기 때문입니다.

	1	2	3	4	5	6	7	8
1	1	2	3	4	5	6	7	8
2	2	4	6	8	1	3	5	7
3	3	6	0	3	6	0	3	6
4	4	8	3	7	2	6	1	5
5	5	1	6	2	7	3	8	4
6	6	3	0	6	3	0	6	3
7	7	5	3	1	8	6	4	2
8	8	7	6	5	4	3	2	1

모듈러 9에 대한 모듈러 산술의 곱셈. 일부 원소는 역원이 있지만, 나머지는 그렇지 않다. 여기서 5는 2의 역원이지만, 6은 역원이 없다.

하지만 만약 모듈러가 소수라면, 모든 원소가 곱셈과 덧셈에 대해 역원을 갖습니다. 그리고 우리는 **체**를 얻습니다. 체는 대수적 구조의 한 유형으로, 군과 비슷하지만 두 수를 결합하기 위해 두 가지 연산을 사용할 수 있습니다. 이 두 연산은 항상 덧셈과 곱셈과 똑같은 방식으로 함께 작동합니다.

만약 소수 크기의 집합을 대상으로 모듈러 산술을 수행하면 이 두 연산은 항상 잘 정의되고, 모두 역원이 있으며, 곱셈과 덧셈이 수에 대해 하는 것(33쪽 참고)과 같은 방식으로 상호작용합니다. 수의 경우 각 연산은 별개의 항등원을 갖습니다. 곱셈은 1이고, 덧셈은 0입니다.

유리수의 무한집합도 체를 형성합니다. 모든 원소가 덧셈과 곱셈에서 역원을 갖기 때문입니다 (곱셈의 역원이 없는 0은 예외입니다).

187

✓ 다시 보기

$$\begin{pmatrix} 10 & 2 & 3 \\ 8 & -4 & 13 \\ 1 & 3 & -1 \end{pmatrix}$$

선형대수학

- **선형방정식**: 변수의 거듭제곱 없이 배수만 있는 방정식으로 직선을 나타낸다.
- **연립방정식**: 같은 시스템을 나타내는 방정식의 모임
- **역행렬**: 원래의 행렬에 곱하면 항등행렬이 나오는 정사각행렬
- **행렬**: 행과 열로 수를 배열한 것

추상 구조

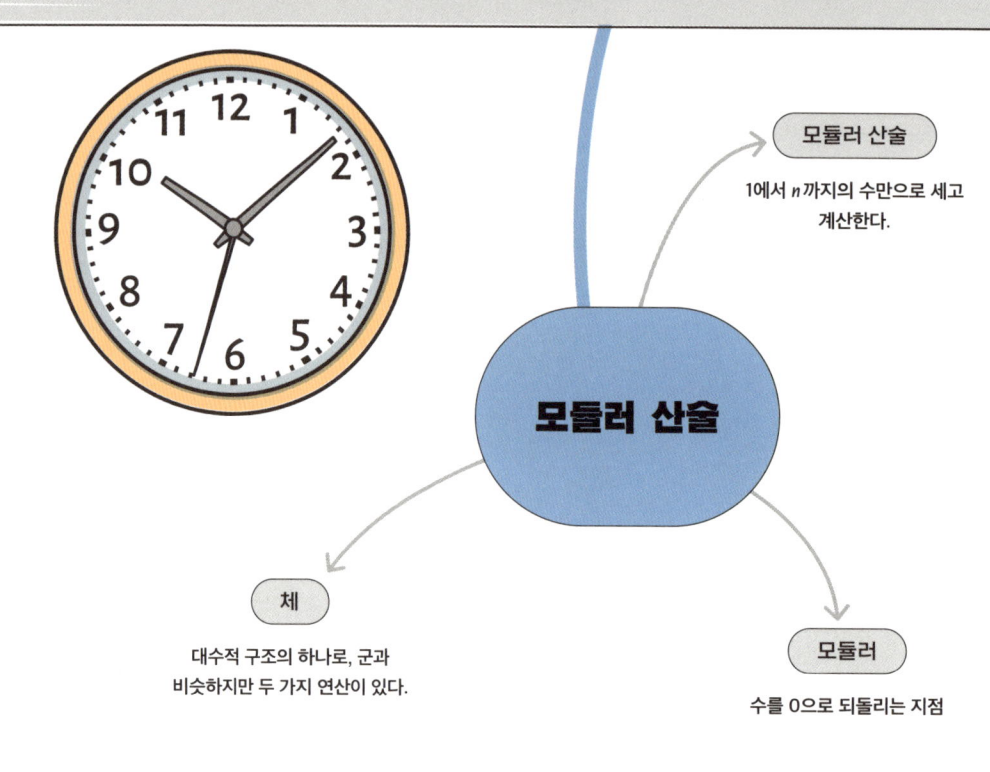

모듈러 산술

- **모듈러 산술**: 1에서 n까지의 수만으로 세고 계산한다.
- **체**: 대수적 구조의 하나로, 군과 비슷하지만 두 가지 연산이 있다.
- **모듈러**: 수를 0으로 되돌리는 지점

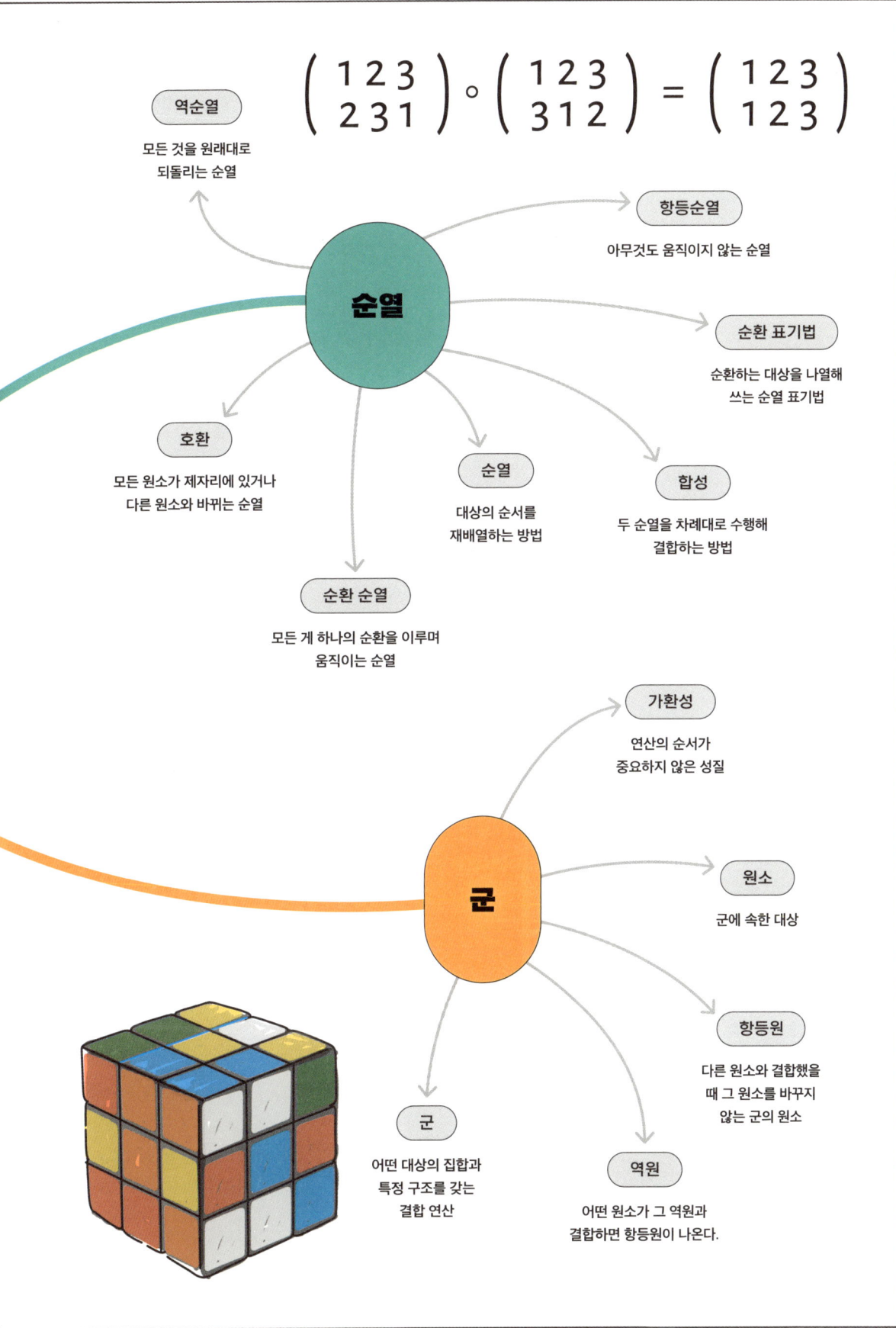

지은이

케이티 스텍클스 Katie Steckles

영국 맨체스터를 기반으로 활동하는 수학자이자 수학 커뮤니케이터로, 맨체스터 메트로폴리탄 대학교에서 수학과 과학을 가르쳤고, 《뉴 사이언티스트》 등 여러 매체에 글을 기고하고 있다. 2016년에는 과학 대중화에 기여한 공을 인정받아 조슈아 필립스 상을 수상했다. TEDx, BBC를 비롯한 라디오와 텔레비전, 유튜브, 팟캐스트에도 활발히 출연 중이다.

옮긴이

고호관

서울대학교 과학사 및 과학철학 협동 과정에서 과학사로 석사를 마치고 《동아사이언스》에서 과학 기자로 일했다. SF와 과학 분야의 글을 쓰거나 번역한다. 지은 책으로 SF 앤솔러지 『아직은 끝이 아니야』(공저)와 『우주로 가는 문, 달』『술술 읽는 물리 소설책 1~2』『누가 수학 좀 대신 해 줬으면!』 등이 있으며, 『하늘은 무섭지 않아』로 제2회 한낙원과학소설상을 받았다. 옮긴 책으로 『수학자가 알려주는 전염의 원리』 『인류의 운명을 바꾼 약의 탐험가들』『뻔하지만 뻔하지 않은 과학지식 101』『인류를 식량 위기에서 구할 음식의 모험가들』 등이 있다.

태어난 김에 수학 공부: 대수
한번 보면 결코 잊을 수 없는 필수 수학 개념

펴낸날 초판 1쇄 2025년 10월 10일
　　　　초판 2쇄 2025년 11월 27일
지은이 케이티 스텍클스
옮긴이 고호관
펴낸이 이주애, 홍영완
편집장 최혜리
편집1팀 박효주, 김혜원, 송현근
편집 홍은비, 강민우, 안형욱, 최서영, 이소연
윌북주니어 도건홍, 한수정, 이은일
디자인 박소현, 김주연, 기조숙, 윤소정, 박정원
홍보마케팅 김태윤, 김준영, 백지혜, 박영채
콘텐츠 양혜영, 이태은, 조유진
해외기획 정수림
경영지원 박소현
펴낸곳 (주)윌북 **출판등록** 제2006-000017호
주소 서울특별시 마포구 동교로19길 28(서교동 448-9)
홈페이지 willbookspub.com **전화** 02-323-3777 **팩스** 02-323-3778
블로그 blog.naver.com/willbooks **트위터** @onwillbooks **인스타그램** @willbooks_pub
ISBN 979-11-5581-867-1 (03410)

- 책값은 뒤표지에 있습니다.
- 잘못 만들어진 책은 구매하신 서점에서 바꿔드립니다.
- 이 책의 내용은 저작권자의 허락 없이 AI 트레이닝에 사용할 수 없습니다.

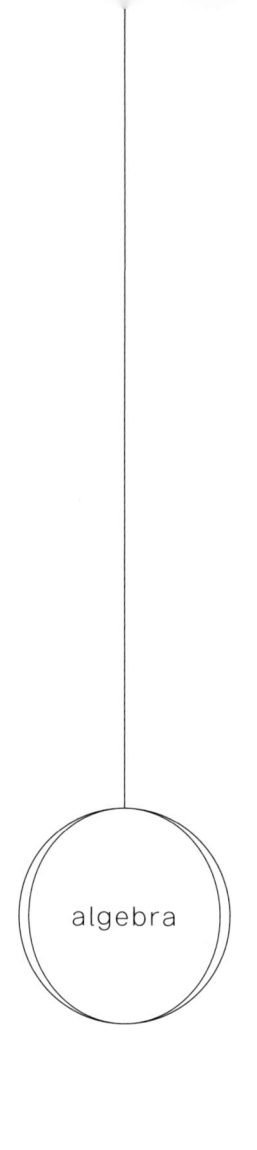